LE
CUISINIER IMPÉRIAL.

OUVRAGES NOUVEAUX

qui se trouvent chez le même Libraire.

Souvenirs d'Italie, ou *Voyage en Livonie*, à *Rome et à Naples*, par Auguste Kotzebuë, pour faire suite aux *Souvenirs de Paris*. 4 gros vol. in-12. 12 l.

Nouvel Almanach des Muses pour l'an Grégorien 1806. (Cinquieme année de la collection.) 1 vol. in-12. 1 l. 16 s.

Contes moraux pour l'instruction de la Jeunesse, par madame Leprince de Beaumont, extraits de ses ouvrages, et publiés pour la première fois en forme de recueil. 3 v. in-12. 5 l.

Contes moraux d'Imbert, de l'Académie des Sciences et Belles-Lettres. 2 vol. in-12. 3. l. 12 s.

Instruction de la Jeunesse, ou Notions élémentaires sur la Langue française, la Géographie, la Mythologie, l'Histoire grecque et romaine et l'Histoire de France. 2 vol. in-12. 3 l. 12 s.

Le Galoubet du Vaudeville, ou le meilleur des Chansonniers, recueil choisi de Chansons, Vaudevilles et Couplets les plus nouveaux, avec un Calendrier pour la présente année 1806. in-18, fig. 1 l. 4 s.

La Grammaire en vaudevilles, ou Lettres à Caroline sur la Grammaire française. in-12, fig. 2 l.

Heur et Malheur, suivis de quelques Soirées historiques, par l'auteur du Nouveau Diable Boîteux et des Fêtes et Courtisanes de la Grèce. 2 vol. in-12. 3 l. 12 s.

Les Revenans véritables, ou Aventures du Chevalier de Morny; par l'Auteur de la Forêt ou le Château de Saint-Alpin. 2 vol. in-12. 3 l. 12 s.

Les Chevilles de maître Adam, Vaudeville en un acte. 1 l. 4 s.

Frédéric à Spandau, Drame en trois actes. 1 l. 4 s.

Romans de Pigault-Lebrun. 30 vol. in-12. 55 l.

LE
CUISINIER IMPÉRIAL,

OU

L'ART DE FAIRE LA CUISINE

ET LA PATISSERIE

POUR TOUTES LES FORTUNES;

Avec différentes Recettes d'Office et de Fruits confits, et la manière de servir une Table depuis vingt jusqu'à soixante Couverts.

Par A. VIARD, Homme de bouche.

A PARIS,

Chez BARBA, libraire, palais du Tribunat, galerie derrière le Théâtre Français, n°. 51, et galerie des Libraires, vis-à-vis le passage Virginie, n°. 14.

M. DCCCVI.

IMPRIMERIE DE BRASSEUR AINÉ.

PRÉFACE DÉDICATOIRE

AUX AUTEURS

DU JOURNAL DES GOURMANDS.

———

Tous les arts, toutes les sciences ont con-
sidérablement gagné depuis un siècle ; et la
chimie surtout a fait de tels progrès, qu'un
élève au courant des découvertes du jour,
peut offrir la démonstration rigoureuse de
théories dont l'existence n'avait pas même
été soupçonnée. Peut-on s'étonner alors que
la cuisine, qui est aussi une espèce de chimie,
ait suivi la marche générale? et un traité sur

cette matière n'est-il pas aussi nécessaire en
ce moment, pour être *au niveau des con-
naissances du siècle*, qu'un code de morale?
Cette vérité a tellement été sentie, que déjà
des littérateurs en cuisine ont tenté, par
d'heureuses dissertations, de préparer la ré-
volution qui doit s'opérer dans les états de
Comus. Ainsi Rousseau, d'Alembert, Dide-
rot, préludaient à un changement politique,
qui, s'il nous a terriblement agités, a fini par
nous placer au premier rang de l'Europe.

> On ne s'attendait guère
> A voir l'Europe en cette affaire.

Revenons à nos moutons, et disons donc
terre à terre qu'on ne rencontrera dans cet
ouvrage, *uniquement utile*, ni le style piquant et original du très-original auteur de
l'*Almanach des Gourmands*, ni celui des
appétissans coopérateurs du *Journal* sous le
même titre. Le lecteur trouvera tout bon-
nement ici l'exposition toute simple, en langage très-simple, de toutes les opérations de

la cuisine, depuis l'art de mettre le pot au feu jusqu'à celui de déguiser savamment les mets les plus communs; ou de faire valoir les plus rares. L'*artiste* cuisinier auquel on doit cet ouvrage, n'a pu avoir d'autre prétention que celle de l'exactitude de ses recettes; et, craignant plus une erreur dans un ragoût qu'un barbarisme dans le langage, nous avons souvent respecté jusqu'à ses fautes d'ortho-graphe pour ne pas altérer le sens de ses aphorismes. Plût à Dieu que tous les éditeurs eussent toujours suivi notre exemple!

C'est à vous qu'est dédié cet ouvrage, enfans joyeux de Comus et d'Apollon, dont la muse féconde enfante tous les mois, en riant, un volume sur l'art de bien manger. Ce traité est éminemment de votre ressort; et, loin de décliner votre juridiction, l'auteur, le correcteur, l'éditeur, l'imprimeur, se trou-veront trop heureux si, dans l'une de vos prochaines séances, votre jugement, qui fait loi, prépare favorablement celui du public.

L'auteur ne regrettera plus le feu de ses fourneaux pour répéter ses expériences; l'éditeur ses veilles pour coordonner les matériaux épars de ce chef-d'œuvre; l'imprimeur ses avances; et tous se réuniront pour souhaiter, en bon latin de cuisine, à votre utile et folâtre réunion, *Salus, honor et argentum atque bonum appetitum.*

AVERTISSEMENT
DE L'AUTEUR.

———

JE me suis borné à donner des recettes bien détaillées et des observations courtes sur les qualités des viandes et des gibiers, attendu qu'on n'a pas toujours le choix dans chaque pays où l'on se trouve; et j'ai cru seulement devoir indiquer la manière d'employer ce que l'on a. Si la qualité de l'objet est bonne, la chose n'en est que meilleure; si elle est inférieure, il faut l'améliorer autant qu'il est possible, et cela ne peut s'obtenir que par l'art dela cuisine.

Il existe sans doute d'autres manières de faire, puisque chaque cuisinier a sa méthode; mais ayant exercé et vu, j'ai pris la cuisine qui est la plus générale parmi les bons faiseurs, et dont l'emploi est jugé le meilleur à la santé, les ragoûts trop épicés pouvant y nuire.

J'ai évité les grandes dépenses le plus qu'il m'a été possible; pourtant dans les grands services elle est indispensable; il n'y a que dans un ordinaire où l'on puisse se retrancher : d'ailleurs vous lirez la recette en entier, et vous trouverez les deux manières.

Les trois menus qui se trouvent à la fin de l'ouvrage donneront une idée du service. Il ne sera pas absolument de rigueur de servir positivement ce qui y est indiqué : selon la saison où l'on se trouve, on se sert des productions du tems et du pays.

J'ai mis en bas d'un seul article huit ou dix manières différentes d'arranger le même mets, soit pour le faire cuire, ou pour varier la sauce, pour éviter des recettes qui auraient eu l'air de répétitions : je n'ai point voulu faire chercher ni trop charger la mémoire.

Chaque mets pouvant être assaisonné avec telle ou telle sauce, on pourra recourir à la sauce indiquée; et, comme elles sont toutes à la suite l'une de l'autre, on les trouvera facilement.

Pour éviter l'embarras de chercher, on peut voir la table, où, par le numéro, vous serez renvoyé à l'article. En cas qu'il n'y ait point de sauce indiquée, vous ferez un roux blanc ou bien un roux que vous mouillez avec le fond de votre cuisson; vous le passerez au tamis de soie, et vous aurez soin de le dégraisser lorsque votre sauce sera à moitié réduite.

Vous pouvez sauter les filets de tous les animaux. Pour vous instruire, voyez les sautés de filets de gibier : en raison de leur qualité, vous assaisonnerez la sauce que vous marquerez avec le fond du sauté.

Il n'y a guère que dans le Midi qu'on fasse le plus volontiers usage d'ail; dans les autres contrées il n'est pas du goût général. J'ai pour cette raison désigné la manière de faire du beurre à l'ail, ainsi qu'aux anchois et autre. On peut en faire servir dedans un petit bateau ou assiette. Comme il est très-facile de l'amalgamer, et qu'il communique aussi aisément son odeur, on en peut faire usage.

Je me suis peu étendu sur l'office, parce que mon but n'a pas été de le traiter, mais seulement de faire connaître les manières de clarifier le sucre, les différentes cuissons, et d'indiquer le procédé pour quelques compotes et confitures.

J'ai traité les productions qui s'emploient le plus généralement, afin qu'ayant devant soi du bœuf, du mouton ou de la volaille, etc... on puisse chercher à l'article qui en parle.

Je n'ai pas prétendu traiter la cuisine en général, car il faudrait dix volumes, et l'on en pourrait faire un sur cette partie tous les ans, parce que le Cuisinier artiste qui travaille journellement crée avec facilité et sans bornes.

LE
CUISINIER IMPÉRIAL.

POTAGES.

Au Naturel.

Ayez soin, quand les croûtes seront préparées, de les mettre dans la soupière, d'y verser assez de bouillon pour les faire tremper ; puis, au moment de servir votre potage, vous y reverserez du bouillon en assez grande quantité pour que votre pain baigne. Si vous voulez vous y ajouterez des légumes dessus. Il faut éviter de faire bouillir le bouillon avec le pain, parce que cela ôte la qualité du bouillon.

Aux petits Oignons blancs.

Vous préparez le potage comme le précédent, et vous prenez des petits oignons au nombre de 60, plus ou moins, selon la grandeur du potage à faire, que vous aurez soin d'éplucher sans les écorcher ni les découronner ; vous les ferez blanchir, puis les mettrez dans du bouillon avec un petit morceau de sucre : vous tâcherez qu'il y en ait en assez grande quantité pour que votre pain baigne entièrement dans votre soupière.

Aux Carottes nouvelles.

Ayez des carottes, les rouges sont les meilleures ; coupez-les en petits bâtons ayant un pouce de long ;

qu'elles soient tournées toutes de la même longueur et de la même grosseur : vous les ferez blanchir et les mettrez dans du bouillon, en les faisant bouillir jusqu'à ce qu'elles soient cuites ; au moment de servir, vous les verserez dans votre soupière, où vous aurez mis tremper votre pain comme au potage au pain.

Aux Navets.

Vous préparerez les navets comme on l'a enseigné ci - dessus pour les carottes : la préparation du potage est la même.

Aux Poireaux.

Ayez des poireaux que vous coupez de la longueur d'un pouce ; vous les lavez et les coupez en filets ; vous les passez dans du beurre jusqu'à ce qu'ils soient blonds, puis vous les mouillez avec du bouillon et les laissez migeoter trois quarts - d'heure, puis vous les apprêtez de même que le potage au pain. L'on peut aussi employer des poireaux entiers, c'est à dire les couper tous d'un pouce de long, de la même grosseur, et les faire blanchir, puis les laisser cuire à grand bouillon comme les petits oignons, et votre potage comme celui au pain.

A la pointe d'Asperge.

Vous préparez un potage ordinaire ; vous prenez les pointes d'asperges, auxquelles vous enlevez les feuilles jusqu'au bouton ; vous les coupez à huit ou dix lignes de longueur ; vous les faites blanchir légèrement ; vous les jetez dix minutes dans du bouillon disposé pour votre potage, et vous les faites bouillir au moment de le tremper : vous prendrez garde de les conserver vertes et un peu fermes.

Aux petits Pois.

Vous les ferez blanchir légèrement, puis vous les jeterez dans la moitié de bouillon de ce qu'il faut pour votre potage, et les ferez bouillir trois quarts-d'heure ou une heure, selon la qualité des pois; vous ajouterez un petit morceau de sucre, et trem-perez votre potage comme celui au pain.

Aux Laitues entières.

Vous épluchez les laitues, en ayant bien soin qu'elles ne soient pas découronnées, c'est à dire que les feuilles tiennent bien avec le cœur; vous les faites blanchir après les avoir bien lavées; vous les jetez dans une eau bouillante, dans laquelle vous mettez une poi-gnée de sel, selon la quantité d'eau : quand elles ont bouilli une demi-heure, vous les rafraîchissez dans un seau d'eau fraîche; puis vous les pressez bien; vous les ficelez pour qu'elles ne s'écartent pas; vous mettez au fond de votre casserole des tranches de veau, puis des bardes de lard; vous mettez vos lai-tues dessus, les couvrez de lard, et vous coupez des tranches d'oignons et des carottes; vous garnissez vos laitues; vous mouillez avec du bouillon; vous les faites cuire à petit feu pendant une heure jusqu'à ce qu'elles soient bien cuites, ou bien, après les avoir blanchies, vous les mettez dans votre casserole, et vous les faites cuire avec du bouillon et de la graisse de marmite : quand elles sont cuites, vous trempez votre potage au pain avec du bon bouillon; puis vous égoutez vos laitues, et vous les arrangez sur votre potage.

Aux Laitues émincées.

Vous épluchez vos laitues jusqu'au jaune, les lavez,

puis vous les coupez bien minces, c'est à dire de manière à ce que cela forme des filets; puis vous passez vos laitues dans du beurre jusqu'à ce qu'elles soient bien fondues; puis vous les mouillez avec votre bouillon; vous les faites cuire pendant une heure, et vous trempez votre potage au pain comme de coutume. Le potage à la chicorée se fait de même.

Aux Romaines.

Quelques personnes aiment ce potage, qui est de fantaisie. On apprête les romaines de même que les laitues, entières: quand elles sont cuites on les coupe en deux ou trois, selon la longueur de la romaine, et l'on prépare son potage comme celui aux laitues. (*Voyez* Potage aux laitues.)

Aux menues Herbes.

Vous prenez deux laitues, une poignée d'oseille, du cerfeuil; après avoir épluché et lavé le tout, vous concassez vos feuilles de laitues, dont on rejette les côtons; on concasse aussi l'oseille et le cerfeuil; on prend du derrière de la marmite du bouillon que l'on passe au tamis; on fait fondre ses herbes; puis on les mouille avec du bouillon pour qu'elles puissent cuire : lorsqu'elles le sont, vous trempez votre potage au pain avec du bon bouillon, et vous disposez vos herbes sur votre potage.

Julienne.

Ce potage est composé de carottes, navets, poireaux, oignons, céleri, laitue, oseille, cerfeuil : ces racines seront coupées en filets de la grosseur

d'une demi-ligne, et huit ou dix lignes de long ;
les oignons seront coupés en deux, puis en tranches,
pour qu'ils forment des demi-cercles ; les poireaux
et céleri en filets, ainsi que les laitues et oseille émin-
cées. Il faut passer les racines au beurre jusqu'à ce
qu'elles soient un peu revenues, puis y mettre
les laitues, herbes, cerfeuil ; que le tout soit bien
revenu : il faut mouiller avec du bouillon, faire
bouillir à petit feu pendant une heure ou plus, jusqu'à ce que cela soit cuit ; puis vous préparerez votre
pain, et verserez votre Julienne dessus.

Faubonne.

Les légumes sont les mêmes de la Julienne, excepté qu'il faut les couper en dé ; concasser l'oseille
et la laitue ; passer de même les racines au beurre,
puis les poireaux et herbes, le tout ensemble ; mouiller avec du bouillon assez pour votre potage : tremper
toujours comme potage au pain.

Aux Choux.

Vous ferez blanchir deux choux, qu'il faut couper
en quatre, (plus ou moins comme ils seront gros) une
demi-heure dans l'eau bouillante ; puis vous les rafraîchirez, puis les égouterez ; vous les ficellerez ;
vous mettrez dans le fond de votre casserole des
tranches de veau que vous couvrirez de lard ; vous
y mettrez vos choux, les couvrirez de lard ; puis
vous mettrez dessus deux carottes, deux oignons,
deux clous de girofle : vos choux cuits, vous tremperez votre potage comme celui au pain, c'est à dire
avec du bon bouillon ; puis vous égouterez vos choux,
et les mettrez sur votre potage ; vous passerez le fond
de la cuisson de vos choux, le dégraisserez, et le

verserez dans votre potage. Autrement, après avoir fait blanchir les choux, les avoir pressés et ficelés, vous les mettrez dans votre casserole, avec carottes, oignons; vous les mouillerez avec le gras du bouillon, les ferez migeoter deux heures, plus ou moins, selon la qualité du choux, jusqu'à ce qu'il soit cuit.

A la purée de Racines.

Vous émincerez vos carottes, au nombre de trente ou quarante selon leur grosseur; vous prendrez un quarteron de beurre; vous les passerez, en les tournant de tems en tems pour qu'elles ne s'attachent pas; puis, quand elles auront été trois quarts-d'heure ou une heure sur le feu, vous les mouillerez avec du bouillon; vous y ajouterez un petit morceau de sucre gros comme la moitié d'un œuf, et les laisserez cuire pendant deux heures à petit feu; puis vous les passerez dans un tamis : s'il n'y avait pas assez de leur bouillon, que votre purée soit trop épaisse, vous la mouillerez avec du bouillon du pot : vos croûtes seront comme pour le potage au pain; vous les tremperez avec du bouillon clair pour qu'elles s'humectent plus facilement, puis vous verserez votre purée dessus : vous ferez attention à ce qu'elle soit peu liée, afin que votre potage ne soit pas trop épais : avant de la mettre dedans, vous aurez soin d'y jeter du bouillon pour l'éclaircir; vous le ferez bouillir pour pouvoir l'écumer et le dégraisser.

A la purée de Navets.

Elle se fait de même que la purée de carottes, excepté qu'il faut que la purée ait une couleur blonde; il ne faut pas, en les clarifiant, les faire trop réduire, parce que cela rend la purée âcre.

A la Crécy.

Emincez six grosses carottes, quatre gros navets, six gros oignons, trois pieds de céleri, quatre poireaux; (plus si votre potage est fort) mettez un morceau de beurre, un morceau de sucre gros comme la moitié d'un œuf dans votre casserole avec vos légumes, et vous les passerez à blanc, c'est à dire ne pas les laisser prendre couleur en les faisant revenir sur le feu : quand vous verrez qu'elles voudront prendre couleur, vous les mouillerez avec du bouillon et les faire migeoter deux heures sur le feu ; vous les passerez ensuite à l'étamine ; puis vous clarifirez votre purée : tâchez qu'elle ne soit pas trop épaisse ; trempez après votre pain avec de bon bouillon.

Aux Concombres.

Coupez des concombres en petit oval ; faites - les blanchir pendant dix minutes ; laissez - les réfroidir et égouter : vous mettrez des bardes de lard dans le fond de la casserole ; vous y mettrez vos concombres, les recouvrirez de lard, et y joindrez des carottes, oignons, gros poivre, deux clous de girofle ; vous les ferez cuire trois quarts-d'heure ; vous préparerez votre potage comme celui au pain ; vous y mettrez les concombres dessus ; vous passerez le fond dans un tamis de soie, que vous dégraisserez, et verserez sur votre potage : autrement, après avoir blanchi vos concombres, vous les mettrez cuire dans le bouillon pendant trois quarts-d'heure ; vous les verserez ensuite sur le pain de votre potage.

Croûtes au Pot.

Vous aurez des croûtes de pain, auxquelles il n'y aura pas beaucoup de mie ; vous les émincerez; vous les mettrez dans un plat creux; vous y verserez du bouillon et de la graisse du pot; vous les mettrez sur le feu jusqu'à ce qu'elles soient gratinées; puis vous prendrez trois entames de pain, dont vous ôterez la mie; vous les tremperez dans de la graisse de bouillon; vous les assaisonnerez d'un peu de sel et gros poivre, et les mettrez droites sur votre gratin : au moment de servir, vous en égouterez la graisse pour que le potage soit à sec; vous mettrez du bouillon dans un vase, pour que chaque personne en verse à volonté sur son assiette, où l'on a mis du pain et du gratin.

A la Kusel.

Vous prenez trente carottes, trente navets, trente petits oignons, vingt poireaux, tous de la même grosseur, ayant un pouce de haut, dix têtes de céleri de même longueur, six laitues entières; vous les ferez blanchir, et les mettrez cuire dans le bouillon; vous ferez cuire les laitues à part : vous verserez le tout dans une soupière sans y mettre de pain.

A la Condé.

Faites cuire un litron (plus ou moins comme votre potage est grand) de haricots rouges avec du bouillon; vous y mettrez deux carottes, deux oignons, un peu de graisse de pot, deux clous de girofle; quand ils seront cuits, vous les passerez au tamis; vous ferez une purée claire, et la verserez sur des croûtes qui ont été passées dans du beurre, c'est à dire frites.

A la purée de Lentilles.

Un litron de lentilles à la reine suffit pour faire un potage; s'il était très-fort, il en faudrait davantage : vous les faites cuire avec du bouillon , deux carottes, deux oignons, deux clous de girofle ; quand vos lentilles sont cuites, vous les passez au tamis ; vous en composez une purée claire, que vous faites bouillir pour la dégraisser ; vous la versez sur vos croûtes un moment avant de servir, afin que le pain ait le tems de tremper.

A la purée de Pois nouveaux.

Il faut deux litrons et demi de gros pois que vous mettrez dans de l'eau froide ; vous y mettrez un quarteron de beurre que vous mêlerez avec vos pois en les maniant ; après vous les égouterez dans une passoire ; vous les mettrez dans une casserole, et vous y ajouterez une petite poignée de persil et quelques queues de ciboules ; vous mettrez vos pois sur un feu qui ne soit pas trop ardent, et les remuerez de tems en tems : quand ils auront resté une demi-heure sur le feu, vous les mettrez dans un mortier ; quand ils sont bien pilés, vous les passez à l'étamine ; vous les mouillez avec du bouillon froid, afin que votre purée passe facilement ; tâchez qu'elle soit claire comme pour un potage : vous la ferez bouillir. En cas qu'elle ne soit pas assez verte, vous y ajouterez du vert, (*Voyez art. Vert.*) et la verserez sur vos croûtes dix minutes avant de servir, afin qu'elles soient trempées.

A la purée de Haricots blancs.

Vous préparerez votre purée de haricots de la même manière que celle de lentilles ; vous la tiendrez claire, et ne la ferez pas trop bouillir ; vous y ajouterez, au moment de la verser sur vos croûtes, un morceau de bon beurre, que vous ferez fondre en tournant votre purée autant qu'il sera nécessaire ; avant de servir votre potage, voyez s'il est assez assaisonné.

A la d'Artois.

Passez des croûtons dans le beurre, c'est à dire faites-les frire jusqu'à ce qu'ils soient blonds ; il est agréable qu'ils soient de forme ronde ou ovale, ou bien en gros dé ; il faut qu'ils soient faits avec la mie du pain ; on peut leur donner la forme que l'on veut. Vous faites une purée verte ; (*Voyez* Purée de Pois nouveaux.) vous l'amenez à ce qu'elle soit assez claire pour votre potage ; vous ferez fondre un morceau de bon beurre au moment de la servir, et vous la verserez en même tems sur vos croûtons : ayez soin que votre purée soit d'un bon sel.

A la Chantilly.

Vous aurez des croûtons (comme dans l'article précédent) carrés ; vous verserez une purée de lentilles à la reine ; (*Voyez* Purée de potage.) vous la clarifirez, la tiendrez assez claire, et vous y mettrez un morceau de beurre gros comme un œuf ; vous aurez bien soin de le faire fondre sans le mettre sur le feu : ne négligez point le bon sel, et ne versez votre purée qu'au moment de la servir.

Garbure aux Oignons.

Vous aurez une quarantaine de gros oignons, que vous couperez en deux de la tête à l'autre extrémité ; puis vous coupez la moitié en quatre ou cinq parties jusqu'à ce que cela forme la moitié d'un cercle ; vous aurez soin de n'y pas mettre la tête ni la queue ; quand tous vos oignons seront ainsi coupés, vous prendrez une demi-livre de beurre ou plus., selon ce qu'auront produit vos oignons; vous les ferez frire dans le beurre assez pour qu'ils soient bien blonds; puis vous prendrez du pain coupé en tranches très-minces; vous faites un lit de pain et un lit d'oignons; vous mettez sur chaque lit un peu de gros poivre, jusqu'à ce que votre plat soit au comble; vous l'arrosez avec du bouillon, et le faites migeoter assez pour que le gratin se forme, sans le laisser brûler; cela donnerait de l'âcreté : il faut que votre potage soit presque sec; vous mettrez du bouillon dans un vase, et le servirez pour que les personnes en mettent sur leur assiette; vous ferez attention au sel à cause de la réduction : l'on peut aussi faire la purée à l'eau; on n'aurait qu'à faire un bouillon comme pour la soupe à l'oignon.

Garbure aux Laitues.

Faites blanchir des laitues au nombre de trente pendant une demi-heure; vous ferez ensorte qu'elles restent entières; vous les laisserez réfroidir, les presserez, les ficellerez, et mettrez dans le fond d'une casserole des tranches de veau, des bardes de lard; vous y mettrez vos laitues, puis les recouvrirez de lard avec deux ou trois carottes, trois oignons, deux clous de girofle; vous les mouillerez avec du bouillon, les ferez migeoter une heure et demie, jusqu'à ce qu'elles soient cuites; puis vous les égouterez, les couperez en tranches dans leur longueur; vous mettrez un lit de pain émincé dans votre plat, un lit de laitues, jusqu'à ce qu'il soit au comble; vous y mettrez du bouillon de vos laitues sans le dégraisser, mais après l'avoir passé au tamis de soie; vous mettrez votre plat sur le feu, pour que cela migeote

jusqu'à ce que cela soit d'un gratin blond ; épargnez
le sel à cause de la réduction ; à chaque lit vous y
mettrez un peu de gros poivre : l'on peut faire cuire
les laitues seulement avec du bouillon et de la graisse
de pot, deux oignons, deux ou trois carottes, deux
clous de girofle : vous aurez soin, avant de servir,
de dégraisser votre garbure ; servez du bouillon dans
un vase. .

Garbure aux Choux.

La garbure aux choux se fait de même que celle
aux laitues ; au lieu de gros poivre, des personnes
préfèrent le poivre fin : cela tient au goût. Ménagez
l'assaisonnement, parce que les choux sont sujets à
prendre de l'âcreté ; ne dégraissez pas trop vos choux,
et servez un pot de bouillon pour les personnes qui
en veulent mettre sur leur assiette.

Garbure à la Villeroy.

Prenez vingt carottes, vingt navets, douze oignons,
six pieds de céleri, douze poireaux, six laitues, une
poignée d'oseille, une pincée de cerfeuil, plus ou
moins selon que la gerbure sera forte ; vous couperez
vos racines en dé de moyenne grosseur, et vous concasserez les herbes. Passez d'abord vos carottes dans
trois quarterons de beurre ; quand elles seront un peu
frites, vous mettrez vos navets, que vous laisserez
frire avec vos carottes ; après cela mettez vos poireaux, vos oignons ; quand le tout sera revenu, vous
y jeterez vos herbes, que vous remuerez avec tous
vos légumes ; quand elles seront bien fondues, vous
mouillerez le tout avec du bouillon ; vous n'en mettrez pas beaucoup, parce qu'il serait inutile ; vous
laisserez bouillir vos légumes une heure jusqu'à ce
qu'ils soient cuits ; vous y joindrez un morceau

de sucre gros comme la moitié d'un œuf; puis vous
ferez un lit de pain, un lit de légumes; sur chaque
vous y mettrez un peu de gros poivre, jusqu'à ce que
votre plat soit au comble; vous le mouillerez avec
le bouillon de vos racines sans le dégraisser; vous le
ferez migeoter jusqu'à ce qu'il soit gratiné : ménagez le sel à cause de la réduction. L'on peut faire
cette garbure en maigre, c'est à dire mouiller ses
légumes avec de l'eau, en l'assaisonnant de sel et
de poivre.

Garbure à la Polignac.

Les marrons de Lyon ne valent rien pour le potage;
ayez vingt marrons de Limoge; (ou d'Auvergne à défaut des premiers) ôtez leur première écorce, puis
mettez-les dans l'eau; laissez-les sur le feu jusqu'à ce
que l'eau frémisse; retirez-en pour voir si la peau se
lève; (comme si c'était des amandes) après les avoir
épluchés de manière qu'il ne reste pas du tout de seconde peau, vous mettez au fond d'une casserole des
tranches de veau, des bardes de lard, deux feuilles
de laurier, trois clous de girofle, six carottes, six
oignons, un bouquet de feuilles vertes de céleri; vous
y mettez vos marrons, que vous assaisonnez de gros
poivre; vous recouvrez vos marrons de bardes de lard;
vous les mouillez avec du bouillon, les laissez migeoter trois quarts-d'heure ou une heure, jusqu'à ce
que vos marrons soient cuits; puis vous les égoutez,
les coupez en deux; vous mettez dans votre plat un
lit de pain, un lit de marrons, jusqu'à ce que votre
plat soit au comble : vous formerez plusieurs cordons
de marrons sur votre garbure; vous passez le bouillon
dans lequel ont cuit vos marrons; vous arrosez votre
garbure, et la laissez bouillir jusqu'à ce qu'elle soit

gratinée; vous servirez un pot de bouillon : l'on pourrait aussi ne faire cuire les marrons que dans le bouillon avec carottes, oignons, girofle, laurier et gros poivre.

A la Purée de Marrons.

Vous ferez cuire vos marrons comme il est expliqué pour la garbure, et après qu'ils seront cuits, vous en garderez vingt-quatre entiers, et vous pilerez le reste; vous mettrez tremper dans du bouillon un morceau de mie de pain tendre pesant un quarteron, que vous pilerez avec vos marrons; quand le tout sera bien écrasé, vous le délaierez avec du bouillon chaud, puis vous le passerez à l'étamine : vous mettrez votre purée sur le feu, en observant de la tenir assez claire pour que votre potage ne soit pas trop épais; vous la verserez sur des croûtes passées au beurre au moment de servir, et vous y mettrez vos vingt-quatre marrons : tâchez que votre potage soit d'un bon sel. L'on peut aussi faire ce potage au maigre en prenant du bouillon maigre au lieu de bouillon gras.

Au Riz.

Prenez une demi-livre de riz bien épluché; lavez-le quatre ou cinq fois dans l'eau tiède en le frottant bien, puis à l'eau froide; vous le mouillez à grand bouillon, afin que votre riz ne se mette pas en bouillie; faites-le bouillir pendant deux heures à petit feu : tâchez que votre bouillon ne soit pas trop salé, à cause de la réduction, pour qu'il acquierre une belle couleur; vous y mettrez deux cuillerées de blond de veau, ou une cuillerée de jus. Le riz Caroline est le meilleur pour la cuisine.

Au Riz à la Purée.

Il faudra moins mettre dé mouillement dans votre riz, afin qu'on puisse y ajouter la purée qu'on jugera à propos; quand votre riz sera bien cuit, vous y verserez votre purée au moment de servir: vous aurez eu soin de bien dégraisser votre potage, et le tenir d'un bon sel. (*Voyez* Potage à la Purée.)

Au Vermicelle.

Tâchez que votre vermicelle ne sente pas le vieux, et qu'il n'ait aucun goût; le meilleur est celui d'Italie. Vous aurez du bon bouillon que vous aurez passé au tamis de soie, suffisamment pour votre potage; vous le ferez bouillir; lorsqu'il bouillira, vous y mettrez votre vermicelle de manière qu'il n'y soit pas en paquet; lorsqu'il aura bouilli une bonne demi-heure, il faudra le retirer du feu afin qu'il ne soit pas trop crevé, et que votre potage soit bien net: une demi-livre suffit pour huit ou dix personnes; il ne faut pas qu'il soit épais.

A la Semoule.

Passez du bouillon au tamis de soie dans une casserole; quand il bouillira, vous prendrez de la semoule que vous verserez dans votre bouillon tout bouillant; vous aurez soin de le tourner avec une grande cuillère, afin que votre semoule ne s'attache pas ni ne forme de grumeaux: après une demi-heure, vous la retirerez du feu; elle se trouve assez cuite. Ayez soin de dégraisser votre potage; en cas qu'il soit trop pâle, vous le colorerez avec du blond de veau, ou ce que vous aurez pour qu'il ait une belle couleur: tâchez qu'il soit de bon goût et d'un bon sel.

Aux Lazagnes. (1)

Ce potage n'est pas généralement aimé : il est de
fantaisie. Il faut avoir du bon bouillon comme pour
les autres potages à pâte ; quand votre bouillon sera
dans votre casserole, et qu'il bouillira, vous y mettrez
une demi-livre de lazagnes (plus ou moins comme votre
potage devra être grand) que vous ferez bouillir pendant
trois quarts-d'heure, ou un peu plus, jusqu'à ce que
vos lazagnes soient assez crevées, mais ne le soient
pas trop, car votre potage ne serait pas distingué,
et il se tournerait en pâte : au moment de les verser
dans votre soupière, vous y ajouterez un peu de
gros poivre. L'on peut aussi les faire blanchir dans de
l'eau où l'on met un peu de sel : il faut qu'elles ne
bouillent pas long-tems ; puis on les met dans le
bouillon.

De Nouille.

Ayez un demi-litron de farine : vous y mettrez
quatre jaunes d'œuf, un peu de sel et un peu d'eau ;
vous mêlerez le tout ensemble, et pétrirez jusqu'à
ce que votre pâte soit bien assemblée, et que vous
puissiez l'abaisser avec un rouleau ; quand votre pâte
sera bien mince, vous la couperez en filets, que vous
aurez soin de poudrer de farine afin qu'ils ne se
collent pas ensemble, puis vous aurez du bon bouillon, (comme pour les autres potages à pâte) et vous
y jeterez votre pâte émincée quand il sera bouillant : une demi-heure suffit pour que votre pâte soit
assez cuite. Dégraissez bien votre potage ; mettez-y
un peu de gros poivre un instant avant de le mettre

---

(1) Espèce de pâte en rubans.

dans la soupière. On fait aussi cette pâte avec les blancs seuls : on met dedans un peu de muscade et un peu de gros poivre selon le goût.

A la Xavier.

Ayez trois quarts de litron de farine que vous délaierez avec six jaunes d'œuf et deux œufs entiers, un peu de sel et du bouillon (suffisamment pour que votre détrempe soit assez liquide et qu'elle puisse passer à travers une cuillère percée); vous y mettrez une cuillerée de persil haché bien fin que vous mêlerez avec votre pâte, puis un quart de muscade rapée, une pincée de gros poivre ; quand le tout est bien mêlé, vous mettez aux trois quarts d'une casserole de bon bouillon ; quand il bout, prenez une cuillère percée dans laquelle vous verserez votre appareil que vous faites tomber dans votre bouillon; vous aurez soin qu'il bouille toujours afin que votre pâte prenne ; vous aurez soin aussi d'écumer votre potage pour qu'il soit net. L'on peut faire aussi ce potage en maigre en se servant de bouillon maigre. (*Voyez* Bouillon maigre.) Ce potage n'a pas besoin de bouillir plus d'un quart-d'heure.

A la Quenéfe.

Vous ferez la même détrempe que pour le potage à la Xavier, à l'exception du persil ; (selon la grandeur de votre potage) vous la ferez assez épaisse pour qu'en en mettant aux trois quarts d'une cuillère à bouche, vous puissiez faire couler la pâte avec le doigt, et que, tombant dans votre bouillon bouillant, cela forme une boule ronde, longue ou ovale ; vous laisserez cuire votre potage une demi-heure ; vous aurez soin de le dégraisser, et qu'il soit d'un bon sel. Il peut se faire au maigre.

A la Deselignac.

Vous aurez quinze jaunes d'œuf que vous délaierez avec une pinte de bon bouillon, que vous passerez
plusieurs fois à travers une étamine ; vous mettrez
votre appareil dans un moule ou un vase, afin que
vous puissiez la faire prendre au bain-marie; lorsque
cela sera bien pris, vous verserez du bouillon chaud
dans votre soupière, puis, avec une écumoire, vous
prendrez de vos œufs, (pris au bain-marie) de manière que cela forme des soupes que vous mettez
dans votre soupière : il faut que votre potage en
soit bien garni.

A la Geaufret.

Vous ferez cuire dix ou douze pommes de terre
rouges dans les cendres chaudes; quand elles seront
cuites, vous les éplucherez ; vous en ôterez tout le
rissolé, et même tout ce qu'il y a de dur pour n'en
prendre que le farineux que vous pilerez à sec ; vous
y joindrez quatre blancs de volaille que vous pilerez
bien ensemble ; quand le tout sera bien mêlé, et
sans grumeaux, vous y joindrez six ou huit jaunes
d'œufs crus, que vous pilerez avec vos pommes de
terre et vos filets à plusieurs reprises, et un peu de
muscade et de gros poivre; quand le tout sera bien
amalgamé, si votre pâte était trop épaisse, vous y joindriez un peu de crème double, au point que vous
puissiez coucher votre pâte à la cuillère (comme
des quenelles), ou la rouler comme des boulettes,
puis vous les ferez pocher dans du bouillon, ou dans
une eau de sel où vous joindriez un peu de beurre ;
après qu'elles auront été pochées, c'est à dire cuites
une demi-heure dans l'eau bouillante, vous les égout-

terez, vous mettrez du bon bouillon dans votre soupière, et vous y mettrez vos quenelles. Ayez soin
que le tout soit d'un bon sel.

A la Polacre.

Quand vos pommes de terre seront cuites à l'eau,
vous les couperez par tranches comme des sous ;
vous ferez bouillir du bon bouillon dans lequel vous
mettrez une poignée de fenouil haché, et laisserez
bouillir le tout un quart-d'heure, puis vous verserez
votre bouillon sur les pommes de terre que vous
aurez mises dans votre soupière. Vous aurez soin
qu'il y ait assez de pommes de terre pour tenir lieu
de pain.

Aux Œufs pochés.

Vous ferez pocher des œufs ; quand ils seront pochés,
rafraîchis et parés, de manière à ce qu'ils soient propres
à mettre dans votre soupière, vous aurez du très-
bon bouillon que vous verserez sur les œufs ; (qui
seront dans votre soupière) dix minutes avant de
servir, vous joindrez à votre bouillon un peu de gros
poivre. Pour la manière de pocher vos œufs, *voyez*
Œufs pochés.

Bouillon maigre.

Vous mettrez dans une marmite de cuivre ou
casserole vingt carottes coupées en lames, autant
de navets, d'oignons, quatre ou cinq pieds de céleri, quatre laitues entières, une poignée de cerfeuil lié avec de la ficelle, un chou coupé en filets,
quelques panais aussi coupés ; vous mettrez une livre
de beurre ; vous verserez une pinte d'eau sur vos
légumes que vous ferez bouillir jusqu'à ce qu'ils soient

réduits à glacer, c'est à dire, jusqu'à ce qu'il n'y ait plus d'eau dans votre marmite, et que vos légumes frissonnent un peu avec le beurre; puis vous remplirez votre marmite d'eau dans laquelle vous mettrez deux litrons de pois, quatre clous de girofle, du sel et du gros poivre assez pour que votre bouillon soit d'un bon assaisonnement. Quand votre marmite aura bouilli trois ou quatre heures, vous passerez votre bouillon au tamis de soie. Avec ce bouillon vous pouvez faire en maigre presque tous les potages ci-dessus.

Je n'ai point parlé de bien ratisser et laver les légumes; cela s'entend sans le dire.

Soupe à l'Oignon.

Vos oignons épluchés, vous les coupez en deux; puis vous coupez la tête et la queue pour éviter l'âcreté de l'oignon. Avant de mettre vos oignons coupés en lames dans votre casserole, vous y faites fondre un quarteron de beurre; (plus ou moins comme la soupe sera grande) vous ferez frire ou roussir votre oignon jusqu'à ce qu'il soit bien blond; vous mettrez de l'eau assez pour votre potage, assaisonné de sel et de poivre fin, et le laisserez bouillir un quart-d'heure. Versez votre bouillon sur le pain, et servez votre potage.

Potage aux Herbes maigres.

Prenez une poignée d'oseille que vous couperez en filets, deux laitues coupées de même, une forte pincée de cerfeuil coupé aussi; vous passerez le tout avec un morceau de beurre; quand le tout sera bien fondu, vous le mouillerez avec de l'eau, sel, gros poivre: faites bouillir le tout une demi-heure; vous y ajouterez une liaison de trois œufs au moment de servir.

A la Chicorée à l'eau.

Vous émincerez quatre ou cinq chicorées frisées ; vous aurez soin d'y mettre le moins de côtons possible ; vous passerez votre chicorée émincée dans un morceau de beurre ; quand votre chicorée sera bien passée, il ne faut pas la laisser roussir, vous mouillerez votre chicorée avec de l'eau ; quand votre chicorée aura bouilli trois quarts-d'heure, au moment de servir votre potage, (auquel vous aurez mis du sel, du gros poivre et un peu de muscade) vous le lierez avec une liaison de trois œufs, et vous le verserez sur votre pain au moment de servir.

Potage aux Choux maigres.

Vous émincerez la moitié d'un chou ; vous éviterez d'y mettre les gros côtons ; vous le passerez avec un bon morceau de beurre ; (selon la quantité du chou) quand il sera bien passé, qu'il commencera à blondir, vous mouillerez votre chou avec de l'eau ; vous y mettrez du sel, du gros poivre, et laisserez bouillir votre potage trois quarts-d'heure ou une heure, jusqu'à ce que votre chou soit cuit. Au moment de servir, versez votre potage sur votre pain.

Aux Poireaux.

Vous couperez vos poireaux à un pouce de long, puis vous les couperez en filets ; vous les passerez avec un morceau de beurre ; quand vos poireaux seront frits, de façon à ce qu'ils soient un peu blonds, vous mouillerez votre potage avec de l'eau ; vous y ajouterez un peu de canelle, du sel, du gros poivre, et laisserez bouillir le tout une demi-heure ; au moment de servir , vous verserez votre bouillon sur votre pain.

Au Riz aux Oignons.

Vous couperez des oignons en dés ; (en n'y mettant ni la tête ni la queue) vous passerez votre oignon dans un bon morceau de beurre ; vous le laisserez frire jusqu'à ce qu'il soit plus que blond ; alors vous le mouillerez avec de l'eau , ce qu'il en faut pour votre potage ; vous l'assaisonnerez de sel , de poivre fin ; vous mettrez un quarteron de riz (ou plus selon la grandeur de votre potage) dans votre bouillon où est votre oignon , et vous le laisserez bouillir une heure et demie ; si l'on voulait éviter de trouver l'oignon, vous le laissez cuire ; au bout d'une demi-heure vous passerez votre bouillon au tamis , et vous y mettrez crever votre riz.

Au Vermicelle aux Oignons.

Vous coupez votre oignon en filets très-fins, et faites votre potage comme celui au riz , excepté qu'il ne faut faire bouillir votre vermicelle qu'une demi-heure.

Au Riz Faubonne à l'eau.

Quatre carottes, quatre navets, six poireaux , six oignons, un peu de racine de persil ; il faut couper ces racines en petits dés; vous passerez le tout dans un bon morceau de beurre; quand vos légumes seront bien passés, vous les mouillerez avec de l'eau, ce qu'il faut pour votre potage; mettez un quarteron de riz, ou plus si votre potage est grand ; faites bouillir votre potage une heure et demie; quand votre riz et vos légumes seront cuits, mettez sel et gros poivre pour l'assaisonnement ; ayez soin que sur votre potage il n'y ait pas trop de beurre, et jamais d'écume.

Vermicelle Faubonne.

Il faut couper les racines en petits filets au lieu de dés ; faites cuire vos légumes avant d'y mettre votre vermicelle ; puis, vos légumes cuits, vous mettez votre vermicelle dans votre bouillon, que vous avez soin d'écumer de tems en tems afin que votre vermicelle ne se pelote pas ; le sel qu'il faut et du gros poivre, voilà son assaisonnement.

Au Pain.

Ce potage peut se servir au pain ; vos légumes cuits, vous versez votre bouillon sur le pain ; au moment de servir, ayez toujours soin d'écumer et de dégraisser votre potage. *Voyez* Faubonne.

Panade.

Ayez de la mie de pain tendre ; (le mollet est le meilleur) vous la mettez dans un petit pot de terre (ou autre vase), de l'eau, du sel, un peu de gros poivre, gros comme la moitié d'un œuf de beurre ; (plus ou moins, selon comme la panade doit être forte) vous faites migeoter le tout ensemble pendant une heure ; au moment de servir votre panade, vous mettez une liaison de deux ou trois œufs ; (selon la quantité de la panade) ayez soin que votre panade ne bouille pas quand votre liaison sera dedans.

Au Riz maigre à la purée de Pois verts.

Après avoir lavé votre riz à quatre ou cinq eaux tièdes, vous mouillez votre riz avec du bouillon maigre ; vous le faites bouillir une heure et demie ;

quand votre riz sera cuit, une heure et demie avant
de servir votre potage, vous y mettrez votre purée;
vous veillerez à ce que votre purée lie votre potage ,
et à ce qu'il ne soit pas trop épais ni trop clair.

Purée de Pois secs.

Après avoir lavé vos pois à plusieurs eaux, vous
les mettrez dans une marmite ; vous les mouillerez
avec du bouillon maigre; (ou de l'eau si vous n'avez pas
de bouillon) si c'est de l'eau , vous mettrez dans vos
pois secs trois carottes, trois oignons, dont un piqué
de deux clous de girofle , deux pieds de céleri , un
quarteron de beurre, du sel ce qu'il en faut pour que
ce soit d'un bon goût; vous ferez cuire le tout ensemble ; vos pois étant cuits, vous ôterez les légumes,
et passerez les pois dans une étamine : tâchez que votre
purée soit épaisse quand vous l'employez, pour que
vous puissiez l'amalgamer avec votre potage, et le
rendre liquide à votre gré : si ce sont des pois nouveaux, vous les passez avec un morceau de beurre ;
vous mettrez dans vos pois une poignée de feuilles de
persil, un peu de queue de ciboule , un peu de sel,
(selon la quantité de pois) et sauterez le tout sur le feu;
quand vos pois, persil et ciboule sont un peu revenus,
vous couvrez votre casserole, et les laissez suer pendant une demi-heure en les remuant de tems en tems ;
quand vos pois fléchissent sous le doigt , vous les pilez
dans un mortier , et passez votre purée à travers une
étamine; en cas que vous ne trouviez pas votre purée
assez verte en la mettant dans votre potage , vous y
joindrez une cuillerée de vert. *Voyez* Vert.

Purée de Lentilles au maigre.

Vous ferez votre purée de lentilles de même que celle de pois secs, et vous pourrez en mettre dans votre potage après que votre riz ou votre vermicelle sera cuit.

Potage au Pain et à la Purée maigre.

Vous mettez de la purée dans du bouillon maigre, que vous faites bouillir ensemble, mais pas trop long-tems, de crainte que votre potage ne prenne de l'âcreté; vous écumerez votre potage, et le verserez sur votre pain un demi-quart-d'heure avant de servir.

Aux Croûtons à la Purée.

Vous couperez des lames de mie de pain de l'épaisseur de trois ou quatre lignes; puis vous en formerez des carrés, des ovales, ou des ronds un peu plus grands qu'un petit écu : telle forme que vous donniez à votre mie de pain, ayez soin que votre croûton ait toujours la même épaisseur et la même grandeur; il en faut vingt ou trente, selon la grandeur de votre potage; quand vos croûtons de mie sont taillés, ayez un quarteron de beurre que vous mettez dans votre casserole avec vos mies, et le mettez sur un feu ardent; vous aurez soin de toujours sauter vos croûtons jusqu'à ce qu'ils soient bien blonds; alors vous les retirerez de votre casserole, et les mettrez égoutter sur un linge blanc; après vous les mettrez dans votre soupière; dix minutes avant de servir vous versez une purée claire et bouillante sur vos croûtons, soit purée de navets, de carottes, de lentilles ou de pois, celle que vous jugerez à propos; ayez soin de mettre dans votre purée de légumes un petit morceau de sucre pour en détruire l'âcreté : ce potage se peut faire au gras comme au maigre.

Au Lait.

Faites bouillir votre lait ; après qu'il a bouilli, assaisonnez votre lait de sucre ou de sel , comme vous jugerez à propos ; au moment de servir versez votre lait sur votre pain.

Au Lait lié.

Quand votre lait aura bouilli mettez votre sucre , une petite pincée de sel ; au moment de servir votre soupe vous mettrez une liaison de quatre œufs (pour une pinte de lait) dans votre lait chaud , et vous le mettrez sur le feu ; vous le remuerez bien avec une cuillère de bois ; quand vous verrez votre lait s'épaissir et s'attacher à votre cuillère , vous retirerez votre lait du feu, (tâchez qu'il ne bouille pas , parce qu'il caillerait). et vous le verserez sur votre pain.

On choisit pour ce potage de la croûte de dessus bien émincée ; le pain mollet est le meilleur.

A la Monaco.

Vous couperez des mies de pain en petits carrés longs, de trois lignes d'épaisseur, deux pouces et demi de long et un pouce et demi de large ; vous poudrerez vos mies de sucre bien fin , et les ferez griller sur un feu doux , afin qu'elles ne prennent pas trop de couleur ; vous en mettrez ce qu'il faut dans votre soupière pour que votre potage ne soit pas trop épais ; au moment de servir vous versez votre lait lié sur votre pain. *Voyez* le Potage précédent.

Ce potage se fait aussi sans être lié.

A la Désillière.

Coupez votre pain comme pour le potage précédent ; vous passerez vos mies dans du beurre, comme il est expliqué au potage des croûtons ; vous mettrez le nombre de croûtons qu'il faut pour que votre potage ne soit pas trop épais ; au moment de servir versez votre lait lié sur vos croûtons : tâchez que votre lait ne soit ni trop ni trop peu sucré ; mettez-y cinq ou six grains de sel.

Riz au lait.

Après avoir lavé un quarteron de riz, ou plus, selon comme votre potage est grand, vous avez votre lait bouillant ; vous y mettez votre riz ; vous le faites bouillir à petit feu une heure et demie, et vous tâchez qu'il y ait assez de lait pour que votre riz crève à l'aise, et qu'il ne soit pas en pâte : votre riz crevé prêt à servir, vous mettrez le sucre qu'il faut pour que votre potage soit bon ; vous y mettrez un peu de sel, c'est à dire cinq ou six grains : ayez soin de ne pas couvrir tout à fait le vase dans lequel votre riz cuit, parce que le lait tournerait.

Riz au lait d'amandes.

Vous déroberez vos amandes, c'est à dire vous les mettrez dans une casserole et de l'eau que vous ferez presque bouillir ; vous verrez si la peau de l'amande s'en va ; quand vos amandes seront mondées, que la peau sera enlevée, vous les mêlerez dans l'eau fraîche ; une demi-livre d'amandes douces, six amandes amères suffisent pour un potage de deux pintes de lait ; vous pilez vos amandes dans un mortier ; quand elles sont bien pilées, vous les mettez

dans une casserole ; vous les mouillez avec un demi-
setier de lait ; puis vous les mettez dans une serviette fine, et les pressez jusqu'à ce que tout le lait
en soit sorti ; vous versez ce lait dans votre potage
au moment de le servir ; servez-le bien chaud, et d'un
bon sucre avec un peu de sel.

Vermicelle au lait.

Quand votre lait bout, vous mettez votre vermicelle
dedans ; ayez bien soin de dépeloter votre vermicelle ;
quand il est dans votre lait, il faut le remuer de tems
en tems, afin qu'il ne se mette pas en pâte ; que votre
potage soit d'un bon sucre : une demi-heure suffit
pour que votre vermicelle soit crevé.

Vermicelle au lait d'amandes.

Vous ferez votre vermicelle comme le précédent ;
au moment de le servir vous y verserez un lait d'a-
mandes ; (*Voyez* Potage au riz.) que votre potage
soit bien chaud, d'un bon sucre, avec un peu de sel.

A la Semoule au lait.

Quand votre lait bout, vous semez votre semoule
dedans, et vous remuez de tems en tems votre potage, afin qu'il ne s'attache pas ; ayez soin qu'il ne
soit pas trop épais, et qu'il soit d'un bon sucre, avec
très-peu de sel.

Aux Grenouilles.

Vous coupez la tête de la grenouille ; vous tirez le
corps de sa peau, en observant d'ôter les boyaux ;
il faut que les cuisses et le rein, que vous ferez dégorger, soient bien propres : il en faut une cinquan-
taine ; vous les mettez dans une casserole avec un

bon morceau de beurre, du sel, du gros poivre, un
peu de muscade ; vous sautez vos grenouilles sur le
feu ; quand elles ont été sur un bon feu pendant dix
minutes, vous les mettez ensuite sur un plus doux
pendant une demi-heure pour qu'elles achèvent de
cuire ; il faut les égoutter et les mettre cuites dans
un mortier ; vous y ajoutez une mie de pain tendre
pesant un quarteron ; vous la trempez dans du lait
ou du bouillon ; vous pilez le tout ensemble ; quand
vous l'avez pilé un quart d'heure, et que vos grenouilles sont bien en pâte, vous les mettez dans une
casserole, et vous les délayez avec le jus qu'elles ont
rendu ; vous passez le tout dans une étamine ; si cela
n'était pas assez liquide, vous prendrez du bouillon
que vous destinez pour votre potage ; passez votre
purée pour la rendre liquide, et mettez-la sur un
feu doux ; tâchez qu'elle ne bouille pas : vous aurez
des croûtes que vous préparez comme pour le potage au pain ; vous ferez bouillir un peu de bouillon, que vous verserez sur vos croûtes un quart-d'heure
avant de servir ; et au moment de servir votre potage vous verserez votre purée de grenouilles sur votre
pain : tâchez que votre soupe ne soit ni trop épaisse
ni trop claire. Ce potage se fait au gras, comme au
maigre. (*Voyez* Bouillon maigre.)

Bisque.

Vous prendrez cinquante écrevisses que vous laverez à huit ou dix eaux ; vous les mettrez dans une
casserole, en y ajoutant du sel, du gros poivre, un
peu de muscade rapée et un quarteron de beurre ;
vous les mettrez sur un feu un peu ardent ; vous
les sauterez ou les remuerez avec une cuillère peu-

dant un quart-d'heure. Quand vos écrevisses séront cuites, vous les laisserez égoutter, et vous en retirerez les chairs que vous pilerez. Il faut faire crever du riz pendant un quart-d'heure dans du bouillon ou de l'eau ; vous l'égoutterez et le mettrez dans le mortier avec vos chairs d'écrevisses; quand le tout sera bien pilé, vous le mettrez dans une casserole, et le délaierez avec un peu de bouillon de potage que vous passerez à l'étamine ; lorsque votre purée sera faite, vous la délaierez avec du bouillon pour qu'elle ne soit pas trop épaisse ni trop claire, ensuite vous pilerez les coquilles d'écrevisses; quand elles le seront bien, vous y mettrez du jus, ou le beurre dans lequel vos écrevisses ont été cuites, et vous passerez cette purée dans une étamine. Elle devra avoir alors une couleur rouge. Vous la mettrez dans une casserole sur un feu doux; tâchez que ni l'une ni l'autre purées ne bouillent, mais qu'elles soient bien chaudes ; vous aurez des croûtes de dessus le pain, que vous mettrez dans votre soupière, et vous verserez un peu de bouillon extrêmement chaud sur votre pain avant de servir; puis, au moment du service, vous verserez votre première purée sur votre pain, et quant à celle de coquilles, vous la verserez sur votre potage avec une grande cuillère, afin qu'il ait une belle couleur. On fait ce potage au gras comme au maigre. (*Voyez* Bouillon maigre.)

Autre manière de Bisque.

Ayez cinquante écrevisses; quand elles sont bien lavées, il faut les piler crues ; quand elles seront bien broyées, ayez un quarteron et demi de beurre que vous mettrez dans une casserole avec vos

(3i)

écrevisses; employez du sel, du gros poivre, un peu
de muscade, une mie de pain tendre trois fois grosse
comme un œuf : mettez vos écrevisses sur un feu
assez ardent pour qu'elles puissent cuire pendant une
demi-heure ; ensuite vous passerez en purée vos écrevisses à travers une étamine ; quand votre purée sera
passée, vous la mettrez dans une casserole sur un
feu doux ; tâchez qu'elle ne bouille pas, et qu'elle
ne soit pas trop épaisse : vous préparez ensuite vos
croûtes comme pour le potage précédent. Ce potage
se fait au gras comme au maigre. (*Voyez* Bouillon
maigre.)

A la Purée de Gibier.

Vous mettrez dans une marmite de moyenne grandeur trois livres de tranche de bœuf, quatre vieilles
perdrix, deux livres de jarret de veau, un faisan,
des carottes, des oignons, quatre pieds de céleri,
trois clous de girofle, un petit bouquet de fenouil.
Vous prendrez le bouillon pour votre potage. Vous
ferez cuire trois perdreaux à la broche ; vous les pilerez à froid dans le mortier, avec une mie de pain
trois fois grosse comme un œuf qui sera trempée
dans du bouillon ; vous mouillerez vos perdreaux
pilés avec du bouillon ; lorsque vos perdreaux seront
bien pilés, vous les passerez à l'étamine ; quand
votre purée sera passée, vous y mettrez du bouillon
pour qu'elle ne soit ni trop épaisse ni trop claire;
posez-la sur un feu doux : il ne faut pas qu'elle bouille;
vous ferez tremper vos croûtons avec du bouillon
comme le potage au pain.

A l'Impératrice.

Vous mettrez trois ou quatre poulets à la broche ;

quand ils seront cuits, vous les laisserez réfroidir;
vous en leverez les chairs que vous pilerez avec deux
grandes cuillerées de riz qui n'aura cuit qu'un
quart-d'heure dans de l'eau bouillante. Quand vos
blancs de volaille et votre riz seront bien pilés ensemble, vous délaierez votre purée avec un bon
consommé, et vous la passerez à l'étamine. Lorsque
votre purée sera passée, mouillez-la avec du consommé pour qu'elle ne soit ni trop claire ni trop
épaisse; vous préparerez vos croûtes (comme pour
le potage au pain) que vous mouillerez avec du consommé bouillant un quart-d'heure avant de servir.
Dans votre consommé vous mettrez vos débris de
volaille, et les laisserez migeoter sur un petit feu
pendant deux heures; après, vous passerez votre
bouillon à travers une serviette fine ou un tamis de
soie : tâchez que votre bouillon ne soit pas trop
ambré, c'est à dire qu'il n'ait pas trop de couleur.
Versez votre purée au moment de servir; que votre
potage soit bien chaud, et qu'il soit d'un bon sel.
Ce potage se fait aussi au riz, que l'on fait crever
comme de coutume à court-bouillon, pour qu'on
puisse le mélanger avec la purée.

Du Hameau de Chantilly.

Vous mettrez dans une moyenne marmite trois
livres de tranche, un jarret de veau entier, deux
perdrix, deux pigeons de volière; vous aurez bien
soin que vos viandes soient bien ficelées pour qu'elles
restent bien entières; vous remplirez votre marmite
de bon bouillon ou consommé; vous ferez écumer
votre marmite; ensuite vous la garnirez de légumes,
comme carottes, navets, oignons, poireaux, deux
pieds de céleri, deux clous de girofle. Quand vos

viandes seront bien cuites, au moment de servir vous les dresserez sur un grand plat creux; vous mettrez à l'entour de vos viandes des carottes, des navets, des oignons, des poireaux par compartiment, c'est à dire, que vos légumes ne soient pas mêlés: les carottes ensemble, les navets de même, ainsi que les autres; vous tournerez quarante ou cinquante carottes en ronds de deux pouces de long, un peu grosses, et toutes de la même longueur et de la même grosseur, autant de navets, d'oignons, de poireaux moyens de même grosseur et bien épluchés, c'est à dire que quand ils seront cuits, qu'ils se conservent bien entiers; vous les faites cuire après dans du bouillon qui n'est pas celui de votre marmite; vous ajouterez dedans vos carottes, navets, oignons, et à chacune des cuissons un petit morceau de sucre pour en détruire l'âcreté. Vos légumes cuits, vous les mettrez à l'entour de vos viandes, ce qui fait potage : à côté vous servirez un pot de bouillon (de votre marmite) que vous aurez passé à travers une serviette fine ou un tamis de soie afin que votre bouillon soit bien clair. Avec ce potage il ne faut pas de pain; tâchez qu'il soit d'un bon sel; on ne sert pas le bœuf.

Chapon au Riz.

Après avoir vidé et épluché un chapon, vous troussez les pattes en dedans, puis vous le flambez légèrement; vous le bridez avec une grosse aiguille comme à matelas ; vous assujettissez les cuisses et les pattes afin qu'elles ne s'écartent pas en cuisant; vous mettez votre chapon dans une casserole; vous la remplissez de bouillon; vous faites écumer votre volaille, puis vous y mettez deux carottes,

3

deux oignons, deux clous de girofle, une demi-livre
de riz, qui sera lavé à cinq ou six eaux; vous faites
bouillir le tout à petit feu pendant deux heures;
vous débridez votre volaille, et la mettez dans votre
soupière, et vous versez votre riz par-dessus; vous
n'y mettrez pas les carottes ni les oignons. Que votre
potage soit d'un bon sel; ajoutez-y un peu de gros
poivre.

A la Grimaud de la Reynière.

Dans une moyenne marmite vous mettrez un chapon bien troussé, comme pour le potage au riz,
deux pigeons, un morceau de tranche de trois livres,
le tout bien ficelé pour que vos viandes aient bonne
mine; vous remplirez cette marmite de bon bouillon,
vous la ferez écumer; ensuite vous la garnirez de
carottes, navets, oignons, céleri, poireaux, deux
clous de girofle. Au moment de servir vous mettrez
votre chapon et les deux pigeons dans un plat creux
avec des laitues entières à l'entour du plat, (*Voyez*
Laitues pour potage) des petits oignons, des carottes
coupées en gros dés, des navets de même; de ces trois
sortes de légumes en grande quantité, et cuits comme
pour le potage du Hameau. (*Voyez* ce potage.) Quand
vos légumes seront cuits, vous les dresserez sur votre
chapon de manière qu'ils forment buisson; vous passerez le bouillon de votre marmite à travers une serviette fine ou un tamis de soie; vous servirez à côté
de votre plat un pot plein de bouillon bien chaud
et d'un bon sel.

Grand Bouillon.

La culotte, la pièce d'aloyau, la poitrine, la
noix et la sous-noix sont les cinq pièces qui con-

viennent le mieux pour les grands services : on met une de ces cinq pièces désossée, bien troussée et bien ficelée, dans une grande marmite que l'on remplit presque d'eau ; si l'on peut, on la met à la crémaillère, en ayant soin de laisser former une croûte d'écume ; lorsqu'elle bout, on l'écume, on prend de l'eau froide que l'on met dans la marmite pour faire jeter une autre écume que l'on ôte ensuite. On rafraîchit sa marmite à trois ou quatre fois, puis on l'assaisonne de sel, on la descend de la crémaillère, on fait un lit de cendre, on la met dessus en garnissant la marmite, selon sa grandeur, de carottes, navets, poireaux, oignons, quatre ou cinq pieds de céleri, quatre ou cinq clous de girofle ; quand votre pièce de bœuf est cuite, vous passez votre bouillon au travers d'une serviette fine ou d'un tamis de soie.

Ce bouillon n'est bon qu'à mouiller de cuisson l'empotage, le consommé et les essences de gibier.

Empotage.

Vous mettrez dans une marmite ou casserole (selon la quantité d'empotage) trois ou quatre livres de tranche de bœuf, deux casis et un jarret de veau, quatre vieilles poules ; vous mouillerez cette quantité de viande de deux cuillères à pot pleines de bouillon ; vous mettrez votre marmite sur un fourneau, et ferez bouillir le tout jusqu'à ce qu'il soit réduit : vous aurez soin que votre empotage ne soit pas trop coloré ; pour cela il faut bien prendre garde que votre suage n'attache trop ; faites-le d'un beau blond ; ensuite vous remplirez votre marmite de grand bouillon, et la garnirez de légumes tels que carottes, navets, oignons ; vous n'y mettrez point de sel puisque votre grand bouillon est assaisonné. Votre marmite

restera trois heures et demie au feu ; vos viandes
cuites, vous passerez le bouillon de votre empotage à travers une serviette fine ou un tamis. Tâchez
que votre bouillon soit bien clair ; vous vous en
servirez pour mouiller tous vos potages.

Blond de Veau.

Vous mettrez dans une casserole ronde deux casis
et deux jarrets de veau, quatre carottes et quatre
oignons que vous mouillerez avec deux cuillerées à
pot pleines de grand bouillon; vous poserez votre
casserole sur un bon fourneau; quand le bouillon
qui est dans votre casserole sera réduit, vous le
mettrez sur un feu doux afin que votre veau ait le
tems de suer, et que la glace qui est dans votre
casserole ne s'attache pas trop vite; quand la glace
du fond de votre casserole sera de belle couleur,
vous la remplirez de grand bouillon : ayez bien soin
de l'écumer afin que votre blond ne soit point trouble ; n'y mettez point de sel, puisque votre grand
bouillon est assaisonné.

Jus.

Vous mettrez dans une casserole trois livres de
tranche, deux lapins, c'est à dire les cuisses et le
râble, (point la poitrine ni la tête); un jarret de
veau, cinq carottes, six oignons, deux clous de
girofle, deux feuilles de laurier, un bouquet de
persil et de ciboules; vous mettrez deux cuillerées
à pot pleines de bouillon dans votre casserole que
vous mettrez sur un bon feu; quand le bouillon sera
réduit, vous étoufferez votre fourneau, et y mettrez
votre casserole afin que votre viande jette son jus,
et qu'il s'attache tout doucement; il faut que la

glace qui est au fond de votre casserole soit
presque noire; quand elle sera à ce point, vous tirerez votre casserole du feu, et resterez dix minutes
sans la mouiller; vous la remplirez avec du grand
bouillon ou de l'eau, mais en moins grande quantité; faites ensuite migeoter votre jus trois heures
sur le feu; qu'il soit bien écumé et assaisonné:
si vous mouillez avec de l'eau les viandes cuites,
vous passerez votre jus à travers un tamis de crin.

On peut aussi en faire avec des débris de viande:
vous coupez des tranches d'oignons, que vous mettez au fond de votre casserole, votre viande par-
dessus; (et l'assaisonnement du jus ci - dessus) vous
mettez deux ou trois verres d'eau; vous la faites
réduire comme le jus : lorsque le fond de votre
casserole est presque noir, vous la remplissez presque d'eau, selon la quantité de viande; vous y mettez
le sel qu'il faut, et laissez bouillir votre jus pendant
deux heures; après vous le passez au tamis de crin.

Consommé.

Prenez huit ou dix livres de tranche de bœuf, huit
vieilles poules, deux casis, quatre jarrets de veau ;
vous mettrez votre viande dans votre marmite; vous
la remplirez de grand bouillon; vous la ferez écumer ; vous aurez soin de rafraîchir trois ou quatre
fois votre bouillon pour bien faire monter votre
écume ; après vous faites bouillir tout doucement
votre consommé; vous garnissez votre marmite de
carottes, navets, oignons, trois clous de girofle ;
lorsque vos viandes sont cuites, vous passez votre
consommé à travers une serviette fine, ou un tamis
de soie, afin que votre consommé soit bien clair;

vous n'y mettez point de sel si vous le mouillez avec
du grand bouillon.

Bouillon de Santé.

Dans une marmite de terre, mettez trois livres de
tranche, deux livres de jarret de veau, une poule,
quatre pintes d'eau, cinq carottes, trois navets, quatre
gros oignons, trois clous de girofle, une laitue blanche
dans laquelle vous mettez une pincée de cerfeuil;
faites bien migeoter le tout jusqu'à ce que les viandes
soient cuites; passez le bouillon au tamis de soie :
vous pouvez faire avec ce bouillon toutes sortes d'ex-
cellentes soupes et potages.

Essence de Gibier.

Ayez quatre lapins, quatre perdrix, deux casis de
veau, deux livres de tranche; vous mettrez ces viandes
dans une marmite; vous y jeterez une bouteille de
vin blanc; vous ferez bouillir le tout jusqu'à ce que
cela soit tombé à glace; lorsque vous verrez qu'il
n'y aura plus de jus dans votre marmite, vous
n'attendrez pas que le fond ait pris couleur pour
la remplir; vous mettrez moitié grand bouillon,
moitié consommé; vous tâcherez qu'il n'y ait pas
beaucoup de mouillement; garnissez votre marmite
de huit carottes, dix oignons, trois clous de girofle,
un peu de thym, un peu de basilic, un peu de serpolet; faites bouillir votre marmite tout doucement;
lorsque vos viandes seront cuites, passez votre essence de gibier à travers une serviette fine : vous
aurez soin de bien écumer votre marmite, et de
n'y point mettre de sel, puisque votre grand bouillon
est assaisonné.

Essence de Légumes.

Mettez trois livres de tranche dans votre marmite, un jarret de veau, une poule, trente ou quarante carottes, autant de navets, autant d'oignons, cinq ou six pieds de céleri, deux laitues blanchies, un bouquet de cerfeuil, quatre clous de girofle; mouillez vos racines et votre viande avec du grand bouillon; faites écumer votre marmite, afin que votre essence soit bien claire; lorsque vos viandes seront cuites, vous passez votre essence à travers une serviette fine : tâchez qu'elle soit bien claire, et qu'elle ne soit pas en grande quantité; il ne faut point de sel, puisque votre grand bouillon est assaisonné.

Glace de Veau.

Vous couperez un cuissot de veau en quatre morceaux; ajoutez-y trois poules, beaucoup de légumes entiers ; vous ferez écumer le tout dans une casserole, que vous remplirez de consommé; après vous la mettrez sur un feu doux pour que cela migeote trois ou quatre heures, jusqu'à ce que votre viande soit cuite; puis vous passerez votre glace à travers une serviette fine afin qu'elle soit claire : l'on peut aussi en tirer avec des parures ou débris de viande, que vous mettez dans une casserole avec beaucoup de légumes, du bouillon ou de l'eau, que vous faites écumer avec votre viande; vous faites migeoter jusqu'à ce que vos viandes soient cuites ; quand votre mouillement est passé à la serviette, vous mettez votre glace dans une casserole sur un fourneau ardent, et la faites réduire jusqu'à ce qu'elle devienne épaisse comme une sauce : il faut éviter les viandes noires, comme gibier, mouton, bœuf, parce que

votre glace serait brune ; point de sel dans la glace ,
parce que la réduction produit seule l'assaisonnement.

Glace de Racines.

Vous mettez aux trois quarts d'une casserole des
légumes, comme carottes , navets , oignons, quatre
ou cinq clous de girofle , selon la quantité, plus des
deux derniers légumes que de carottes ; vous y mettez du veau si vous voulez, et mouillez le tout avec
du bouillon ou de l'eau ; vous faites cuire vos légumes à petit feu , et employez le même procédé
qu'à la glace ci-dessus.

Glace de Cuisson.

Vous passerez le fond de vos cuissons, c'est à dire
le mouillement qu'elles auront produit , à travers
une serviette fine ou un tamis de soie ; vous aurez
soin qu'il soit bien clair ; puis vous le ferez réduire
dans une casserole à grand feu ; quand votre mouillement devient épais comme une sauce, c'est à dire
que votre glace tient à la cuillère , vous la mettez
dans une petite casserole, et l'exposez au bain-marie
ou sur des cendres chaudes , pour pouvoir vous en
servir au moment du service ; et vous y ajoutez un
petit morceau de beurre frais pour en corriger le
sel.

Grande Sauce.

Prenez le dessous de la noix du cuissot de veau
au nombre de quatre ou un , selon la quantité de
sauce que vous voulez ; vous les mettez dans une
grande casserole avec deux cuillères à pot de consommé ; vous les faites suer sur un feu un peu ar-

dent ; ayez bien soin d'ôter le plus qu'il est possible
l'écume ; ayez aussi soin d'essuyer avec un torchon
blanc ce qui s'attache à l'entour de l'intérieur de votre
casserole, afin que votre sauce ne soit point trouble ;
quand le consommé sera réduit, vous piquerez vos
sous-noix avec votre couteau pour en faire sortir le
jus, puis vous mettez votre casserole sur un feu doux,
afin que votre viande et votre glace s'attachent tout
doucement ; quand la glace qui sera au fond de votre
casserole sera blonde, vous tirerez votre casserole du
feu, vous la laisserez couverte ; puis, dix minutes
après, vous la remplirez de grand bouillon, où vous
mettrez quatre ou cinq grosses carottes tournées,
et trois gros oignons ; vous laisserez migeoter vos
sous-noix pendant deux heures ; pendant ce tems
vous aurez pris les quatre noix, que vous mettrez
dans une casserole avec quatre ou cinq carottes
tournées, quatre ou cinq oignons, dont un piqué de
deux clous de girofle ; vous y mettrez plein deux
cuillères à pot de consommé ; vous mettrez la casserole où sont vos noix sur un feu un peu ardent,
afin que le mouillement réduise et tombe à glace ;
quand vous verrez que votre glace sera plus que
blonde, vous transvaserez le mouillement de vos
sous - noix qui auront bouilli deux heures, et le
verserez sur vos noix ; vous les laisserez détacher
tout doucement ; puis vous les faites partir, c'est
à dire bouillir ; vous faites un roux, (*Voy*. Roux.)
et le délayez avec le mouillement qui est dans votre
casserole ; quand votre roux est bien délié, vous le
versez sur vos noix de veau, où vous ajoutez quelques champignons, un bouquet de persil et ciboule,
deux feuilles de laurier ; vous avez soin de bien
écumer lorsque cela a commencé à bouillir ; vous

l'écumez encore lorsque vous liez votre sauce avec votre roux; tâchez que votre sauce ne soit ni trop claire ni trop liée ; si elle était trop liée, il faudrait y ajouter du mouillement ; si elle ne l'était pas assez, il faudrait délayer un peu de roux et le mettre dans votre sauce ; quand votre sauce aura bouilli une heure et demie, vous la dégraisserez, c'est à dire vous ôterez la graisse qui se trouve sur le derrière de votre sauce ; et quand votre viande est cuite, vous passez à travers une étamine votre sauce.

Il y en a qui laissent cuire tout à fait leur viande avant de lier la sauce ; par conséquent ils mettent tout leur mouillement dans leur roux, sans y mettre la viande, et laissent bouillir leur sauce seulement une heure pour la dégraisser.

Sauce brune.

Quand on n'a pas de grand bouillon de consommé, mais qu'on a un peu de viande, l'on marque une grande sauce comme on peut. Ayez une ou deux livres de tranche, (selon la grandeur de la sauce) deux ou trois livres de veau, des parures de volaille, ce que vous aurez; mettez quelques carottes, quelques oignons; mettez le tout dans une casserole; mettez plein une cuillère à pot d'eau ; vous mettez vos viandes sur un feu un peu ardent; quand il n'y a presque plus de mouillement dans votre casserole, vous la mettez sur un feu doux, pour que la glace qui est au fond de votre casserole se colore, sans brûler; quand elle est d'un blond foncé, et que votre glace est brune, vous la mouillez avec de l'eau, si vous n'avez pas de bouillon ; puis vous y mettez un fort bouquet de persil et de ciboule, deux feuilles de laurier, deux clous de girofle, des champignons, si vous en avez; et vous laissez cuire votre viande, (que vous aurez bien écumée et salée) pendant trois heures; après vous passerez le jus de votre viande à travers un tamis de soie; vous ferez un roux et le délaierez avec votre mouillement, et laisserez bouillir votre sauce pendant une heure à petit feu; vous la dégraisserez, et puis vous la passerez à travers l'étamine, ou un tamis de crin faute d'étamine : tâchez que votre sauce ne soit ni trop pâle ni trop brune, ni trop claire ni trop liée, et qu'elle soit de bon goût et bon sel.

Grande Espagnole.

Ayez deux noix de veau, un faisan ou quatre perdrix, la moitié d'une noix de jambon, quatre ou cinq grosses carottes, cinq oignons dont un piqué de cinq clous de girofle; vous mettez le tout dans une casserole; vous mouillez vos viandes avec une bouteille de vin blanc de Madère sec, plein une cuillère à pot de gelée; vous mettez votre casserole sur un grand feu : quand votre mouillement est réduit, vous le mettez sur un feu doux; lorsque votre glace est plus que blonde, vous retirez votre casserole du feu, et la laissez dix minutes dehors, pour que la glace puisse bien se détacher; vous aurez fait suer des sous-noix, comme pour la grande sauce; (*Voyez* grande Sauce.) et vous prendrez ce mouillement pour mouiller votre espagnole; quand elle sera bien écumée, vous aurez un roux que vous délaierez avec le mouillement, et vous le verserez sur votre viande. Vous y mettez deux ou trois feuilles de laurier, un peu de thym, des champignons, un bouquet de persil et ciboules et quelques échalotes; quand votre sauce bouillira, vous la mettrez sur le coin d'un fourneau, pour qu'elle bouille tout doucement pendant deux ou trois heures, jusqu'à ce que vos viandes soient cuites. Ayez toujours bien. soin, lorsque vous faites suer et bouillir, de bien écumer ce que vous mettez sur le feu, et de bien essuyer auparavant l'intérieur de votre casserole, pour éviter que vos sauces soient troubles : ayez soin que votre sauce ne soit ni trop brune, ni trop pâle, ni trop claire, ni trop liée, et qu'elle soit d'un sel doux.

Velouté.

Ayez deux ou trois sous-noix de cuissot de veau, deux poules, quatre carottes, quatre oignons, dont un piqué de deux clous de girofle, un fort bouquet de persil et ciboule, et le tout dans une casserole; vous y mettrez plein une cuillère à pot de consommé; vous mettrez votre casserole sur un feu un peu ardent; vous aurez bien soin d'écumer vos viandes et d'essuyer l'intérieur de votre casserole, afin que votre sauce ne soit point trouble; lorsque vous verrez que votre mouillement sera diminué, et qu'il fera de grosses bulles en bouillant, vous mouillerez votre suage avec du consommé; vous aurez soin qu'il soit bien clair, et qu'il n'ait point de couleur brune : quand vous aurez rempli votre casserole de consommé, vous aurez l'attention de l'écumer; lorsqu'il bouillira, vous le mettrez sur le coin du fourneau; vous ferez un roux blanc (*Voyez* Roux blanc) dans lequel vous mettrez une vingtaine de champignons, (que vous aurez sautés à froid dans de l'eau et du citron) que vous remuerez dans votre roux chaud; puis vous délaierez votre roux blanc avec le mouillement de votre velouté. Après ce procédé vous le verserez sur vos viandes; vous ferez bouillir votre sauce sur le coin du fourneau ; vous l'écumerez bien ; au bout d'une heure et demie vous la dégraisserez ; lorsque votre viande sera cuite, vous passerez votre sauce à l'étamine : tâchez que votre velouté soit le plus blanc possible.

Faute d'avoir tout ce qu'il faut pour faire du velouté, on se sert de ce que l'on a, des parures de veau, soit collet, poitrine, épaule, casis, jarret, parure de côtelettes, débris de volailles ; vous en mettez trois ou quatre livres dans une casserole avec quelques carottes, oignons, bouquet de persil et ciboules, trois feuilles de laurier, trois clous de girofle ; vous mettez plein une cuillère à pot d'eau ; (faute de bouillon) vous posez votre casserole où sera votre viande sur un feu un peu ardent ; écumez bien votre mouillement, et lorsqu'il sera réduit, évitez qu'il ne s'attache : vous remplirez presque votre casserole d'eau si vous n'avez pas de bouillon ; vous y mettrez le sel qui convient ; vous ferez bouillir votre sauce, ensuite vous l'écumerez, puis vous la mettrez sur le bord du fourneau, afin qu'elle se migeote pendant deux heures ; quand votre viande est cuite, vous passez ce mouillement à travers un tamis de soie ; vous ferez un roux blanc, quand il sera à son point, vous y mettrez des champignons ou des parures de champignons, que vous remuerez pendant dix minutes dans votre roux blanc ; puis vous y verserez le mouillement dans lequel a cuit votre viande : ayez soin de délayer votre roux petit à petit, pour qu'il ne se mette pas en grumeaux ; quand vous aurez tout mis, vous ferez bouillir votre velouté ; vous l'écumerez, et vous le mettrez sur le bord du fourneau, pour qu'il migeote pendant une heure et demie ; vous le dégraisserez et le passerez à travers une étamine; vous aurez soin d'éviter la couleur dans votre velouté; le plus blanc est le plus beau.

Roux blond.

Il faut laisser fondre une livre de beurre dans une casserole; vous y mettrez un litron de farine, davantàge si votre beurre peut en boire plus; c'est à dire, que votre farine liée avec le beurre soit plus épaisse que si c'était une bouillie bien matte; en cas qu'il soit trop clair, vous remettriez de la farine : vous placerez votre beurre, votre farine sur un fourneau un peu ardent; vous le tournerez jusqu'à ce que votre roux soit un peu blond : vous aurez un feu doux sur lequel vous mettrez de la cendre ; vous y placerez votre roux, et le ferez aller à petit feu, jusqu'à ce qu'il soit d'un beau blond : ayez bien soin de prendre de la farine de froment; l'ancienne est la meilleure; celle de seigle ne lie pas bien. Vous vous servez de ce roux pour lier toutes les sauces indiquées.

Roux blanc.

Préparez du beurre et de la farine comme pour le roux précédent; vous le mettrez sur un fourneau qui ne soit pas trop fort; vous le tournerez, sans le quitter, jusqu'à ce qu'il soit bien chaud; ne le laissez pas prendre de couleur; plus il est blanc, plus il est beau : vous vous en servez pour lier votre velouté et d'autres sauces. Faites attention de ne prendre que de la farine de froment, parce que la farine de seigle n'est pas bonne pour lier.

Béchamel.

Prenez du velouté plein huit cuillères à pot; mettez-le dans une casserole; vous emploierez trois cuillères à pot de consommé ; vous ferez réduire à grand feu, et toujours en tournant votre sauce, ces onze cuillerées à cinq seulement ; vous aurez trois pintes de crême que vous mettrez sur un grand fourneau, et que vous ferez réduire à moitié : il faut bien tourner votre crême avec une cuillère de bois, et gratter le fond de la casserole pour qu'elle ne s'attache pas et ne prenne pas le goût de gratin : votre velouté et votre crême réduits, vous mêlerez le tout ensemble, et le ferez bouillir à grand feu ; vous tournerez toujours votre sauce afin qu'elle ne s'attache pas ; après avoir tourné votre béchamel trois quarts-d'heure ou une heure, si votre sauce se trouve assez liée, vous la passerez à l'étamine.

Il faut qu'elle soit d'un blanc jaune : pour faire cette sauce, il faut que le velouté soit le plus blanc possible.

Petite Béchamel.

Vous couperez des morceaux de veau en dés environ une livre, une demi-livre de jambon coupé en dés, quelques carottes, quelques petits oignons, trois clous de girofle, deux feuilles de laurier, un peu de basilic, une demi-livre de beurre ; vous mettrez le tout dans une casserole, et le ferez revenir : prenez garde que votre viande ne prenne couleur ; remuez-la avec une cuillère ; quand votre viande sera bien revenue, vous mettrez cinq cuillères à bouche de farine de froment, que vous remuerez ; lorsque votre farine sera bien mêlée avec le beurre et la viande, vous mouillerez avec deux pintes de lait ; vous aurez soin de toujours tourner votre sauce afin qu'elle ne s'attache pas : il faut que cette sauce bouille sur un feu un peu ardent une heure et demie ; en

cas qu'elle se réduise trop, il faudrait y remettre du
lait ou du bouillon : cette sauce doit être liée comme
une bouillie lorsqu'on veut la servir; si elle est trop
épaisse, vous y ajouterez un peu de lait de crème,
ou du bouillon : ne salez pas trop cette sauce, à cause
du jambon, et parce qu'il faut la laisser réduire : la
sauce faite, passez-la à l'étamine.

Italienne.

Vous mettrez dans votre casserole plein une cuillère à bouche de persil haché, la moitié d'une cuillerée d'échalotes, autant de champignons hachés
bien fins, une demi-bouteille de vin blanc, gros
comme un œuf de beurre; vous ferez bouillir le tout
jusqu'à ce que cela soit bien réduit; quand il n'y
aura plus de mouillement dans votre casserole, vous
y mettrez plein deux cuillères à pot de velouté, une
de consommé, et vous ferez bouillir votre sauce sur
un feu un peu ardent; vous aurez soin de l'écumer
et de la dégraisser; lorsque vous voyez qu'elle est réduite à son point, c'est à dire qu'elle est épaisse
comme une bouillie claire, vous la retirez du feu, et
la déposez dans une autre casserole, en la tenant
chaude au bain-marie.

Espagnole travaillée.

Il faut, pour que cette sauce soit d'un goût exquis,
la travailler. Prenez cinq cuillères à pot d'espagnole,
trois autres de consommé, et une poignée de champignons : en cas que votre espagnole ne soit pas assez
colorée, vous y mettrez du blond de veau; vous
ferez bouillir votre sauce à un feu un peu ardent;
vous aurez soin de l'écumer et de la dégraisser afin
que votre sauce soit de belle couleur et non louche;

lorsque votre sauce, après avoir été réduite, est liée comme une bouillie claire, vous la passez à l'étamine, et la mettez dans une casserole, en la tenant chaude au bain-marie, pour vous en servir en cas de besoin.

Autre Espagnole travaillée.

Vous travaillerez cette sauce comme la précédente; vous y ajouterez les trois quarts d'une bouteille de vin blanc ou plus, selon la quantité de sauce : tâchez qu'elle soit d'un bon sel.

Velouté.

Vous travaillez votre velouté comme votre espagnole; vous le faites réduire, dégraisser et écumer de même : tâchez que votre velouté se conserve bien blanc ; pour cela il faut éviter que votre consommé ait de la couleur ; vous y mettrez de même des champignons; vous le passerez à l'étamine; après cela vous le tiendrez chaud au bain-marie.

Sauce romaine.

Prenez une livre de veau, coupez-le en dés, une demi-livre de chair de jambon que vous couperez de même, deux cuisses de poule, trois ou quatre carottes, quatre oignons, deux feuilles de laurier, trois clous de girofle, un peu de basilic, une demi-livre de beurre et un peu de sel; mettez le tout dans une casserole et sur un feu un peu ardent; quand votre viande sera un peu revenue, vous pilerez douze jaunes d'œufs durs; quand ils seront bien pilés, vous les mettrez dans la casserole où est votre viande; vous remuerez vos jaunes avec votre viande lorsque votre beurre sera chaud; vous ne mettrez votre cas-

4

serole sur le feu que quand vous y aurez mis du mouillement ; vos jaunes bien remués , vous y verserez une
pinte de crême petit à petit pour que vos jaunes se
délaient bien ; vous ferez bouillir le tout à un feu un
peu ardent : ayez bien soin de toujours tourner votre
sauce , afin qu'elle ne se mette pas en grumeaux ; si
elle était trop liée , vous y mettriez de la crême ou
du lait ; quand elle aura bouilli une heure et demie,
vous la passerez à l'étamine, et vous vous en servirez pour les choses indiquées.

Sauce hachée.

Vous jeterez dans une casserole une pincée de persil
haché, une pincée d'échalotes, une cuillerée de
champignons, le tout haché, un demi-verre de vinaigre, un peu de gros poivre; vous mettrez votre
casserole sur le feu, et vous ferez réduire votre
vinaigre jusqu'à ce qu'il n'y en ait presque plus;
alors vous prendrez plein quatre cuillères à dégraisser
d'espagnole, autant de bouillon; vous ferez réduire
et dégraisser votre sauce ; quand elle sera à son point,
vous y mettrez une cuillerée de câpres hachées, deux
ou trois cornichons aussi hachés; vous changerez
votre sauce de casserole, et vous la mettrez au bain-
marie : au moment de servir, vous y mettrez un ou
deux anchois pilés et maniés avec du beurre, que
vous aurez soin de vanner dans votre sauce.

A défaut d'espagnole, on peut faire cette sauce avec
un petit roux; vous y jeterez vos fines herbes, et les
mouillerez avec un peu de bouillon, un filet de vinaigre. Vous ferez comme dans la précédente : observez
qu'elle soit d'un bon sel.

Sauce poivrade.

Vous mettrez dans une casserole une grosse pincée

de persil en feuilles, quelques ciboules, deux feuilles
de laurier, un peu de thym, une forte pincée de
poivre fin, plein un verre de vinaigre, un peu de
beurre; vous ferez réduire votre vinaigre et votre
assaisonnement jusqu'à ce qu'il en reste peu dans la
casserole; alors vous verserez plein deux cuillères à
pot de grande espagnole, et une seule de bouillon;
vous ferez réduire cette sauce à son point, et vous
la passerez à l'étamine sans la fouler : faute de sauce
espagnole, on peut aussi se servir d'un roux; quand
il est fait, vous y mettez des tranches de carottes et
d'oignons, du persil en feuilles, deux feuilles de laurier, un peu de thym et quelques ciboules; vous passez
tout cela dans votre roux; quand vos légumes sont
bien frits avec votre roux, vous les mouillez avec du
bouillon et un demi-verre de vinaigre : il faut que
votre sauce soit un peu claire, pour que vos légumes
puissent cuire; quand cette sauce aura bouilli une heure
et demie, vous la dégraisserez et la passerez à l'éla-
mine : il faut que le vinaigre et le poivre fin y dominent.

Sauce piquante.

Mettez dans votre casserole, un poisson de vinaigre,
deux gousses de petit piment enragé, une pincée de
poivre fin, une feuille de laurier, un peu de thym :
faites réduire ce qui est dans votre casserole à moitié;
alors vous y verserez plein trois cuillères à dégraisser
d'espagnole et deux cuillerées de bouillon; vous ferez
réduire votre sauce assez pour qu'elle soit comme
une bouillie claire; vous y mettrez le sel nécessaire
pour qu'elle soit de bon goût : on peut aussi faire un
petit roux; faute de sauce, vous le mouillerez avec du
bouillon; vous y mettrez tout ce qui est dans la pré-

cédente sauce, et vous la ferez réduire jusqu'à ce qu'elle soit assez épaisse pour la servir.

Sauce blanche.

Mettez dans une casserole un quarteron de beurre, une demi-cuillère à bouche de farine, du sel, du gros poivre; vous pétrirez le tout ensemble avec une cuillère de bois; vous verserez une cuillère à bouche de vinaigre et un peu d'eau: (il vaut mieux la remouiller si elle est trop épaisse) vous posez votre sauce sur le feu, et vous la tournez jusqu'à ce qu'elle soit liée; ne la laissez pas bouillir, afin qu'elle ne sente pas la colle.

Sauce à la Portugaise.

Mettez dans votre casserole un quarteron de beurre, deux jaunes d'œufs crus, plein une cuillère à bouche de jus de citron, du gros poivre, du sel, ce qu'il faut pour que votre sauce soit de bon goût; mettez-la sur un feu qui ne soit pas trop ardent; ayez bien soin de la tourner et de ne pas la quitter, parce que votre sauce caillerait; quand elle sera un peu chaude vous la vannerez, c'est à dire vous prendrez de la sauce dans votre cuillère, et vous la laisserez retomber dans votre casserole; vous la remuerez avec force, pour que votre beurre se lie avec les jaunes : ayez soin de ne faire cette sauce qu'au moment; en cas qu'elle soit trop liée, vous y mettrez un peu d'eau.

Sauce Hollandaise.

Prenez du velouté réduit dans lequel vous mettrez du gros poivre, un filet de vinaigre d'estragon; vous tiendrez votre sauce chaude : au moment de la servir vous y mettrez gros comme la moitié d'un œuf de beurre fin, que vous ferez fondre dans votre

sauce qui est chaude; puis vous prendrez un peu de
vert d'épinards, que vous délaierez dans votre sauce
au moment de servir. (*Voyez* Vert d'épinards.)

On peut faire cette sauce sans velouté : vous ferez
un petit roux blanc, que vous mouillerez avec un peu
de fond de cuisson, comme cuisson de volaille, de
noix de veau, de tendons de veau, etc. Il faut que
votre mouillement ne soit pas coloré; quand votre
sauce est réduite et de bon goût, vous y mettez les
mêmes choses que ci-dessus.

Sauce Allemande.

Vous prendrez du velouté travaillé; vous y mettrez
deux ou trois jaunes d'œufs, selon la quantité de sauce
dont vous avez besoin. Après l'avoir liée, vous y jeterez gros comme la moitié d'un œuf de beurre fin,
après votre beurre fondu, en remuant votre sauce;
vous la passerez à l'étamine, pour éviter qu'on n'y
trouve des germes; vous tiendrez votre sauce au bain-
marie; vous y mettrez un peu de gros poivre : faites
attention qu'elle soit d'un bon sel. Faute de velouté,
vous pourrez faire cette même sauce en passant un peu
de veau coupé en dés dans une casserole avec un peu de
beurre, quelques morceaux de carottes, trois ou quatre
petits oignons, une feuille de laurier, deux clous de girofle; lorsque le tout est revenu, vous y mettez plein une
cuillère à bouche de farine, que vous remuez avec ce
qui est dans votre casserole ; puis vous mouillez avec
du bouillon, et vous tournez votre sauce jusqu'à ce
qu'elle bouille : votre viande cuite, vous passez votre
sauce à l'étamine, et vous la liez comme celle ci-dessus.
Vous vous en servirez pour les choses indiquées.

Sauce Indienne.

Vous mettrez gros comme la moitié d'un œuf de beurre dans une casserole, trois gousses de petit piment enragé bien écrasé, plein un dé de poudre de safran de l'Inde, ou *curcuma*; vous ferez chauffer votre beurre jusqu'à ce qu'il soit un peu frit; vous mettrez ensuite plein quatre cuillerées à dégraisser de la sauce précédente veloutée, sans être liée, deux cuillerées de bouillon; vous ferez réduire; vous dégraisserez votre sauce; vous la mettrez dans une autre casserole, et la tiendrez chaude au bain-marie: au moment de servir, vous y jeterez gros comme un œuf de beurre, que vous remuerez bien avec votre sauce: vous pouvez la lier aussi; elle sera bonne avec beaucoup de choses.

Sauce à la Grimaud.

(*Voyez* la sauce à la Portugaise.) Dans cette sauce vous raperez un peu de muscade, trois gousses de petit piment enragé bien écrasé, plein un dé de poudre de safran de l'Inde, que vous mettrez en faisant votre sauce: vous vous en servirez pour les choses indiquées.

Sauce au Beurre d'anchois.

Vous aurez de la sauce espagnole bien réduite, dans laquelle vous mettrez, au moment de servir, gros comme la moitié d'un œuf de beurre d'anchois et du jus de citron, pour détruire le sel que pourrait produire le beurre; vous aurez soin en mettant celui d'anchois dans votre sauce qui sera plus chaude, de la bien tourner avec une cuillère, afin que votre beurre se lie bien avec votre sauce: faute d'espagnole, vous feriez une petite sauce brune, et vous y mettriez votre beurre d'anchois. Cette sauce peut se faire au maigre. (*Voyez* Beurre d'anchois.)

Sauce au Beurre à l'ail.

Prenez du velouté travaillé ce qu'il faut pour saucer ; au moment de servir, vous mettrez gros comme la moitié d'une noix de beurre à l'ail, que vous remuerez dans votre sauce ; vous y ajouterez gros comme la moitié d'un œuf de beurre fin pour y donner du moelleux : vous pouvez, faute de velouté, faire un peu de sauce avec des débris de veau, ou avec un fond de cuisson où vous mettrez, au moment de servir, du beurre à l'ail, selon la quantité de sauce ; mais il faut que l'ail domine beaucoup. On peut aussi en faire à la sauce brune : elle peut de même se faire en maigre. (*Voyez* Beurre à l'ail.)

Sauce au Beurre d'Ecrevisse.

Ayez du velouté travaillé ce qu'il faut pour saucer ; au moment de servir, vous mettrez gros comme un œuf de beurre d'écrevisse dans votre velouté bien chaud ; vous remuerez bien votre sauce où est votre beurre pour qu'il se lie avec elle ; en cas que votre sauce n'ait pas assez de couleur, vous y remettrez un peu de beurre d'écrevisse. Cette sauce se fait aussi en maigre ; alors vous prendriez du velouté maigre. (*Voyez* Velouté maigre, *et* Beurre d'Ecrevisse.)

Sauce au fumé de Gibier.

Vous mettrez dans une casserole des perdrix ou lapereaux de garenne, trois ou quatre, selon la quantité de sauce que vous avez ; vous mettez deux carottes, trois ou quatre oignons, deux clous de girofle, deux feuilles de laurier, un peu de thym ; vous mouillez le tout avec une demi-bouteille de vin blanc ; vous faites réduire le vin qui est avec votre gibier, jusqu'à ce qu'il soit à glace, et vous le mouillez avec de l'essence de gibier, si vous en avez ; sans cela vous mouilleriez avec du consommé. Lorsque votre gibier est cuit, vous passez cette essence à travers une serviette, et vous vous en servez pour travailler ; plein six ou huit cuillères à dégraisser d'espagnole, ou autre sauce convenable si vous n'en avez pas : quand votre sauce est réduite et dégraissée à son point, vous la passez à l'étamine, et la mettez dans une casserole au bain-marie : on peut aussi se servir des débris de gibier pour cette sauce ; si l'on n'a pas d'espagnole ni d'essence, on mouillerait de même les débris de gibier avec du vin blanc qu'on ferait tomber à glace, ou avec du bouillon ; on en mettrait dans une sauce brune que l'on ferait réduire, et l'on s'en servirait : votre sauce doit être d'un bon sel et de bon goût.

Sauce tomate à l'Indienne.

Coupez cinq ou six oignons que vous mettrez dans une casserole, un peu de thym, un peu de laurier, douze ou quinze pommes d'amour ou tomates ; prenez du bouillon du derrière de la marmite, ou un bon morceau de beurre que vous mettrez dans vos tomates, du sel, cinq ou six gousses de petit piment enragé, un peu de poudre de safran d'Inde ou *curcuma*, un verre de bouillon ; vous mettrez vos tomates sur le feu ; vous aurez soin de remuer de tems en tems, parce que cette sauce est susceptible de s'attacher : quand vous verrez que ce qui est dans votre casserole sera un peu épais, vous passerez cette sauce à l'étamine comme une purée : ne la faites pas trop claire.

Sauce tomate française.

Vous mettrez quinze ou vingt tomates dans une casserole avec un peu de bouillon, du sel, du gros poivre; vous les ferez cuire et réduire; quand vos tomates sont épaisses, vous les passez comme une purée dans une étamine; après cela, si votre sauce était trop claire, vous la mettriez dans une casserole et vous la feriez réduire; vous en verserez plein quatre ou cinq cuillères à bouche dans un peu de velouté; au moment de servir, vous y mettrez gros comme un œuf de beurre, que vous ferez fondre dans votre sauce; avant de la servir, voyez si elle est assez assaisonnée et de bon goût. Vous vous en servirez pour les choses indiquées.

Sauce à la d'Orléans.

Vous mettrez dans une casserole trois ou quatre petites cuillerées de vinaigre, un peu de poivre fin, un peu d'échalotes, gros comme la moitié d'un œuf de beurre; vous ferez réduire le tout, et vous verserez plein quatre ou cinq cuillères à dégraisser de sauce brune travaillée. Au moment de servir, vous mettrez dans votre sauce quatre ou cinq cornichons coupés en dés, trois blancs d'œufs durs coupés de même, quatre ou cinq anchois que vous partagerez en deux pour ôter l'arête; puis vous couperez vos moitiés en petits carrés; une carotte cuite coupée en dé de la même grosseur que vous avez coupé les cornichons, une cuillerée de câpres entières; au moment de servir, vous mettrez tout cela dans votre sauce, et vous la poserez sur le feu un instant; il ne faut pas qu'elle bouille. Vous pouvez aussi faire cette sauce avec un petit roux, que vous mouillerez avec un fond de cuisson ou du bouillon; vous assaisonnerez votre sauce comme la précédente , et vous y mettrez les mêmes choses.

Sauce aux Truffes.

Vous hachez bien fin deux ou trois truffes , que vous faites revenir légèrement dans de l'huile , ou bien du beurre ; (cela tient au goût) vous mettez dans vos truffes quatre ou cinq cuillères à dégraisser de velouté, une cuillerée de consommé ; vous ferez bouillir votre sauce un quart-d'heure à petit feu , puis vous la dégraisserez, et vous la mettrez dans une petite casserole , que vous tiendrez au bain - marie ; si vous n'avez pas de velouté , vous vous servirez d'un peu de farine pour vos truffes ; passez cinq ou six cuillerées de bouillon , un peu de gros poivre, un peu de quatre épices ; vous faites migeoter votre sauce , et vous vous en servez pour les choses indiquées.

Sauce ravigote hachée.

Vous hachez un peu de cerfeuil, de civette, de pimprenelle et d'estragon ; il faut que ce dernier domine ; quand ces fines herbes sont bien hachées , vous avez du velouté où vous mettez plein deux cuillerées à bouche de vinaigre, un peu de gros poivre ; vous tenez votre sauce bien chaude : au moment de servir, vous y jetez votre ravigote hachée avec un petit morceau de beurre fin ; vous remuez votre sauce pour faire fondre le beurre ; vous mêlez les fines herbes, en ayant soin que cette sauce soit d'un bon sel. A défaut de velouté, on peut faire un roux blanc que l'on mouille avec du bouillon ; on lui donne bon goût, et on l'apprête de même que cette sauce.

Sauce à l'Aurore.

Ayez dans une casserole du velouté travaillé, dans lequel vous mettrez plein deux cuillères à bouche de jus de citron, du gros poivre, un peu de muscade râpée; votre sauce marquée, vous avez quatre jaunes d'œufs durs, que vous passez à sec à travers une passoire; cela forme une espèce de vermicelle. Au moment de servir, vous mettrez vos jaunes dans votre sauce, qui est bien chaude : prenez garde de ne la pas laisser bouillir quand les jaunes y seront, et qu'elle soit d'un bon sel.

Maître-d'Hôtel froide.

Vous mettrez un quarteron de beurre dans une casserole, un peu de persil et d'échalotes hachés bien fins, du sel, du gros poivre, un jus de citron; vous pétrissez le tout ensemble avec une cuillère de bois; au moment de servir, vous servez votre maître-d'hôtel dessus, dessous, ou dedans les viandes ou poissons : on peut aussi y mettre une ravigote hachée en place de persil.

Maître-d'Hôtel liée.

Mettez dans votre casserole un quarteron de beurre, plein une cuillerée à café de farine, persil, ciboule hachés bien fins, sel, gros poivre; vous ajoutez plein deux cuillerées à dégraisser d'eau; vous mettrez votre sauce dessus le feu au moment de servir; vous la tournerez comme une sauce blanche; si elle était trop liée, vous y mettrez un jus de citron avec un peu d'eau : il faut que cette sauce soit épaisse comme une sauce blanche : on peut, en place de persil et d'échalotes, y mettre une ravigote hachée bien fine.

Sauce Pluche.

Vous mettrez dans une casserole plein quatre ou cinq cuillerées à dégraisser de velouté, un demi-verre de vin blanc, du gros poivre, un peu de racine de persil coupée en petits filets, que vous mettrez cuire dans votre sauce ; quand elle sera assez réduite, vous aurez des feuilles de persil concassées, c'est à dire que l'on brise la feuille en quatre ou cinq morceaux, que vous ferez blanchir dans une eau de sel ; quand votre pincée de persil sera blanchie, vous la rafraîchirez à l'eau froide, et, au moment de servir, vous mettrez votre persil blanchi dans votre sauce.

Rémoulade verte.

Ayez une petite poignée de cerfeuil, la moitié de pimprenelle, d'estragon, de petite civette : vous ferez blanchir ces herbes que l'on appelle *ravigote* ; quand elles seront bien pressées vous les pilerez ; ensuite vous y mettrez du sel, du gros poivre, plein un verre de moutarde ; vous pilerez encore le tout ensemble ; puis vous y mettrez la moitié d'un verre d'huile, que vous amalgamerez avec votre ravigote et moutarde : le tout bien délayé, vous y mettrez deux ou trois jaunes d'œufs crus et quatre ou cinq cuillères à bouche pleines de vinaigre ; vous mettrez tout ensemble, et vous le passerez à l'étamine comme si c'était une purée : il faut que votre rémoulade soit un peu épaisse ; en cas qu'elle ne soit pas assez verte, vous y mettriez un peu de vert d'épinards. (*Voyez* Vert d'épinards.)

Rémoulade.

Vous aurez plein un verre de moutarde que vous

mettrez dans un vase, afin de pouvoir la délayer; vous hacherez un peu d'échalotes, un peu de ravigote, que vous mettrez dans votre moutarde; vous y jeterez 6 ou 7 cuillerées d'huile, 3 ou 4 de vinaigre, du sel, du gros poivre; vous délaierez le tout ensemble; vous y mettrez deux jaunes d'œufs crus que vous remuerez avec votre rémoulade; ayez soin de bien la tourner, afin que votre sauce soit bien liée : il faut qu'elle soit un peu épaisse.

Rémoulade Indienne.

Vous pilerez dix jaunes d'œufs durs; quand ils seront bien pilés, vous mouillerez vos jaunes avec huit cuillerées à bouche d'huile, que vous mettrez l'une après l'autre en pilant toujours vos jaunes d'œufs; dix gousses de petit piment, plein une cuillère à café de poudre de safran d'Inde ou *curcuma*, du sel, du gros poivre; vous prendrez ensuite quatre ou cinq cuillerées de vinaigre; vous amalgamerez le tout le mieux possible, et vous passerez cette sauce à l'étamine comme une purée : il faut qu'elle soit un peu épaisse; vous la mettrez dans une saucière.

Ravigote à l'huile.

Vous hacherez une ravigote que vous mettrez dans une casserole, avec du sel, du gros poivre, plein une cuillère à dégraisser de velouté froid; vous remuez votre sauce avec votre ravigote; vous y mettez deux cuillères à dégraisser d'huile que vous mêlez bien avec votre sauce pour qu'elle soit liée; vous mettez quatre ou cinq cuillères à bouche de vinaigre : il faut que votre sauce soit bien remuée au moment de la mettre sur votre salade de viande ou de poisson.

Sauce de Carie.

Vous mettrez un demi-quarteron de beurre dans
une casserole, plein une cuillère à café de safran de
l'Inde en poudre, *curcuma* ou *terra-merita*, cinq petites
gousses de piment enragé haché ou écrasé; vous ferez
chauffer votre beurre jusqu'à ce qu'il frémisse; quand
il sera bien chaud, vous mettrez cinq cuillères à dégraisser de velouté; vous remuerez bien votre sauce,
et vous vous en servirez sans en ôter la graisse et
sans la passer à l'étamine; vous y joindrez un peu
de muscade rapée : votre sauce doit être bien
chaude.

Sauce brune maigre.

Vous mettrez dans le fond de votre casserole un
morceau de beurre, quatre ou cinq grosses carottes
coupées en lames, cinq ou six gros oignons partagés
en tranches, deux ou trois racines de persil, trois
feuilles de laurier, une pincée de thym, trois clous
de girofle, trois carpes coupées en morceaux, deux
brochets de moyenne grosseur aussi coupés, du sel
et du poivre; vous mouillerez avec une demi-bouteille de vin blanc et un peu de bouillon maigre;
vous laisserez attacher votre réduction au fond de
votre casserole jusqu'à ce qu'elle ait assez de couleur,
c'est à dire que le fond de votre casserole soit brun;
si vous avez du bouillon maigre, vous la mouillerez
avec; sans cela, vous mettrez une demi-bouteille de
vin blanc dans votre casserole pour détacher, et vous
la remplirez d'eau; vous y ajouterez un gros bouquet
de persil et de ciboule, et deux ou trois poignées de
champignons; vous laisserez bouillir une heure et
demie ce qui est dans votre casserole; après vous

passerez le mouillement au tamis de soie ; après cela, vous faites un roux blond ; quand il est à son point, vous versez le jus de votre poisson dessus : ayez soin de bien délayer votre roux en le mouillant pour éviter les grumeaux ; vous laisserez bouillir une heure votre sauce, que vous écumerez et dégraisserez; après vous la passerez à l'étamine.

Velouté maigre.

Vous marquerez votre poisson et vos légumes comme pour la sauce brune ; vous les mettrez dans votre casserole; vous ferez le velouté , mais vous ne le laisserez pas prendre couleur : au moment où vous verrez qu'il n'y aura plus de mouillement dans votre casserole, vous userez du même procédé qu'à la précédente. Quand votre poisson aura bouilli une heure et demie, vous passerez votre mouillement au tamis de soie; vous ferez un roux blanc; lorsqu'il sera à son point; vous y mettrez deux poignées de champignons que vous remuerez dans votre roux blanc; vous y verserez le jus de votre poisson, et vous le tournerez bien pour éviter les grumeaux: vous laisserez bouillir une heure votre velouté; vous l'écumerez et vous le dégraisserez, puis vous le passerez à l'étamine : qu'il ne soit ni trop épais ni trop clair, et que votre sauce soit d'un bon sel.

Jus maigre.

Marquez le jus comme dans la sauce précédente. Vous le ferez attacher jusqu'à ce qu'il soit presque noir ; vous vous servirez des mêmes ingrédiens que pour les autres sauces, et le même mouillement. Quand votre jus aura bouilli une heure et demie, vous le

passerez au tamis de soie, et vous vous en servirez
pour ce que vous aurez besoin.

Blond maigre.

Le blond se fait de même que le jus, excepté qu'il
ne faut pas qu'il ait beaucoup de couleur.

De toutes les Sauces.

Avec toutes les sauces maigres précédentes on peut
marquer toutes les petites sauces expliquées en gras :
au lieu de sauce brune grasse, servez-vous de la
maigre ; au lieu de velouté gras, servez-vous du
maigre ; ainsi de suite.

Sauce à la Pluche.

(*Voyez* la Pluche grasse.) Si vous n'avez pas de
sauce, vous ferez un roux blanc que vous mouillerez avec le court-bouillon dans lequel aura cuit
votre poisson ; vous y mettrez le même assaisonnement et les mêmes ingrédiens.

Faute de Sauce.

Vous ferez un roux foncé, ou un roux blanc, que
vous mouillerez avec la cuisson de votre poisson ;
vous la ferez réduire, et la passerez à l'étamine ; si
l'assaisonnement n'est pas trop salé, et est d'un goût
trop fort, vous ferez par ce moyen une sauce liée,
sauce verte, sauce au beurre d'écrevisse, sauce ravigote, etc.....

Blanc.

Vous couperez quatorze onces de graisse de bœuf
en dé, ou plus, selon la grandeur de votre blanc ,
une livre de lard rapé, une demi-livre de beurre,

des carottes, des oignons, du thym, trois ou quatre feuilles de laurier, deux ou trois citrons, dont vous aurez ôté l'écorce, les pepins et le blanc; vous les couperez en tranches, et vous les mettrez avec votre graisse; vous emplirez une cuillère à pot d'eau; vous ferez bouillir jusqu'à ce que le contenu dans votre marmite frise un peu, et que votre graisse soit fondue; vous remuerez votre blanc avec une cuillère de bois; ne le laissez pas prendre couleur; mouillez-le avec de l'eau ; ajoutez-y une eau de sel clarifiée pour l'assaisonner; faites bouillir votre blanc, écumez-le, et servez-vous-en pour les choses indiquées.

Purée d'Oignons brune.

Vous éplucherez trente ou quarante oignons, selon leur grosseur; vous les couperez en deux de la tête à la queue; vous ôterez ces deux extrémités, pour éviter que votre purée soit âcre; vous mettrez un quarteron et demi de beurre dans votre casserole; vous couperez vos oignons par tranches formant demi-cercle; vous les mettrez dans votre beurre ; vous passerez vos oignons jusqu'à ce qu'ils soient blonds ; vous y mettrez plein deux cuillères à dégraisser d'espagnole, plein une cuillère à pot de bouillon : vous ferez réduire votre purée; quand elle est assez épaissie, vous la passez à l'étamine : ne la faites plus bouillir, pour éviter qu'elle prenne de l'âcreté; vous la tiendrez chaude au bain-marie : si vous n'avez point de sauce, vous mettrez plein une cuillère à bouche de farine; lorsque votre oignon sera blond, vous y mettrez du bouillon, un morceau de sucre gros comme une noix; quand votre purée sera réduite, vous la passerez à l'étamine.

5

Purée d'Oignons blanche.

Vous préparez votre oignon comme pour la purée précédente : vous passerez votre oignon sur un feu doux, afin qu'il ne prenne pas couleur; quand il sera bien fondu, vous y mettrez plein quatre cuillères à dégraisser de velouté et une pinte de crême, gros comme une noix de sucre; vous ferez réduire votre purée à grand feu en la tournant toujours; quand elle sera épaissie, vous la passerez à l'étamine : tâchez qu'elle ait un bon sel; si vous n'avez pas de velouté, vous mettrez une cuillerée de farine, de la crême, du sel, du gros poivre : vous finirez votre purée comme celle ci-dessus; mettez-la au bain-marie ou à un feu doux, pour qu'elle ne bouille pas.

Purée de Pois verts.

Vous aurez un litron et demi de pois verts; vous les ferez baigner dans l'eau; vous y mettrez un quarteron de beurre avec lequel vous manierez vos pois; vous jeterez l'eau et vous égoutterez vos pois dans une passoire; ensuite vous les mettrez dans une casserole sur un fourneau qui ne soit pas trop ardent : vous mettrez dans vos pois une poignée de feuilles de persil et un peu de vert de queues de ciboules; vous sautez vos pois pendant un quart-d'heure; ensuite vous mettrez un peu de sel dedans, plein la moitié d'une cuillère à pot de consommé ou de bouillon; faites-les bouillir sur un feu moins ardent, en couvrant votre casserole de son couvercle. Après que vos pois auront été trois quarts-d'heure au feu, vous les mettrez dans un mortier pour les piler; vous les passerez à l'étamine : servez-vous de consommé froid ou de bouillon pour les passer; quand votre purée

sera passée, vous la déposerez dans une casserole;
si elle n'était pas assez verte, vous y joindriez un
vert d'épinards : mais cette purée doit être assez verte
par elle-même ; vous la ferez chauffer au moment
de vous en servir, afin qu'elle ne jaunisse pas : vous
l'emploierez pour les choses indiquées.

Purée de Pois secs.

Vous aurez un litron de pois secs que vous laverez;
vous les mettrez dans une petite marmite, en y joi-
gnant une livre de petit lard que vous aurez fait
blanchir, une livre et demie de tranche de bœuf,
deux carottes, trois oignons, dont un piqué de deux
clous de girofle ; vous remplirez votre marmite presqu'en entier de bouillon : quand vos pois seront cuits,
vous les jeterez dans une étamine ; vous les mettrez
à sec, et vous en ôterez le lard, les légumes et le
bœuf : vous passerez vos pois à l'étamine; vous les
mouillerez petit à petit avec le bouillon dans lequel ils
auront cuit : vous tâcherez que votre purée soit
épaisse, parce qu'il est plus facile de l'éclaircir que
de la rendre épaisse ; vous la verserez dans une casserole ; vous y mettrez trois ou quatre cuillerées à dégraisser de velouté : en cas qu'elle soit trop épaisse,
vous y mettriez un peu de mouillement dans lequel
ils auront cuit ; vous la ferez bouillir; vous l'écumerez et la dégraisserez : quand votre purée sera
assez épaissie, vous la changerez de casserole; vous
verrez si elle est de bon goût et de bon sel : au moment de servir, vous la verdirez avec un vert d'épinards. (*Voyez* Vert d'épinards.) Vous vous en servirez
pour les choses indiquées.

Purée de Lentilles.

Ayez un litron et demi de lentilles à la reine, ou bien d'autres; vous les marquerez comme les pois ci-dessus; quand elles seront cuites, vous en ôterez les légumes, le lard et le bœuf; vous les passerez à l'étamine; lorsque vous en aurez exprimé le bouillon, vous mettrez votre purée dans une casserole avec trois ou quatre cuillerées à dégraisser d'espagnole; vous verserez plus de mouillement dans cette purée que dans celle de pois, parce qu'il faut qu'elle bouille long-tems pour qu'elle rougisse : ayez bien soin de l'écumer et de la dégraisser; prenez garde qu'elle ne soit pas trop salée, parce qu'en réduisant elle prendrait de l'âcreté : après qu'elle sera réduite, vous la mettrez dans une autre casserole pour vous en servir au moment et pour les choses indiquées.

Purée de racines pour entrée.

Quand vos carottes sont propres, vous les coupez en lames; vous mettez dans une casserole une demi-livre de beurre : trente carottes suffisent pour une purée; vous y mettrez sept ou huit oignons dont vous ôterez la tête et la queue; vous les couperez en quatre formant le cercle : quand votre beurre sera fondu, vous y mettrez vos racines; vous les remuerez afin qu'elles ne s'attachent pas : quand vous verrez que vos racines seront un peu fondues, vous les mouillerez avec du bon bouillon; vous y mettrez un morceau de sucre gros comme une noix; vous laisserez migeoter votre purée pendant trois heures : vous tâterez avec les deux doigts si vos racines s'écrasent facilement; vous retirerez votre purée du feu pour

la mettre dans votre étamine ; vous ôterez le mouillement : vous écraserez ensuite vos racines ; vous les
passerez à l'étamine ; vous la mouillerez de tems en
tems, pour les faciliter à passer : il ne faut pas que
votre purée soit trop claire, et ne pas la faire
bouillir long-tems, si vous voulez qu'elle ne prenne
pas d'âcreté ; quand votre purée sera dans la casserole, vous y mettrez quatre cuillerées à dégraisser
de velouté : s'il vous reste un peu de mouillement
de vos racines, vous le verserez dans votre purée ;
ensuite vous la ferez réduire en l'écumant et la dé-
graissant jusqu'à ce qu'elle soit assez épaisse pour
masquer vos entrées.

Purée de Cardons.

Vous ferez cuire vos cardons dans un blanc ; (*Voyez*
Cardons.) vous les couperez en petits morceaux ; vous
aurez plein trois cuillerées à dégraisser de velouté,
six cuillerées de consommé ; vous mettrez vos cardons avec cette sauce ; faites-la réduire avec vos cardons ; quand ils seront réduits en pâte, vous les passerez à l'étamine ; vous tiendrez votre purée la plus
épaisse possible : en cas qu'elle le soit trop, vous
l'alongeriez avec de la créme réduite ; vous ajouterez
gros comme une noix de glace : ne faites pas bouillir
votre purée ; vous la tiendrez chaude au bain-marie.

Purée de Champignons.

Vous aurez des champignons très-blancs ; vous
coupez le bout de la queue terreux ; vous les lavez : mettez un peu d'eau dans une casserole, et
exprimez-y le jus d'un citron ; vous les sauterez dedans, vous les égoutterez, vous les hacherez le plus

fin possible ; vous les mettrez dans un linge blanc, puis vous les presserez bien fort : vous prendrez un morceau de beurre que vous mettrez dans une casserole ; vous y verserez un jus de citron ; vous y mettrez vos champignons hachés ; vous les passerez jusqu'à ce que votre beurre tourne en huile ; vous y mettrez six cuillères à dégraisser de grand velouté, autant de consommé ; vous ferez réduire jusqu'à ce que votre purée soit assez épaisse ; vous ajouterez un peu de gros poivre ; changez ensuite votre purée de casserole : faute de velouté, mettez plein une cuillère à bouche de farine, et vous verserez du bouillon en place de consommé.

Purée d'Oseille grasse.

Ayez de l'oseille selon la quantité de purée que vous voudrez faire ; il faut y mettre trois ou quatre cœurs de laitues, une poignée de cerfeuil, le tout bien épluché ; vous les hacherez bien, les presserez pour en extraire le jus ; mettez un bon morceau de beurre dans votre casserole, des champignons hachés, des échalotes et du persil que vous passerez dans votre beurre ; vous mettrez l'oseille par-dessus vos fines herbes, et les ferez cuire ; quand elles seront à leur point, vous y mettrez plein quatre cuillères à dégraisser de velouté, ou plus selon la quantité de purée ; (*Voyez* Velouté.) si vous n'en avez pas, mettez plein une cuillère à bouche de farine, et mouillez votre purée avec du bouillon, un peu de sel, du poivre ; faites-la réduire ; quand elle le sera assez, vous y mettrez cinq ou six jaunes d'œufs ; vous la passerez à l'étamine, et la déposerez dans une casserole pour vous en servir pour les choses indiquées.

Purée d'Oseille maigre.

Préparez votre oseille assaisonnée, et faites-la cuire comme la précédente : quand elle est bien passée au beurre, vous avez six jaunes d'œufs dans lesquels vous mettez plein deux cuillères à bouche de farine que vous mêlez avec de la crême, si vous en avez, ou bien trois verres de lait; vous mettrez cet appareil dans votre oseille; vous la faites réduire sur un fourneau un peu ardent en la tournant continuellement avec une cuillère de bois : quand votre purée sera assez réduite, vous la passerez à l'étamine, et vous la tiendrez chaude pour vous en servir.

Purée de Haricots pour entrée.

Vous ferez cuire un litron de haricots blancs dans de l'eau, du sel et du beurre; vous mettrez une demi-livre de beurre dans une casserole; vous éplucherez une douzaine d'oignons; vous en couperez la tête et la queue; vous amincirez vos oignons; vous les mettrez avec votre beurre; vous le passerez sur un feu un peu ardent : quand vos oignons seront bien blonds, vous y mettrez quatre cuillères à dégraisser d'espagnole et un verre de bouillon; vous ferez migeoter vos oignons une demi-heure ou trois quarts-d'heure; vous y mettrez vos haricots cuits lorsque votre sauce sera bien réduite; vous remuerez bien vos haricots avec votre sauce : quand votre mélange sera fait, vous les passerez à l'étamine; si votre purée était trop épaisse, vous la mouilleriez avec un peu de consommé ou du bouillon : votre purée passée, ne la faites plus bouillir afin d'éviter l'âcreté; vous la tiendrez chaude au bain-marie ou sur un fourneau doux :

en cas que vous n'ayez pas d'espagnole, vous mettrez plein une cuillère à bouche de farine avec vos oignons; vous la remuerez, et vous mouillerez votre purée avec du bouillon, ou quelque fond de cuisson si vous en avez, et vous ferez votre purée comme il est expliqué.

Sauce Robert.

Vous partagerez en deux douze oignons dont vous couperez la tête et la queue; vous les couperez en petits dés; vous mettrez un bon morceau de beurre dans une casserole avec vos oignons; vous mettrez votre casserole sur un feu ardent : quand vos oignons seront blonds, si vous n'avez pas de sauce, vous prendrez une cuillerée à bouche de farine que vous mettrez avec vos oignons; vous verserez plein une cuillère à pot de bouillon, plein une à dégraisser de vinaigre, du sel, du poivre; vous ferez réduire votre sauce jusqu'à ce qu'elle soit assez épaisse pour masquer : au moment de servir, vous y mettrez deux cuillères à bouche de moutarde; vous vous en servirez pour les choses indiquées.

Blanc.

Vous mettrez une livre de lard rapé, une livre de graisse, une demi-livre de beurre, deux citrons coupés en tranches en ôtant le blanc, deux feuilles de laurier, deux clous de girofle, quatre carottes coupées en dé, quatre oignons, une petite cuillère à pot d'eau; vous le ferez bouillir jusqu'à ce qu'il soit réduit : vous aurez soin de tourner votre blanc, et de ne pas le laisser attacher; quand il n'y aura plus de mouillement, et que votre graisse sera fondue, vous

le mouillerez avec de l'eau ; vous y mettrez du sel clarifié ; vous le ferez bouillir ; vous l'écumerez, et
vous vous en servirez pour les choses indiquées.

Farce cuite.

Vous couperez des blancs de volaille en petits dés ;
vous mettrez un petit morceau de beurre dans une
casserole avec vos blancs de volaille crus, un peu
de sel, un peu de gros poivre, un peu de muscade
rapée ; vous les passerez à petit feu pendant dix minutes ; vous égoutterez vos blancs, et vous les laisserez
refroidir : vous mettrez un morceau de mie de pain
dans la même casserole avec du bouillon, un peu de
persil haché bien fin ; vous la remuerez avec une
cuillère de bois en la foulant et la réduisant en panade : quand votre bouillon sera réduit et que votre
mie sera bien mitonnée, vous la mettrez refroidir ;
vous aurez une tetine de veau cuite et froide ; au
défaut vous vous servirez de beurre : vous pilerez
vos blancs de volaille ; quand ils seront bien pilés,
vous les passerez au tamis à quenelle ; vous la mettrez
de côté ; vous pilerez de même votre mie ; vous la passerez au tamis et la mettrez à part ; vous pilerez votre
tetine, la passerez au tamis et la mettrez de côté ; vous
ferez trois portions égales de blancs de mie de pain et de
tetine : vous pilerez le tout ensemble ; quand vous l'aurez pilé trois quarts-d'heure, vous y mettrez cinq ou six
jaunes d'œufs, selon la quantité de farce ; vous pilerez vos jaunes avec votre farce à mesure que vous
en mettrez : votre farce faite, vous la retirerez du
mortier pour la mettre dans une terrine : vous vous
en servirez pour les cas de besoin, soit en viande de
boucherie ou volaille, gibier : vous vous servirez du

même procédé ; vous emploierez aussi cette farce
pour les gratins.

Marinade cuite.

Vous mettrez un morceau de beurre dans une casserole ; vous couperez trois carottes en tranches, quatre
oignons coupés de la même manière, deux feuilles
de laurier, un peu de thym, deux clous de girofle ; vous
mettrez votre casserole sur le feu ; vous passerez vos
racines ; après cela vous y mettrez du persil en branches, quelques ciboules ; vous les passerez avec vos
légumes ; vous y mettrez deux cuillères à café de
farine que vous mêlerez avec votre beurre ; vous
mettrez un verre de vinaigre et deux verres de bouillon, du sel, du poivre : vous ferez migeoter votre
marinade pendant trois quarts-d'heure ; vous la passerez au tamis de crin, et vous vous en servirez en
cas de besoin ; si vous avez de la sauce, vous en
mettrez dedans en place de farine.

Pâte à frire.

Vous mettrez un litron de farine dans une terrine,
six jaunes d'œufs, deux cuillères à bouche d'huile,
ou gros comme un œuf de beurre que vous ferez
tiédir pour qu'il se mêle avec la pâte ; vous y mettrez
du sel, du poivre, un verre de bierre : vous délayez
votre pâte de manière qu'il n'y ait pas de grumeaux ;
vous remettez du beurre si votre pâte est trop épaisse :
ayez soin cependant qu'elle ne soit pas trop claire ;
il faut qu'elle file en tombant de la cuillère : vous
fouetterez deux blancs d'œufs comme pour du biscuit,
et les mêlerez avec votre pâte : vous vous en servirez au besoin ; vous pouvez mouiller votre pâte
avec du vin blanc ou du lait.

Fines herbes à papillotes.

Vous raperez une demi-livre de lard; vous mettrez six cuillerées d'huile, un quarteron de beurre que vous mettrez dans une casserole; vous y verserez quatre cuillères à bouche de champignons bien hachés, lesquels vous passez dans votre casserole sur le feu; quand vos champignons seront bien saisis, vous y mettrez deux cuillerées d'échalotes bien hachées; vous les passez avec vos champignons, après vous mettrez plein deux cuillères à bouche de persil bien haché; vous passerez le tout ensemble, après cela vous mettrez du sel, du gros poivre, un peu d'épices; vous transposerez vos fines herbes dans une terrine: vous vous en servirez en cas de nécessité.

Petits Oignons glacés.

Vous éplucherez vos petits oignons bien correctement, c'est à dire de ne pas trop couper la tête ni la queue et ne point l'écorcher; vous beurrerez le fond de votre casserole, et vous placerez la tête de vos petits oignons dessus le cul; mettez-y gros comme une noix de sucre, du bouillon ou de l'eau, jusqu'à la queue des petits oignons; vous les mettrez au feu ardent: quand le mouillement sera aux trois quarts réduit, vous les ferez aller à petit feu, et vous les ferez tomber à glace: vous vous en servirez lorsqu'il sera nécessaire.

Du Bœuf.

Le bœuf est plus ou moins bon selon le pays d'où il vient; les chairs foncées et bien couvertes de graisse sont les meilleures. Comme on se sert habituellement

de ce que l'on a, je ne m'étendrai pas en observations
pour vous prouver que le bœuf dont vous vous servez
est de bonne ou de mauvaise qualité : qu'il soit cuit à
propos et bien assaisonné : la culotte est, en général,
la partie préférée; la pièce d'aloyau, la noix, la sous-
noix, la culotte, la côte couverte, la poitrine, voilà
les morceaux choisis pour faire des relevés ou pièces
de bœuf.

La Culotte.

Pour faire un beau relevé il faut prendre une culotte de bœuf de vingt-cinq ou trente livres ; faites
attention qu'elle soit un peu plus longue que carrée;
ayez soin de la désosser; en la ficelant donnez - lui
une forme ronde en dessus, c'est à dire qu'il faut
que votre pièce posée sur votre plat ait une forme
bombée dans son carré long. Dans les grandes tables
la pièce de bœuf se sert avec du persil à l'entour ;
pour les petits ordinaires on y met quelquefois des
petits pâtés; d'autres des choux-croûtes, ou bien du
lard, des racines, des choux, des oignons glacés,
etc.

Garniture de la pièce de Bœuf.

Ayez deux choux, que vous ferez blanchir et cuire
comme il est expliqué pour le potage ; vous tournerez huit ou dix grosses carottes, que vous ferez blanchir, et que vous mettrez dans une casserole, où vous
verserez plein cinq ou six cuillères à dégraisser de
sauce brune; vous y mettrez autant de consommé,
et vous ferez cuire vos carottes à petit feu ; vous
tournerez de même des navets; vous les ferez blanchir, et vous les laisserez cuire avec vos carottes :
on pourrait aussi mettre ces légumes dans une cuis-

son, ou les faire cuire avec les choux; vous ferez blanchir votre petit lard, et vous le mettrez cuire avec vos choux; si vous voulez y mettre des oignons glacés, (*Voyez* Oignons glacés.) vous vous servirez de la sauce dans laquelle vos légumes ont cuit pour saucer votre pièce de bœuf; vous pouvez verser votre sauce dessus, si elle n'est pas glacée.

De la pièce d'Aloyau.

Vous prenez la pièce d'aloyau toute entière; vous ôtez le filet mignon, duquel vous faites une entrée; vous désossez votre pièce, vous la ficelez; tâchez qu'elle ait une belle forme; vous pouvez mettre la pièce de bœuf la veille pour pouvoir vous servir du bouillon pour les sauces, ou bien à un autre usage. Le lendemain vous parez votre pièce; vous la mettez dans un linge blanc de lessive; vous y semez un peu de sel, du gros poivre; ficelez votre linge; ensuite vous mettez votre bœuf dans une braisière avec un peu de bouillon et de dégraissé de marmite; vous faites chauffer votre pièce : au moment de servir, vous la développez, vous glissez un couvercle dessous, et la posez sur votre plat : cette pièce peut se garnir.

La Sous-noix.

Cette pièce est propre à faire de bons bouillons; mais elle n'est guère recherchée pour le service, parce qu'elle est sèche.

Noix de Bœuf.

Vous faites lever la noix dans toute sa grandeur; tâchez qu'elle soit bien couverte : comme la viande en est sèche, vous prendrez de la graisse de rognon, et vous piquerez l'intérieur de votre noix avec de

gros lardons de graisse ; vous la ficellerez et la servirez avec des oignons glacés ou autres garnitures. On peut servir cette pièce de bœuf en surprise ; vous la faites cuire la veille ; le lendemain
vous la parez à froid ; vous faites un creux dans votre
noix pour qu'il puisse contenir un ragoût ; vous prendrez la viande que vous aurez ôtée de votre noix ; vous
conservez le dessus de votre viande de noix pour
masquer votre ragoût ; vous couperez en gros dés
la viande que vous aurez prise dans votre noix ;
vous la mettrez dans une sauce espagnole que vous
aurez bien fait réduire ; vous ferez réchauffer votre
noix de même que la pièce d'aloyau ; au moment
de servir vous y mettrez votre ragoût, et vous le
couvrirez du dessus de votre viande ; vous glacerez
votre noix, et vous mettrez une sauce réduite dessous.

Le Paleron.

On se sert peu de cette pièce ; elle n'est pas couverte, et elle conserve mal son entier rapport avec
ses os et ses nerfs.

Poitrine de Bœuf.

Vous coupez une poitrine de la grandeur que vous
jugez à propos ; vous la désossez presque jusqu'au
tendon ; vous donnez une forme de carré long à
votre pièce ; vous la ficelez, et vous la rendez bien
potelée ; faites-la cuire, et servez-la avec du persil
ou avec des légumes : on peut aussi la mettre à la
Sainte-Menehould ; vous la feriez un peu moins cuire
que si vous la serviez au naturel, et vous auriez soin
de l'avoir cuite de la veille, pour pouvoir mieux
la parer et la passer ; vous l'assaisonnerez de sel fin
et de gros poivre ; vous la tremperez dans du beurre

ou avec un doroir; vous la beurrerez : il faut que
votre beurre ne soit pas trop chaud; après vous y
ferez tenir votre mie de pain le plus que vous pourrez par-dessus avec votre pinceau, que vous tremperez dans le beurre, et vous le laisserez égoutter
dessus votre pièce de bœuf; vous y semerez de la mie
de pain, afin que cela fasse croûte; avant de servir vous laisserez votre pièce de bœuf prendre couleur au feu, et vous la ferez chauffer assez; vous
mettrez une espagnole travaillée et claire dessous
votre pièce, un peu de gros poivre seulement.

Des Côtes couvertes.

Vous ne désossez pas cette pièce tout à fait; il faut en
abattre le chapelet, qui est composé des os anguleux des
côtes; il faut aussi couper un peu des côtes : après
en avoir désossé une partie, vous roulez votre pièce de
bœuf; vous lui faites prendre une belle forme; vous la
ficelez, et la faites cuire; servez à l'entour ce que
vous voulez en légumes.

Palais de Bœuf.

Vous faites bien dégorger vos palais; puis vous
les faites blanchir jusqu'à ce que vous puissiez en
enlever une seconde peau qui tient au palais; quand
vous voyez que vous pouvez l'ôter en ratissant avec
le couteau, vous les mettez à l'eau froide; alors
vous grattez votre palais jusqu'à ce qu'il soit bien
net : lorsqu'il est propre, vous le parez, c'est à dire
en extraire les chairs noires, et garder votre palais
avec la chair qui est bonne à servir; quand ils seront en cet état, vous les mettrez dans un blanc;
(*Voyez* Blanc.) vous les laisserez cuire quatre ou
cinq heures, plus ou moins, selon comme les palais

sont durs; vous verrez s'ils sont cuits en les tâtant
avec les doigts; vous les pressez; si vous voyez que
la chair obéisse, vous les retirez du feu pour les
mettre dans un vase pour vous en servir au besoin.

Palais à la Béchamelle.

Ayez des palais de bœuf cuits dans un blanc,
que vous coupez en petits carrés, c'est à dire de la
grandeur d'un petit écu; ayez une sauce béchamelle,
vous les faites sauter dans votre sauce; tâchez qu'elle
ne soit ni trop claire ni trop liée, un peu de gros
poivre; servez-la bien chaude.

Palais à l'Allemande.

Quand vos palais sont cuits dans un blanc, vous
les égouttez, vous les coupez comme pour la béchamelle; ayez du velouté bien réduit; vous le liez avec
deux jaunes d'œufs; votre sauce liée, vous la passez
à l'étamine, et la mettez sur vos palais qui sont
dans une casserole, et un peu de persil haché bien fin,
que vous avez fait blanchir; sautez vos palais dans
votre sauce, et servez-les bien chauds.

Palais de Bœuf au beurre d'anchois.

Vos palais cuits, vous les égouttez et les coupez
en ronds pas très - grands; vous faites réduire une
espagnole; quand votre sauce est à son point, vous
la passez à l'étamine; que votre sauce soit bouillante:
au moment de la servir, vous y mettrez gros comme
la moitié d'un œuf de beurre d'anchois; vous aurez soin de bien le remuer dans votre sauce; vous
y mettrez vos palais, et vous les ferez sauter; vous
ne poserez pas votre ragoût sur le feu afin que votre
sauce ne bouille pas; cependant servez bien chaud.

Palais de Bœuf à la Lyonnaise.

Quand vos palais de bœuf sont cuits, vous les coupez en morceaux ronds ou carrés; vous les mettez dans une purée brune d'oignons; (*Voyez* Purée d'Oignons.) il faut que votre ragoût ne bouille pas, mais qu'il soit bien chaud.

Croquettes de palais de Bœuf.

Vos palais cuits dans un blanc, vous les égouttez et les coupez en petits dés; ayez un velouté bien plus réduit que pour une sauce, que vous liez avec deux ou trois jaunes d'œufs; vous mettrez un petit morceau de beurre pour y donner du moelleux; vous jetez vos palais coupés en petits dés dans votre sauce, vous remuez le tout ensemble; tâchez qu'il n'y ait pas trop de sauce; vous en prenez avec une cuillère, et vous faites trente petits tas sur un plafond; vous les laissez refroidir pour que ce soit plus maniable; puis avec ces petits tas, vous leur faites prendre avec vos mains la forme que vous voulez, soit en poire, soit en rond ou en ovale, etc. ; vous les mettez d'abord dans la mie de pain; après vous les passez à l'œuf, c'est à dire après la première panerie, vous les mettez dans des œufs battus et assaisonnés d'un peu de sel et de gros poivre; quand vos croquettes sont trempées, vous les mettez dans la mie de pain; au moment de servir vous les faites frire; il faut que votre friture soit bien chaude; vous mettez dessus un peu de persil frit.

Atreaux de Palais de Bœuf.

Quand vos palais de bœuf sont cuits dans un blanc, vous les coupez en carrés portant dix lignes en tout sens; vous les mettez dans une sauce à atelet; (*Voyez* Sauce à atelet.) vous les sautez dedans, et les lais-

6

sez refroidir ; ayez une tetine de veau que vous aurez
fait cuire dans la marmite, et qui sera froide ; vous
en couperez de même des petits carrés bien minces, de
la grandeur de vos palais ; vous mettrez un morceau
de palais, un de tetine, ainsi de suite, que vous embrocherez de manière que votre atelet soit bien régulier ; en cas qu'il ne le soit pas, vous remplirez
les vides avec de la même sauce ; vous mettrez vos
atelets d'abord dans la mie de pain, puis vous la
passerez à l'anglaise ; (*Voyez* Anglaise pour paner.)
vous aurez bien soin que vos atelets aient bien leurs
quatre carrés, et qu'ils soient bien unis ; mettez-les
sur le gril avec un feu doux ; vous pouvez ne faire
griller que trois côtés, et le quatrième le colorer avec
le four de campagne ou la pelle à glacer : on sert les
atelets avec un jus clair, une espagnole claire, une
italienne, ou bien sans sauce.

Palais au gratin.

Vos palais cuits dans un blanc, vous les coupez
en bandes longues et quinze lignes de large ; ayez
une farce cuite, (*Voyez* Farce cuite.) que vous étendrez sur le dessous de votre palais, c'est à dire du
côté où il n'y a pas de saillant ; vous y mettrez une
bande de tetine bien cuite et bien mince, un peu
de farce par-dessus ; vous roulez votre bande, que
vous mettez à l'entour de l'intérieur du plat où vous
avez mis de la farce ; dans le fond vous en formez
un cordon qui fait le turban ; votre plat garni, vous
couvrez vos palais de lard, de manière que la chaleur du four, ou four de campagne, ne rôtisse pas
vos palais ; quand ils ont été un quart-d'heure ou
environ une demi-heure au four, il faut en extraire
la graisse ; vous verserez une italienne dans le mi-

lieu ; on peut aussi mettre entre chaque morceau de palais de bœuf une partie d'une langue à l'écarlate, qui formerait une crête : on nommerait ces palais à la Saint-Garat.

Paupiette de palais de Bœuf.

Vous préparerez vos palais comme les précédens ; vous couperez vos bandes plus larges, afin que votre rouleau soit un peu long, à peu près comme une croquette ; vous mettrez de la sauce à atelets à l'entour, c'est à dire pour barbouiller votre paupiette; vous la panerez à l'œuf, et vous la ferez frire comme des croquettes ; vous y mettrez du persil à l'entour et dessus ; point de sauce dessous.

Cervelles de Bœuf au beurre noir.

Epluchez vos cervelles, c'est à dire ôtez le sang caillé, la petite peau et les fibres qui renferment la cervelle ; vous la mettrez dégorger dans de l'eau tiède pendant deux heures, après vous la ferez cuire entre des bardes de lard, deux feuilles de laurier, des tranches d'oignons, des carottes, un bouquet de persil et ciboule, un verre de vin blanc et du bouillon ; après avoir migeotés une demi-heure au feu, égouttez-les; mettez du beurre noir dessous, (*Voyez* Beurre noir.) et du persil frit dans le milieu : on peut aussi faire cuire ces cervelles avec des carottes, oignons, thym, laurier, persil, ciboules, un filet de vinaigre, du sel et de l'eau.

Cervelles de Bœuf en matelote.

Vous marquerez vos cervelles comme les précédentes ; en place d'eau et de vinaigre vous les mouillerez avec du vin rouge ou blanc ; quand elles seront

cuites, vous passerez au tamis de soie le mouillement dans lequel auront cuit vos cervelles; vous
passerez de petits oignons bien épluchés, que vous
sauterez dans le beurre jusqu'à ce qu'ils soient blonds;
vous les poudrerez de farine environ une cuillerée;
vous les mouillerez avec le vin dans lequel vos cervelles ont cuit; vous y mettrez quelques champignons:
quand votre ragoût sera cuit, vous égoutterez vos
cervelles, et vous les dresserez sur votre plat; vous
y verserez votre ragoût dessus; tâchez qu'il soit de
bon sel.

Cervelles à la Sauce piquante.

Vous ferez cuire vos cervelles comme pour au
beurre noir ; vous les égoutterez, et vous les mettrez
sur le plat ; vous les arroserez d'une sauce piquante.
(*Voyez* Sauce piquante.)

Cervelles de Bœuf en marinade.

Après avoir préparé vos cervelles, c'est à dire,
les avoir épluchées, blanchies, vous les ferez cuire
dans une marinade ; (*Voyez* Marinade.) vous ferez une
pâte à frire, (*Voyez* Pâte à frire.) et vous mettrez vos
cervelles dedans : au moment de servir, vous les ferez
frire; tâchez que votre friture ne soit pas trop chaude;
vous mettrez du persil frit; en cas que vos cervelles
soient cuites, vous les couperez en morceaux; vous
les assaisonnerez de sel, de poivre, et vous y mettrez
assez de vinaigre pour qu'elles baignent dedans; vous
les égoutterez; vous les mettrez dans votre pâte, et les
ferez frire.

Langue de Bœuf aux cornichons.

Ayez une langue de bœuf que vous ferez dégorger;
puis la ferez blanchir pendant demi-heure; vous la

mettrez rafraichir : après qu'elle sera froide, vous la parerez ; vous aurez de gros lardons que vous assaisonnerez avec du sel, gros poivre, quatre épices, du persil et ciboules hachés bien fins ; vous piquez votre langue avez les lardons assaisonnés ; vous la faites cuire dans une casserole dans laquelle vous mettez quelques bardes de lard, quelques tranches de veau et de bœuf, des carottes, des oignons, du thym, du laurier, trois clous de girofle ; vous mouillez votre cuisson avec du bouillon ; laissez recuire votre langue à petit feu pendant quatre ou cinq heures plus ou moins, selon que la langue sera dure ; au moment de servir, vous la parerez, et vous ôterez la peau de dessus ; vous la couperez dans le milieu de sa longueur, pas assez pour qu'elle se sépare tout à fait, que votre langue coupée forme un cœur sur le plat ; vous aurez une sauce piquante, (*Voyez* Sauce piquante.) dans laquelle vous mettrez quelques cornichons coupés en liards, ou de ces cornichons coupés vous arrangez en miroton sur les bords de la langue ou autrement ; vous versez votre sauce dessus la langue, et vous la servez : autrement, après avoir préparé votre langue comme il est dit ci-dessus, vous y mettez du lard pour la faire cuire, des carottes, des oignons, thym, laurier, trois clous de girofle, et vous mouillerez avec de l'eau ; vous assaisonnerez votre cuisson de sel, mais pas trop pour que vous puissiez vous servir du mouillement dans lequel aura cuit votre langue. Pour faire la sauce, vous ferez un petit roux brun que vous mouillerez avec le jus dans lequel a cuit votre langue ; vous y mettrez un filet de vinaigre, du gros poivre ; vous ferez votre sauce un peu longue pour la faire reduire, afin qu'elle prenne un bon goût : au moment de servir, vous mettrez votre langue dessus le plat, et vous la masquerez de votra

sauce, dans laquelle vous avez mis des cornichons:
tâchez que votre sauce soit d'un bon sel et de bon
goût.

Langue de Bœuf sauce hachée.

Vous faites cuire la langue comme la première ;
vous la préparez de même ; vous la masquez d'une
sauce hachée; (*Voyez* Sauce hachée.) si vous n'en aviez
pas vous feriez un petit roux dans lequel vous mettriez
votre ciboule ou échalote ; hachez votre persil; après
vous humecterez votre roux avec le mouillement dans
lequel a cuit votre langue, et un filet de vinaigre, un
peu de gros poivre; que votre sauce soit un peu longue pour pouvoir la faire réduire ; vous y mettrez des
câpres hachées; lorsqu'elle sera prête à être versée sur
votre langue, vous y mettrez deux ou trois cornichons
coupés en petit, gros comme le quart d'un œuf de
beurre d'anchois, (*Voyez* Beurre d'anchois.) que vous
ferez fondre dans votre sauce; vous masquerez votre
langue avec cette sauce; tâchez qu'elle soit d'un bon sel.

Langue de Bœuf aux épinards.

Faites cuire votre langue comme celle dite aux cornichons; vous la coupez en tranches, de manière que
vous puissiez la dresser en miroton, et la glacez ; quand
vous aurez de la langue coupée, faites un cordon à
l'entour du plat ; vous aurez des épinards que vous
aurez passés au beurre, et mouillez avec de l'espagnole ou du consommé ; vous les verserez dans le milieu de votre plat, ou bien vous arrangerez votre morceau de langue sur vos épinards; on peut aussi y mettre
la langue entière : on aura soin de la glacer; faute de
sauce vous passeriez vos épinards dans le beurre; vous
y mettriez un peu de gros poivre; quand ils seront bien

revenus vous y jeterez une bonne pincée de farine
que vous mêlez avec vos épinards ; puis vous les
mouillez avec le jus de votre langue, que vous passez
au tamis de soie, et que vous avez bien soin de dégraisser : il faut les mouiller de manière que vos épinards soient un peu liquides, pour que vous puissiez
les faire réduire et qu'ils deviennent un peu épais,
et prennent du goût; ne mettez point de sel dans
vos épinards, parce que le mouillement est assaisonné.

Langue de Bœuf en matelote.

Vous préparerez votre langue comme celle dite aux
cornichons, excepté que vous ne la piquerez pas; vous
la faites cuire dans le même assaisonnement; vous y
mettez une bouteille de vin blanc; quand votre langue
est cuite, vous passez le mouillement dans lequel elle
était, dans un tamis de soie; vous avez de petits oignons que vous sautez dans le beurre jusqu'à ce qu'ils
soient roux; vous les poudrez d'une cuillerée de farine,
et les mouillez avec le jus de votre cuisson que vous
avez dégraissé; vous y mettez un peu de gros poivre
et des champignons; quand vos oignons sont cuits il
faut les ôter; si votre sauce est trop claire, pour pouvoir la faire réduire, vous couperez votre langue en
morceaux; votre sauce réduite, vous la mettrez dessus
avec vos oignons, vos champignons, et vous ferez migeoter un quart-d'heure votre ragoût; vous aurez soin
de le dégraisser, et qu'il soit d'un bon sel.

Langue de Bœuf aux champignons.

Vous préparez votre langue comme celle aux cornichons; vous tournez des champignons; vous les faites
sauter dans du beurre et un jus de citron; vous y met-

tez plein quatre cuillères à dégraisser d'espagnole, trois ou quatre cuillerées de consommé ; vous ferez réduire la sauce dans laquelle sont vos champignons ; vous coupez votre langue en deux ; vous la posez sur votre plat, et vous versez votre ragoût de champignons dessus ; autrement vous mouillez vos champignons avec le mouillement dans lequel a cuit votre langue ; vous le passez au tamis de soie : ayez soin de le dégraisser ; en cas que votre sauce soit claire, vous la faites réduire ; si elle était trop salée, vous y mettriez un jus de citron au moment de servir.

Langue à la purée de champignons.

Vous préparez votre langue comme celle aux cornichons ; vous la coupez en tranches pour la dresser en miroton ; vous mettez dans le milieu de votre cordon de langue une purée de champignons ; (*Voyez* Purée de champignons.) vous aurez soin de glacer votre langue, soit entière ou en morceaux.

Langue de Bœuf en hochepot.

Vous préparerez votre langue et vous la ferez cuire comme celle aux cornichons ; vous la couperez en tranches et la dresserez en miroton ; à l'entour du plat vous aurez des carottes tournées en petits bâtons que vous ferez blanchir ; vous les rafraîchirez et les égoutterez ; vous les mettrez dans une casserole ; vous y jeterez trois cuillerées à dégraisser d'espagnole et cinq de consommé, un petit morceau de sucre ; vous les ferez cuire ; au moment de servir, vous dresserez votre langue et la glacerez, et vous mettrez vos petites racines dans le milieu, à l'entour de votre plat ; vous y mettrez un cordon de petits oignons glacés ; (*Voyez* Oignons glacés.) autrement, si vous n'avez ni sauce ni con-

sommé, après avoir blanchi vos petites racines, vous
les sautez dans une casserole avec un petit morceau de
beurre; vous les poudrez avec une demi-cuillerée à
bouche de farine; vous passez au tamis de soie le mouillement de votre langue, avec lequel vous mouillez
vos petites racines : il faut que votre sauce soit longue
pour pouvoir la réduire; en faisant cuire vos petites
racines, ayez soin de bien les dégraisser; vous y mettrez un peu de grois poivre.

Langue à l'écarlate.

Ayez une langue de bœuf; pilez deux onces de sal-
pêtre; vous la frotterez bien partout avec votre sal-
pêtre pilé; vous la mettrez dans une terrine avec du
thym, du laurier, du basilic, du poivre en grain; vous
mettrez deux fortes poignées de sel dans l'eau bouillante; quand votre sel sera fondu, et que votre eau
sera froide, vous la verserez sur votre langue, et vous
la laisserez dans la saumure cinq ou six jours ou plus;
si vous avez le tems, avant de la faire cuire, vous la
mettrez dégorger deux heures; vous la ferez blanchir;
vous la poserez dans une braisière avec un quart de la
saumure, du thym, du laurier, du basilic, du poivre
en grain, deux carottes, deux oignons, trois clous de
girofle, deux pintes d'eau, du sel; vous la ferez migeoter pendant deux heures, et la retirerez du feu; laissez-
la refroidir dans son assaisonnement.

Langue de Bœuf en cartouches.

Vous préparerez votre langue comme celle aux cornichons; quand elle est cuite et froide vous la coupez
en petits carrés longs de quatre pouces sur huit ou dix
lignes de carré; vous arrangerez vos morceaux sur un
plat, et vous y mettrez une sauce à papillotes dessus;

(*Voy*. Sauce à papillotes.) quand elle est refroidie vous prenez un morceau de langue, vous l'entourez de sauce et le couvrez d'une bardé de lard très-mince ; vous avez un carré de papier huilé dans lequel vous enveloppez votre morceau de langue , de manière que cela ait la forme d'une cartouche; vous la faites griller sur un feu doux; vous la dressez sur le plat en bûche ou en pile ; il ne faut pas de sauce ; vous aurez bien soin de fermer votre papier hermétiquement, afin que la sauce ne s'en aille pas.

Langue de Bœuf en papillotes.

Quand votre langue est cuite comme les précéden-tes, vous la coupez en morceaux en forme de côte-lettes; vous arrangez vos morceaux sur un plat, et vous versez dessus une sauce à papillotes; (*Voyez* Sauce à papillotes.) quand votre sauce est froide, vous en arro-sez les morceaux de langue; vous y mettez une barde de lard bien mince dessus et dessous ; vous avez un carré double de papier huilé; vous enveloppez votre morceau de langue dans votre papier, et vous le plissez tout au tour des bords le plus serré possible, afin que votre sauce ne s'en aille pas étant sur le gril : il faut un feu doux pour griller ces papillotes; vous les dressez à l'entour du plat , et mettez un jus clair dessous.

Langue de Bœuf en atelet.

Quand votre langue est cuite comme celle aux cor-nichons , vous la laissez refroidir; puis vous la coupez en petits carrés minces ; vous mettez vos morceaux sur un plat ; vous faites réduire de la sauce italienne; (*Voy*. Sauce italienne.) quand elle est bien réduite, vous y mettez une liaison courte de deux ou trois œufs; vous avez bien soin de remuer votre sauce, afin qu'elle ne tourne pas; quand votre sauce est liée vous la versez sur vos petits carrés de langue, et vous laissez refroidir votre sauce; faites ensorte que votre langue soit bien couverte de sauce. Après cela vous prenez chacun de ces petits morceaux que vous embrochez avec un atelet; ayez bien soin que vos petits morceaux soient barbouillés de sauce; qu'ils soient tous sur la même mesure, afin que votre atelet présente un carré long avec ses quatre angles; en cas qu'il y ait quelques vides vous les remplirez de votre sauce, en unissant bien votre atelet; vous le trempez dans le beurre tiède; vous le mettez dans la mie de pain, après vous le jetez dans des œufs battus, dans lesquels vous avez mis un peu de beurre, du sel et du gros poivre; vous le panez, en lui conservant toujours sa forme carrée; puis vous le faites griller de trois côtés; faites prendre couleur au quatrième avec le four de campagne ou la pelle à glace; faute de sauce italienne, servez-vous de sauce hachée. (*Voyez* Sauce hachée.)

Queue de Bœuf braisée en hochepot.

Vous coupez votre queue de bœuf en morceaux, de joint en joint; vous la faites dégorger pendant deux heures; après vous la faites blanchir pendant une demi-heure; vous la mettez à l'eau froide; vous l'égouttez; vous la parez; puis vous mettez des bardes de lard dans le fond d'une casserole, quelques morceaux de veau ou de bœuf, la couvrez pareillement avec votre lard, et vous y mettez trois ou quatre carottes, quatre ou cinq oignons, dont un piqué de trois clous de girofle, un peu de thym, deux feuilles de laurier; vous mouillez avec du bouillon, et vous faites bouillir votre queue; vous la mettez ensuite sur un petit feu allant tout doucement pendant deux ou trois heures , selon comme votre queue est dure ; quand elle est cuite vous mettez vos morceaux dans le milieu du plat ; vous dressez un cordon de laitues à l'entour ; (*Voyez* Laitue braisée.) vous mettrez des carottes en petits bâtons , (*Voyez* petites Carottes.) que vous verserez sur votre queue pour la masquer, et vous glacerez vos laitues ; autrement vous pouvez mettre cuire votre queue dans une casserole avec de l'eau et l'assaisonnement dit ci-dessus , du sel et les superficies de vos carottes qui auront été ratissées avant de les tourner ; vous pouvez aussi mouiller vos petites racines avec le mouillement dans lequel aura cuit votre queue.

Queue de Bœuf aux choux.

Vous préparez votre queue comme la précédente ; vous mettrez à l'entour des choux braisés, (*Voyez* Choux braisés.) pour entrée, et un morceau de lard qui aura cuit avec vos choux et de grosses carottes ; entourez votre sauce avec de l'espagnole ; autrement vous pourriez mettre vos choux et votre lard cuire avec votre queue , quelques grosses carottes ; donnez un bon sel à vos choux, faites-les blanchir, et ficelez-les avant de les mettre dans votre cuisson , pour pouvoir les retirer entiers ; vous verserez sur votre queue une sauce liée , ou bien vous la servirez avec un peu du fond de votre cuisson.

Queue de Bœuf à la Sainte-Menehould.

Quand votre queue de bœuf sera cuite comme celle dite en hochepot , vous l'assaisonnerez d'un peu de sel , du gros poivre ; vous la tremperez dans le beurre tiède, et la mettrez dans la mie de pain ; vous la panerez deux fois; vous lui ferez prendre couleur au four ou sur le gril.

Queue de Bœuf aux navets.

Vous ferez cuire votre queue de bœuf braisée ; vous aurez des navets en petits bâtons, (*Voyez* petits Navets.) que vous verserez sur votre queue de bœuf pour qu'elle sente le navet ; vous mettrez dans la cuisson la superficie de vos petits bâtons de navets ; si vous n'avez pas de sauce pour vos navets vous vous servirez du mouillement de votre cuisson pour cuire vos navets.

Queue de Bœuf à la sauce tomate.

Vous ferez braiser votre queue de bœuf ; vous la dresserez dessus votre plat, et vous la masquerez avec une sauce tomate, (*Voyez* Sauce tomate indienne.)

Queue de Bœuf aux champignons.

Quand votre queue de bœuf est cuite dans une braise vous la dressez sur un plat ; vous la masquez avec un ragoût de champignons ; (*Voyez* Champignons pour entrée.) vous pouvez, faute de sauce, sauter vos champignons dans un morceau de beurre gros comme un œuf ; quand vous voyez que votre beurre tourne en huile, vous y mettez plein une cuillère à bouche de farine, vous la mêlez avec votre beurre et vos champignons ; vous les mouillez avec le mouillement dans lequel aura cuit votre queue : tâchez que votre ragoût soit de bon sel ; vous y mettrez un peu de gros poivre.

Queue de Bœuf à la purée de lentilles.

Vous ferez braiser votre queue de bœuf ; quand elle

sera cuite vous l'égoutterez et la dresserez sur votre plat; vous la masquerez avec une purée de lentilles. (*Voyez* Purée de lentilles pour entrée.)

Queue de Bœuf à la purée de pois verts.

Vous ferez braiser votre queue; quand elle est cuite vous l'égouttez, la dressez sur le plat, et vous la masquez avec une purée de pois verts. (*Voyez* Pois verts; *voyez* Purée de pois verts pour entrée.)

Queue de Bœuf à la purée d'oignons.

Vous faites braiser votre queue de bœuf; vous l'égouttez, la dressez sur le plat, et vous la masquez d'une purée d'oignons. (*Voyez* Purée d'oignons pour entrée.)

Queue de Bœuf à la purée de racines.

Quand votre queue est cuite dans une braise vous l'égouttez et la dressez sur votre plat, et vous la masquez d'une purée de racines. (*Voyez* Purée de racines pour entrée.)

Queue de Bœuf aux oignons glacés.

Vous faites cuire votre queue de bœuf dans une braise; vous l'égouttez; vous la dressez sur votre plat en pyramide, et vous mettez des oignons glacés à l'entour; (*Voyez* Oignons glacés.) vous mettez une espagnole travaillée pour sauce; faute d'espagnole vous faites un roux léger que vous mouillez avec le mouillement que vous passez au tamis de soie, dans lequel a cuit votre queue; faites votre sauce claire pour pouvoir la faire réduire; qu'elle soit de bon goût et de bon sel; vous y mettrez un peu de gros poivre, et vous saucerez votre queue avec : ayez soin de la dégraisser.

Entrecôte au jus.

Vous prenez la côte de bœuf qui se trouve sous le paleron; vous la parez de manière qu'il ne reste que l'os de la côte, que vous décharnez au bout; il faut la battre, afin de l'amortir; vous trempez votre côte dedans l'huile ou du beurre; vous l'assaisonnez de sel et gros poivre; vous la faites griller à feu doux, afin que votre côte ne brûle pas et cuise tout doucement; il faut demi-heure si votre côte n'est pas très-épaisse; si elle l'est il faut trois quarts-d'heure ou une heure, afin que la chaleur la puisse bien pénétrer; quand elle est cuite vous mettez un jus clair dessous.

Entrecôte grillée sauce aux cornichons.

Vous préparez votre côte comme celle au jus; quand elle est cuite ayez une sauce piquante dans laquelle vous jetez vos cornichons; au moment de saucer, si vous n'en avez pas, vous pouvez marquer une sauce avec de l'eau, du sel, du poivre fin, des échalotes hachées, un peu de chapelure de pain, un peu de vinaigre; vous faites bouillir le tout ensemble; au moment de verser votre sauce vous mettrez vos cornichons.

Entrecôte grillée sauce piquante.

Vous préparez votre côte et la faites cuire comme celle au jus; vous versez dessus une sauce piquante. (*Voyez* Sauce piquante.)

Entrecôte grillée sauce au beurre d'anchois.

Préparez et faites cuire votre côte comme celle au jus; vous aurez une sauce espagnole travaillée qui soit un peu claire; au moment de saucer vous mettrez dans votre sauce, qui sera bien chaude, gros comme un œuf de beurre d'anchois, que vous remuerez bien dans votre sauce jusqu'à ce qu'il soit bien fondu, sans mettre votre sauce sur le feu, ou du moins sans la faire bouillir; versez-la sur votre côte; (*Voyez* Espagnole travaillée, et Beurre d'anchois.) faute de sauce faites un roux léger que vous mouillez avec du bouillon assaisonné, et mettez-y votre beurre d'anchois.

Entrecôte grillée sauce hachée.

Préparez et faites cuire votre côte comme celle au jus; vous la saucerez avec une sauce hachée. (*Voyez* Sauce hachée.)

Côte de Bœuf braisée.

Vous parez bien votre côte; vous décharnerez le bout de l'os; vous la piquerez de gros lardons qui seront assaisonnés des quatre épices, de sel, du poivre; vous mettrez dans le fond de votre casserole des bardes de lard; par-dessus vos bardes, des tranches de veau et de bœuf, quatorze carottes, cinq gros oignons, dont un piqué de trois clous de girofle, deux feuilles de laurier, un peu de thym, un bouquet de persil, de ciboule; vous ficellerez, arrangerez votre côte dans cette braise; vous la couvrirez de lard, et vous mettrez vos garnitures de légumes dessus; vous y mettrez plein deux cuillères à pot de bouillon; vous ferez bouillir votre côte braisée, puis vous la mettrez sur un petit feu, afin que cela migeote doucement pendant trois heures; moins si votre côte est tendre; quand elle est cuite vous l'égouttez et vous la déficelez; vous passez un peu du fond de votre cuisson au tamis de soie; vous le dégraissez et le faites réduire; vous glacez votre côte et vous versez votre fond réduit dessous.

Côte de Bœuf aux oignons glacés.

Vous parerez et braiserez votre côte de bœuf; quand elle sera cuite vous la déficellerez, vous l'égoutterez et vous la dresserez sur votre plat; tâchez qu'elle ait bonne mine, qu'elle soit bien entière; vous mettrez des oignons glacés à l'entour, et une sauce espagnole claire que vous aurez travaillée avec un peu du mouillement de votre côte; que votre sauce soit bien degraissée et passée à l'étamine.

Côte de Bœuf sauce tomate indienne.

Parez et faites cuire votre côte dans une braise; vous l'égouttez, vous la dressez sur le plat, vous la glacez, et vous y mettez dessous une sauce tomate indienne. (*Voyez* Sauce tomate.)

Côte de Bœuf aux petites racines.

Quand vous aurez paré et braisé votre côte vous l'égoutterez, vous la glacerez et vous la mettrez sur votre plat; vous y joindrez à l'entour de petites racines; (*Voyez* petites Racines.) vous pourrez faire blanchir des carottes tournées en petits bâtons, faire un petit roux léger que vous mouillerez avec le fond dans lequel aura cuit votre côte; quand votre sauce aura bouilli vous y mettrez vos petites racines; vous y joindrez un petit morceau de sucre, un peu de gros poivre; vous ferez votre sauce un peu longue pour pouvoir la faire réduire, afin qu'elle prenne du goût; vous dégraissez vos petites racines et les servez à l'entour de votre côte.

Côte de Bœuf aux concombres.

Vous préparerez votre côte et vous la ferez cuire

7

comme celle braisée ; vous mettrez des concombres en
morceaux dessous, ou en quartiers à l'entour ; alors
vous les glaceriez et vous mettriez une sauce espagnole
réduite dessous : (*Voyez* Sauce espagnole ; *voyez* Concombres.) si vous n'avez pas de sauce passez le fond
de votre cuisson ; faites un roux léger ; vous mouillez
avec votre fond ; que votre sauce soit longue', pour
pouvoir la faire réduire ; vous mettrez vos morceaux
de concombres dans votre sauce ; qui doit être très-liée,
parce que le concombre jette toujours une eau, malgré
qu'il soit bien égoutté ; pour vos quartiers vous les
ferez cuire dans un peu de fond et de dégrais de votre
côte : une demi-heure suffit pour les cuire. (*Voyez* la
manière de préparer vos concombres, à ceux qui sont
pour entrées.)

Côte de Bœuf à la rocambole.

Vous préparez votre côte comme pour cuire à la
braise ; vous y ajoutez un peu d'ail ; vous y mettez une
demi-bouteille de vin blanc dans le mouillement ;
quand elle est cuite vous l'égouttez, vous la glacez,
et la mettez sur vos rocamboles ; (*Voyez* Rocamboles.)
si vous n'avez pas de sauce vous faites un roux léger ;
vous le mouillez avec le fond de votre côte que vous
avez passé au tamis de soie ; mettez beaucoup de
mouillement avec votre roux pour qu'il puisse se réduire, afin que votre sauce prenne du goût ; il faut
qu'elle soit très-liée. Vous éplucherez plein un verre
de rocamboles que vous ferez blanchir jusqu'à ce
qu'elles s'écrasent en les pressant sous les doigts ; il
faut qu'elles restent un peu fermes ; vous les mettez
dans votre sauce que vous tiendrez chaude au bain-
marie ; vous y mettrez un peu de gros poivre.

Côte de Bœuf au vin de Malaga.

Préparez votre côte comme pour cuire à la braise ;
vous épicerez un peu plus vos lardons ; vous mettrez
une demi-bouteille de vin de Malaga et la valeur d'une
demi-bouteille de bouillon ; vous ferez cuire votre
côte : après cela vous passerez le mouillement au tamis de soie ; ayez soin qu'il n'y ait pas de graisse ; vous
ferez réduire tout votre mouillement, de manière à
ce qu'il n'en reste qu'un verre pour mettre sous votre
côte : vous aurez eu soin de ne pas beaucoup saler
votre cuisson, pour que votre sauce réduite ne soit pas
âcre.

Côte de Bœuf aux choux.

Vous préparez votre côte et vous la faites cuire
comme celle cuite à la braise ; vous l'égouttez, vous
la glacez, et vous dressez des choux, (*Voyez* Choux
et Espagnole.) du petit lard à l'entour ; vous la saucez
avec une espagnole réduite ; autrement vous parez
votre côte de gros lard ; vous la ficelez ; vous la mettez
dans une casserole avec quatre carottes, quatre oignons, dont un piqué de trois clous de girofle, deux
feuilles de laurier, un peu de thym ; vous faites blanchir un ou deux choux par quartiers ; vous les rafraîchissez ; vous les ficelez, et vous les faites cuire avec
votre côte ; vous ferez blanchir votre petit lard pendant un quart-d'heure et vous le mettrez dans le fond,
avec votre côte et vos choux par-dessus. Si vous
mouillez avec de l'eau vous mettez du sel, du poivre ;
après cela vous faites migeoter le tout deux heures ; il
faut que cela bouille toujours ; vous mettrez les choux
et le lard à l'entour de la côte sur le plat ; si vous n'a-
vez pas de sauce vous prenez un peu de mouillement

que vous versez sur votre côte : ayez soin de ne pas trop saler, à cause du petit lard, et que les choux ne soient pas âcres.

Côte de Bœuf à la bonne femme.

Parez votre côte ; piquez-la de gros lardons épicés ; mettez un morceau de beurre dans une casserole gros comme deux œufs ; vous le faites fondre ; puis vous mettez votre côte assaisonnée de sel et gros poivre ; vous posez votre casserole sur un feu un peu ardent ; vous retournez votre côte deux ou trois fois ; quand elle est bien chaude vous la mettez sur un feu doux, et vous mettez aussi du feu sur le couvercle de votre casserole ; quand elle aura été une heure et demie elle sera cuite ; vous vous servirez du fond pour sauce.

Côte de Bœuf aux laitues.

Parez et faites cuire votre côte comme celle à la braise ; vous l'égouttez, vous la glacez, et vous la mettez sur le plat avec des laitues glacées à l'entour ; vous mettez pour sauce une espagnole réduite ; (*Voyez* Laitue pour entrée, *et* Espagnole.) si vous n'avez pas de quoi marquer une braise vous faites cuire votre côte avec carottes, oignons, thym, laurier, girofle, bouquet de persil et ciboule, un peu de bouillon ; si vous n'employez que de l'eau vous mettrez alors du sel, du gros poivre ; vous prenez le fond de votre côte pour cuire vos laitues que vous aurez préparées ; vous les faites blanchir et les rafraîchissez, et les pressez pour en sortir l'eau ; cela fait, vous les mettez dans une casserole avec le mouillement dans lequel a cuit votre côte : une heure suffit pour cuire vos laitues.

Côte de Bœuf à la provençale.

Parez et faites cuire votre côte comme celle à la
bonne femme ; en place de beurre mettez de l'huile
pour la faire cuire ; quand elle est cuite vous la mettez
sur votre plat ; vous avez vingt gros oignons que vous
coupez par le milieu de la tête jusqu'à la queue ; puis
vous coupez en tranches vos moitiés d'oignons, de
manière à ce qu'elles forment des demi-cercles ; vous
mettez un quarteron et demi d'huile dans votre casserole, que vous faites bien chauffer ; vous mettez
vos oignons frire dedans ; quand ils sont bien blonds
vous versez un verre de vinaigre dedans, un peu de
bouillon, du sel, du poivre ; vous masquez votre côte
avec vos oignons ; il ne faut pas dégraisser.

Côte de Bœuf à la purée d'oignons.

Parez votre côte ; faites-la cuire comme celle dite
à la braise ; quand elle est cuite vous l'égouttez ; vous
la dressez sur le plat, et vous la masquez d'une purée
d'oignons brune. (*Voyez* Purée d'oignons.)

Filet d'Aloyau braisé.

Quand vous aurez levé le filet mignon de votre
aloyau vous en ôtez toute la graisse ; puis vous couchez votre filet sur la table, du côté où est la peau ;
faites ensorte avec votre main que les chairs posent
bien sur la table ; vous prenez un grand couteau qui
coupe bien ; vous mettez le tranchant entre la peau
et la viande, si bien qu'en faisant aller et venir votre
couteau, comme si vous leviez une barde de lard, vous
séparez la peau avec le filet, et il se trouve bien uni
et paré : en cas qu'il reste de la peau il faudrait l'enlever en glissant le tranchant de votre couteau le plus

près possible de la peau, pour éviter que votre filet
ait des creux; quand il est bien paré vous avez de gros
lardons dans lesquels vous mettez un peu de thym,
un peu de laurier pilé ou haché bien fin, un peu de
quatre épices et un peu de sel et poivre; vous piquez
votre filet, et le ficelez en lui faisant prendre la forme
que vous voulez; vous mettrez dans le fond de votre
casserole des bardes de lard, des tranches de veau et
de bœuf, quatre ou six oignons, dont un piqué de trois
clous de girofle, deux feuilles de laurier, un peu de
thym, un bouquet de persil et ciboules; vous mettez
votre filet dans votre casserole, où est marquée votre
braise; vous le couvrez de lard, et vous mettez quelques morceaux de viande à l'entour; vous y versez
plein deux cuillères à pot de bouillon, fort peu de sel;
vous faites bouillir votre braisé, et puis vous le mettez
sur un feu doux pour le faire migeoter pendant deux
heures et demie; vous prenez le mouillement dans
lequel a cuit votre filet; vous le passez au tamis de
soie; vous le faites réduire; quand votre filet est
égoutté vous le déficelez et le glacez; vous le dressez
sur votre plat, et vous y versez le mouillement réduit. Si vous n'avez pas tout ce qu'il faut pour braiser
votre filet, vous le parez et le piquez de gros lard;
vous mettez vos parures dans le fond de votre casserole; vous ficelez votre filet; vous le mettez sur vos
parures; vous mêlez vos carottes, oignons, bouquet
d'aromates, deux cuillerées de bouillon; si vous n'en
avez pas vous y mettez de l'eau, du sel, pas trop pour
que vous puissiez vous servir du mouillement pour ce
que vous aurez à faire; quand il sera cuit vous le servirez comme ci-dessus: tâchez que votre filet ait bonne
mine et bon assaisonnement.

Filet d'Aloyau aux concombres.

Parez votre filet d'aloyau ; faites-le cuire comme
celui dit à la braise ; vous l'égouttez et le glacez ; vous
mettrez dessous des concombres ; (*Voyez* Concombres.)
en cas que vous n'ayez pas de sauce pour vos concombres, vous vous servirez du mouillement de votre
aloyau ; vous ferez un petit roux que vous mouillerez
avec le jus dans lequel aura cuit votre filet ; vous le
passerez au tamis de soie ; vous aurez soin de faire
votre sauce un peu longue pour pouvoir la faire réduire ; vous la dégraisserez et la passerez à l'étamine,
et vous la verserez sous votre filet, ou bien vous mettez vos concombres à cuire dedans, etc. ; que votre
sauce soit de bon sel ; vous y mettrez un peu de gros
poivre.

Filet d'Aloyau aux oignons glacés.

Parez votre filet d'aloyau ; faites-le cuire comme
celui dit à la braise ; vous l'égouttez et vous le glacez ;
mettez-le sur votre plat avec des oignons glacés ; vous
mettrez à l'entour une sauce espagnole travaillée ;
(*Voyez* Espagnole.) faute de sauce vous ferez un roux
léger que vous mouillerez avec le jus dans lequel aura
cuit votre filet d'aloyau ; vous y mettrez des oignons
glacés. (*Voyez* Oignons glacés.)

Filet d'Aloyau aux laitues.

Parez votre filet d'aloyau comme celui dit à la
braise ; vous l'égouttez et le glacez ; vous y mettez
une sauce espagnole ; (*Voyez* Sauce espagnole.) vous
y apprêtez un cordon de laitues à l'entour ; (*Voyez*
Laitues pour entrée.) si vous n'avez pas de quoi
faire cuire vos laitues, faites cuire votre filet d'a-

loyau d'avance ; vous vous servirez du fond pour
vos laitues ; vous tiendrez votre filet chaud ; une
heure suffit pour cuire vos laitues ; vous mettrez sur
votre filet une sauce liée.

Filet d'Aloyau à la Mauglat.

Il faut que ce filet soit cuit de la veille ; parez
et faites cuire votre filet comme celui dit à la braise ;
quand il sera froid, vous ferez un trou ovale dedans ;
vous couperez en dés la viande que vous avez ôtée
de votre filet, c'est à dire ni petit ni gros ; vous
ferez réduire une sauce espagnole. avec un peu de
mouillement de votre filet ; quand votre sauce sera
bien réduite, vous y mettrez vos petits morceaux de
viande dedans, et vous la tiendrez chaude au bain-
marie ; au moment de servir vous ferez réchauffer
votre filet ; vous l'égoutterez et le glacerez ; vous le
poserez sur le plat ; vous mettrez votre petit ragoût
dedans ; vous aurez une espagnole claire que vous
mettrez dessous ; faute de sauce vous ferez un roux
léger , que vous arroserez avec le mouillement dans
lequel a cuit votre filet d'aloyau ; faites bien réduire
votre sauce, afin qu'elle prenne bon goût.

Filet d'Aloyau au vin de Malaga.

Parez votre filet comme les précédens ; vous
le piquerez de gros lardons , dans lesquels vous
mettrez des épices, un peu de thym , deux feuilles
de laurier haché ou pilé , un peu de sel fin ;
quand votre filet sera piqué vous le ficellerez ;
vous mettrez dans le fond d'une casserole des bardes
de lard , deux tranches de veau , deux tranches de
bœuf, des légumes, tels que carottes, oignons, un
bouquet garni ; vous mettrez votre filet dans votre

casserole ; vous le garnirez de bardes de lard et une demi-bouteille de vin de Malaga , ou trois quarts de bouteille , selon comme votre filet sera gros, plein la moitié d'une cuillère à pot de bouillon ; vous ferez bouillir votre filet ; lorsqu'il aura jeté quelque bouillon vous le mettrez migeoter tout doucement sur un petit feu pendant deux heures et demie ; quand il sera cuit, vous passerez le mouillement dans un tamis de soie ; vous mettrez plein trois cuillères à dégraisser de grande espagnole , et vous verserez le mouillement que vous avez passé au tamis de soie dans votre sauce ; vous la ferez réduire à glace , c'est à dire que cela ne produise de jus que pour saucer votre filet : on peut se passer de sauce en faisant réduire l'entier de la sauce ; ayez assez de quoi saucer votre filet ; vous l'égouttez et le ficelez ; vous le glacez , et vous versez votre réduction dessous. On peut faire cuire ce filet en le mettant entre des bardes de lard , des racines mouillées avec le vin de Malaga et un peu de bouillon.

Filet d'aloyau aux cornichons.

Vous parez votre filet comme celui dit à la braise ; vous le piquez de lard fin ; vous le mettrez à la broche, puis vous le coucherez sur votre atelet, de manière à ce qu'il ne soit pas trop long, afin que votre plat d'entrée puisse le contenir ; vous préparez ensuite vos cornichons en petits bâtons ; vous aurez plein six cuillères à dégraisser de grande espagnole, dans laquelle vous mettrez trois cuillères à bouche de vinaigre, un peu de sel, du poivre fin , assez pour qu'il domine ; vous y joindrez huit cuillères à dégraisser de consommé ; vous ferez réduire le tout à moitié, vous écumerez et dégraisserez votre sauce ;

quand elle sera réduite, vous la passerez à l'étamine, vous y mettrez vos cornichons, vous tiendrez cette sauce chaude sans la faire bouillir; quand votre filet aura été une heure et demie à la broche, vous le poserez sur votre plat avec votre sauce dessous : faute d'espagnole, vous ferez un roux léger, que vous mouillerez avec un fond, ou du bouillon ; vous l'assaisonnerez comme la précédente; vous y mettrez vos cornichons coupés en liards; du sel, du poivre fin, voilà tout ce qu'il faut.

Filet de Bœuf à la Conti.

Piquez votre filet comme le précédent; vous le piquerez de gros lard par-dessous : vous le briderez de manière qu'il forme le colimaçon; vous beurrerez le fond de votre casserole ; vous y mettrez votre filet, quatre carottes, cinq oignons, deux feuilles de laurier, un bouquet de persil et de ciboules, trois clous de girofle; vous mettrez avec votre filet une cuillerée à pot de gelée, ou du bouillon, une feuille de papier beurrée, coupée en rond, vous ferez bouillir votre filet; quand il aura jeté quelques bouillons, vous le mettrez sur un feu doux, vous en mettrez aussi sur le couvercle de votre casserole; vous y regarderez de tems en tems, en veillant à ce que votre filet prenne une belle couleur : il faut deux heures pour le cuire; il faut aussi que le mouillement tombe à glace, afin que votre filet soit glacé en le retirant; vous ôterez vos racines de votre casserole ainsi que la graisse; vous mettrez quatre cuillerées d'espagnole et une de consommé dans votre casserole, et vous détacherez la glace de votre filet; vous passerez votre sauce à l'étamine, et vous la verserez sous votre filet. En cas que vous n'ayez pas de sauce, vous glacez

votre filet avec la glace qui est dans votre casserole;
vous y mettez plein une cuillère à café de farine,
que vous délayez avec votre glace; vous mettez aussi
un verre de bouillon; vous faites bouillir votre sauce,
et vous la passez à l'étamine; vous en arrosez votre
filet : tâchez que votre sauce soit d'un bon sel.

Filet de Bœuf, sauce tomate.

Parez et piquez votre filet comme celui dit *à la
Conti;* vous le ferez cuire de même; vous mettrez
une sauce tomate dessous. (*Voyez* Sauce tomate.)
Celle indienne est la meilleure; vous pourrez aussi
le braiser; cela tient au goût.

Sauté de filet de Bœuf.

Vous coupez votre filet de bœuf en quatre dans sa
longueur; vous coupez vos morceaux en viande courte,
de l'épaisseur de trois lignes; vous les applatissez;
vous les faites ronds et de la grandeur d'un écu de
six francs, ou un peu plus; vous avez soin en les
arrondissant de ne pas laisser de peau dure : il faut
que vos morceaux soient à peu près tous de la même
grandeur; vous les arrangez à plat dans un sautoir,
ou bien quelque chose qui puisse le remplacer; quand
tous vos morceaux sont applatis, parés, arrangés
dans votre sautoir, vous les assaisonnez de sel et gros
poivre; vous faites fondre un bon morceau de beurre
que vous versez dessus : au moment de servir, vous
mettez votre sautoir sur un fourneau ardent; quand
ils sont roidis d'un côté, vous les faites roidir de
l'autre; vous tâtez avec le doigt si votre morceau est
cuit; s'il est trop mou, vous le laissez encore; quand
vos morceaux sont cuits, vous les dressez en miroton

à l'entour du plat, en mettant les plus petits dans le milieu : vous pouvez arroser votre sauté avec une sauce espagnole bien travaillée et bien corsée; vous pouvez mêler avec une sauce piquante une sauce tomate, ou au beurre d'anchois ; si vous n'avez pas de sauce, vous ferez un petit roux où vous mettrez les parures de votre sauté, une carolte coupée en petits dés, deux oignons, un clou de girofle, une feuille de laurier ; vous passerez le tout dans votre roux, que vous mouillerez avec un peu de fond ou un peu de bouillon; vous ferez cuire et réduire cette sauce pendant trois quarts - d'heure ; vous la passerez à l'étamine ; vous y mettrez un peu de gros poivre, des cornichons, un filet de vinaigre; en un mot, vous donnerez le goût que vous voudrez à votre sauce ; vous pourrez y mettre de même du beurre d'anchois ou la servir tout simplement : tâchez qu'elle soit d'un bon sel et de bon goût.

Bifteck de Filet de Bœuf.

Vous couperez votre filet sur son plein, c'est-à-dire que votre morceau, épais de six lignes, forme le rond ; vous le battrez, vous en ôterez les tours, et vous ne laisserez pas de peau ; tâchez que votre bifteck soit un peu gras; quand votre morceau sera paré, vous l'assaisonnerez de sel, de gros poivre; vous le tremperez dans du beurre tiède ; vous le ferez griller au moment de servir; vous mettrez dessous une maître - d'hôtel, une sauce piquante, une espagnole réduite, une sauce au beurre d'anchois, une sauce tomate, ou un jus clair; cela tient au goût. On joint avec ces sauces ou des cornichons ou des pommes de terre que vous épluchez et sautez dans du beurre jusqu'à ce qu'elles soient blondes ; vous les poudrez de sel, et les mettez à l'entour de votre bifteck ; vous aurez soin que votre bifteck aille à grand feu : il faut qu'il soit cuit vert, c'est à dire qu'il soit saignant.

Filet de Bœuf à la broche.

Vous leverez votre filet de dessus la pièce d'aloyau ; vous le laisserez couvert de graisse, c'est à dire, vous parcrez la graisse, et en laisserez épais de trois doigts tout le long du filet ; vous cizelerez la superficie de la graisse afin que la chaleur pénètre mieux votre filet ; vous passerez un gros et long atelet le long de votre filet ; vous le reploierez un peu sur lui pour qu'il ne soit pas trop long ; vous assujettirez votre filet sur la broche ; une heure et demie suffit pour le cuire, selon l'ardeur du feu et la grosseur du filet ; quand il sera cuit, servez une sauce piquante dessous ou dans une saucière ; une sauce tomate convient aussi. Ce filet se sert pour rôti.

Pièce d'Aloyau.

Vous prendrez une pièce d'aloyau entière, c'est à dire depuis le gros bout du filet mignon jusqu'à la première côte ; vous la faites lever le plus carrément possible, et sans ôter la graisse qui est sur le filet mignon ; vous aurez soin d'en enlever la superficie, et d'en laisser trois doigts d'épais pour que votre filet mignon soit bien couvert ; vous embrocherez votre pièce de manière qu'elle ne tourne pas : pour cela il faut passer la broche le long des os tenant au filet, assujettir votre viande par des petits atelets, et faire ensorte qu'il n'y ait pas plus de viande d'un côté que de l'autre. Si votre pièce n'était pas embrochée bien juste, vous mettriez un gros atelet sur le filet dur, et vous l'attacheriez à chaque bout avec de la ficelle en le serrant le plus possible; c'est le filet mignon qui est en vue. On sert cet aloyau pour relever des grosses pièces; on sert aussi une sauce piquante avec beaucoup de cornichons dessous. Cette pièce est excellente étouffée dans une braisière, cuite sans mouiller, feu dessus, feu dessous.

Veau.

Le veau de deux mois est le meilleur; celui de Pontoise est le préféré : il n'a pas la chair très-blanche quand elle est crue; mais elle est fine, et elle blanchit en cuisant; c'est un manger délicieux. Les veaux noirs ne valent rien pour les issues.

Tête de Veau au naturel.

Vous prenez une tête de veau échaudée; vous la désossez jusqu'aux yeux; vous en ôtez les mâchoires inférieures, et vous coupez la mâchoire supérieure jusqu'à l'œil; vous mettez dégorger votre tête pendant deux ou trois heures; vous faites bouillir de l'eau dans un grand chaudron, et vous mettez la tête dedans; vous avez bien soin de l'enfoncer dans l'eau bouillante pour qu'elle ne noircisse pas; vous écumez bien votre eau afin qu'elle ne salisse pas votre tête; quand elle a bouilli une demi-heure, vous l'ôtez du chaudron, et la mettez dans un baquet d'eau froide; vous l'y laissez une demi-heure afin qu'elle refroidisse; après cela vous la retirez de votre baquet, et vous l'essuyez bien; vous flambez

votre tête au-dessus d'un fourneau bien ardent pour
en brûler quelques poils qui y seraient encore ; vous
l'essuyez, vous en ôtez la langue, les peaux blanches
et dures qui sont dans l'intérieur de la bouche ; vous
rassemblez les peaux ; vous ficelez la tête de manière qu'elle paraisse entière ; vous la frottez de
citron, et vous la couvrez d'une barde de lard, puis
vous la mettez cuire dans un blanc avec la langue.
(*Voyez* Blanc.) Quand votre tête est dans votre
blanc, vous la faites bouillir, vous l'écumez, vous
y mettez un rond de papier beurré, et vous la faites
bouillir tout doucement : trois heures suffisent pour la
cuire ; d'ailleurs vous la pressez avec le doigt : si la
chair fléchit, c'est que votre tête est cuite ; alors,
au moment de servir, vous la retirez de votre blanc,
vous l'égouttez, vous la dressez sur le plat ; vous
coupez la peau qui est sur le crâne avec la pointe
de votre couteau ; vous ouvrez le crâne en le séparant en deux ; vous ôtez les deux os qui couvrent
la cervelle, et vous la laissez à découvert ; vous dépouillez la langue d'une peau dure qui la renferme ;
vous la fendez en deux de son long ; vous la poudrez de sel fin, de gros poivre ; vous la trempez
dans le beurre ; vous la faites griller ; vous la mettez
sur le muffle de la tête ; vous poudrez votre tête de
persil bien fin, et la servez avec un huilier, ou bien vous
faites chauffer du vinaigre dans une casserole avec
du sel, du poivre fin, de la ciboule ou des échalotes, et vous mettez cette sauce dans une saucière.
Cette tête se sert pour relever le potage.

Tête de Veau à la Detillères.

Ayez une tête de veau bien blanche ; vous la désossez ; vous la mettez dégorger comme la précédente ; vous la faites blanchir de même ; vous retirez la cervelle qui reste dans le crâne ; vous la faites dégorger; vous enlevez les fibres et la première peau qui la couvre ; vous la faites blanchir dans de l'eau bouillante, et un filet de vinaigre après; vous avez un petit blanc dans lequel vous la faites cuire; trois quarts-d'heure de cuisson suffisent; votre tête de veau étant bien refroidie, vous la sortez de l'eau, vous l'essuyez bien, vous la flambez comme la précédente, vous la coupez par morceaux, vous laissez les yeux entiers et les oreilles de même; vous ficelez ces morceaux, et les faites cuire comme précédemment; quand votre tête est cuite, au moment de la servir, vous la sortez du blanc; vous l'égouttez et la déficelez; vous dressez vos morceaux sur le plat ; vous séparez la cervelle, et vous la mettez aux deux extrémités ; vous détachez la langue ; vous la coupez en petits carrés gros comme un dé à jouer, et vous la mettez dans la sauce. Vous prendrez presque plein une cuillère à pot de l'espagnole, dans laquelle vous mettrez une demi-bouteille de vin de Chablis, six gousses de petit piment enragé bien écrasé, plein six cuillères à dégraisser de consommé; vous ferez réduire votre sauce à moitié; quand elle sera réduite, vous y mettrez des cornichons tournés en petits bâtons, votre langue en dé et des champignons; vous verserez ce composé dessus votre tête.

Tête de Veau en Tortue.

Vous préparerez votre tête en morceaux comme la précédente; vous aurez un linge bien fin et bien blanc de lessive que vous laverez dans de l'eau propre ; vous l'étendrez sur la table ; vous y mettrez des bardes de lard ; vous prendrez les morceaux de cette téte, vous les ficellerez , vous les poserez dessus vos bardes , et vous les recouvrirez ensuite de bardes de lard ; vous envelopperez ces morceaux avec le linge ; vous ficellez les deux bouts ; vous mettez cette téte ainsi enveloppée dans une braisière ou casserole, et vous placez par-dessus une poéle ; (*Voyez* Poéle.) vous y mettrez une bouteille de vin de Madère sec ; vous ferez bouillir votre cuisson ; quand elle aura jeté quelques bouillons , vous la ferez migeoter ; vous mettrez du feu sur votre couvercle , et vous ferez aller votre tête tout doucement : trois heures de cuisson suffisent ; d'ailleurs vous la sonderez avec une lardoire : si les morceaux étaient trop fermes , vous la feriez cuire davantage. Au moment de servir vous prendrez les deux bouts de votre linge, vous le retirerez de la casserole, vous le déficellerez, vous égoutterez vos morceaux et votre cervelle qui sont dedans ; vous les dresserez sur le plat, et vous y verserez le ragoût qui suit :

Ragoût de Téte de Veau à la Tortue.

Vous prendrez plein quatre cuillères à pot, ou plus, (il faut que cette sauce soit longue) de sauce grande espagnole que vous mettrez dans une casserole ; vous y verserez une bouteille de vin de Madère sec, plein trois cuillères à pot de consommé, dix gousses de petit piment enragé bien écrasé ; vous ferez ensuite réduire votre sauce à moitié, et quand elle sera finie, vous mettrez des quenelles de veau, la langue coupée en morceaux, des crêtes et rognons de coqs, des petites noix de

8

veau, des ris de veau en morceaux et d'autres garnitures cuites; vous pourrez joindre à cela huit ou
dix jaunes d'œufs durs, douze extrémités d'œufs,
c'est à dire le blanc dont vous couperez le bout
formant une petite cuvette, des cornichons tournés
en bâtons, des champignons tournés, des écrevisses,
des grains de capucines confits au vinaigre; vous
aurez soin que ce ragoût soit bien chaud, mais qu'il
ne bouille pas; vous le verserez sur la tête bien
dressée en pyramide; il faut que ce ragoût soit d'un bon
sel. Si vous n'avez pas de sauce, vous ferez un roux un
peu fort afin que votre sauce soit un peu longue; vous
le mouillerez avec un peu de mouillement de quelque
cuisson et du vin de Madère; vous pourriez aussi
prendre le mouillement dans lequel aura cuit votre
tête; au défaut d'autre chose, vous mettrez dans votre
ragoût les garnitures que vous aurez, mais toujours
des cornichons, des œufs durs, des quenelles et du
piment. Si vous n'avez pas de poêle pour cuire votre
tête, vous mettrez un morceau de beurre dans une
casserole, du lard rapé, des tranches de citron sans
l'écorce, le blanc ni les pepins, trois carottes,
quatre oignons, trois clous de girofle, trois feuilles
de laurier et du thym; vous passerez tout cela avec
votre beurre; quand le tout sera un peu frit, vous
mettrez votre bouteille de vin de Madère sec avec un
peu de bouillon; vous ferez bouillir, vous écumerez;
vous jeterez du sel, du gros poivre, et vous verserez cet assaisonnement sur votre tête de veau,
que vous aurez préparée dans votre linge comme
il est dit à la tête de veau à la tortue, et vous la
ferez cuire.

Tête de Veau frite.

Quand votre tête de veau est cuite au naturel, ou autrement, vous la coupez par morceaux moyens ; vous la mettez dans un vase ; vous y versez une marinade dessus. (*Voyez* Marinade.) Ayez soin que tous vos morceaux soient trempés dans l'assaisonnement : vous faites une pâte à frire ; vous égouttez vos morceaux de tête, et les mettez dans votre pâte : il ne faut pas que votre friture soit très-chaude pour recevoir vos morceaux de tête.

Tête de Veau à la Poulette.

Vous passerez des fines herbes dans du beurre ; vous y mettrez un peu de farine ; vous mouillerez avec du bouillon ; un peu de sel et un peu de gros poivre ; vous ferez bouillir votre sauce un quart - d'heure ; vous mettrez vos morceaux de tête dedans ; vous la ferez migeoter un instant afin qu'elle soit chaude ; au moment de servir vous mêlerez une liaison de deux ou trois œufs, selon comme votre ragoût sera grand ; vous tournerez votre ragoût jusqu'à ce qu'il soit lié ; ne le laissez pas bouillir avec votre liaison dedans, parce qu'il tournerait : au moment de servir, vous y verserez un jus de citron où un filet de vinaigre.

Tête de Veau farcie.

Vous désosserez votre tête de veau toute entière ; tâchez de ne point la crever, c'est à dire que votre tête n'ait aucun trou occasionné par le couteau ; vous aurez attention que les yeux tiennent après la tête ; quand elle sera désossée, vous la ferez dégorger à l'eau froide ; vous la ferez blanchir de manière

que votre tête ait la même forme que si elle avait ses
os; vous la mettrez dans l'eau froide; vous l'essuierez,
puis vous la flamberez, vous ferez du godiveau ;
(*Voyez* Godiveau.) quand il sera aux trois quarts
mouillé, vous y mettrez deux cuillères à dégraisser
de velouté réduit; vous mettrez un peu plus des
quatre épices que de coutume dans cette farce, du
persil et des échalotes hachées; vous remplirez votre
tête de ce godiveau, en lui faisant prendre sa forme
première avec une aiguille à brider et de la ficelle;
vous la coudrez de manière qu'elle conserve sa forme;
quand votre tête sera toute préparée, vous la frotterez de citron; vous aurez un linge bien blanc et
fin, sur lequel vous mettrez des bardes de lard ;
vous y poserez votre tête, et vous la couvrirez de
bardes; vous l'envelopperez; vous lierez les deux
bouts de votre linge; après vous ficellerez votre tête
comme si c'était une pièce de bœuf, afin qu'en cuisant elle ne se déforme pas ; vous la mettrez dans
une braisière; vous poserez par - dessus une poêle,
(*Voyez* Poêle.) que vous aurez mouillée avec deux
bouteilles de vin blanc de Chablis; vous ferez migeoter votre tête trois heures avec du feu dessus et
dessous ; vous la tâterez avec le doigt ; si les chairs
sont encore trop fermes, vous la ferez aller un peu
plus long-tems ; quand elle sera cuite, vous la retirerez de votre braisière en prenant les deux bouts
de votre linge ; vous la déficellerez; vous la laisserez
égoutter avec un couvercle que vous glisserez dessous; vous la mettrez sur votre plat, et vous y
verserez le ragoût qui suit. En cas que vous n'ayez
pas de poêle pour faire cuire votre tête, vous aurez
un bon morceau de beurre et du lard rapé, quatre
carottes, cinq oignons, trois clous de girofle, trois

feuilles de laurier, un peu de thym, des tranches
de deux citrons, excepté le blanc et les pepins ; vous
passerez tout cet assaisonnement ; quand vous verrez
que cela aura un peu frit, vous le mouillerez avec
deux bouteilles de vin blanc de Chablis ; vous y mettrez du sel, du gros poivre ; vous ferez bouillir votre
assaisonnement ; vous l'écumerez, et vous le verserez sur votre tête, que vous aurez préparée comme
ci-dessus.

Ragoût pour la Tête farcie.

Vous mettrez plein quatre cuillères à pot de grande
espagnole, que vous verserez dans une casserole ;
vous y mettrez une bouteille de vin blanc de Chablis, deux cuillères à pot de consommé ; vous ferez
réduire le tout à moitié : votre sauce doit être bien
liée ; vous la passerez à l'étamine dans une autre
casserole, où vous aurez mis des boulettes de godiveau poché, (*Voyez* Godiveau poché.) des culs
d'artichauts cuits dans un blanc, (*Voyez* Culs d'artichauts.) des champignons, des ris de veau cuits
en morceaux et des écrevisses ; vous tiendrez ce ragoût chaud sans le faire bouillir : au moment du
service vous versez ce ragoût sur la tête de veau farcie : si vous n'avez pas de sauce pour ce ragoût,
vous ferez un roux un peu fort, parce qu'il faut que
votre sauce soit longue ; vous le mouillerez avec un
fond de cuisson, si vous en avez ; sans cela vous
passeriez au tamis de soie le mouillement dans lequel a cuit votre tête ; vous le dégraissez bien, et
vous mouillez votre roux avec ; vous y ajoutez une
demi-bouteille de vin blanc de Chablis, plein une
cuillère à pot de bon bouillon ; vous faites réduire
votre sauce jusqu'à ce qu'elle soit assez liée ; vous

la dégraissez; vous la passez à l'étamine dans la casserole où est le ragoût préparé; vous y ajouterez
un peu de gros poivre; vous tiendrez votre ragoût
chaud sans le faire bouillir.

Pieds de Veau.

Les pieds de veau se font cuire de même que la
tête; on les mange au naturel, à la poulette, en marinade, en ragoût, aux champignons, etc. (*Voyez*
Tête de Veau.)

Fraise de Veau.

Vous faites bien dégorger votre fraise dans de
l'eau froide; vous la mettez dans un chaudron plein
d'eau bouillante; quand elle a bouilli un bon quart-
d'heure, vous la mettez dans l'eau froide; lorsqu'elle
est tout à fait refroidie dans ce liquide, vous la
ficelez, et vous la mettez cuire dans un blanc;
(*Voyez* Blanc.) autrement vous pouvez la mettre
cuire avec de l'eau, deux carottes, trois oignons,
deux clous de girofle, deux feuilles de laurier, un
peu de thym, un bouquet de persil et de ciboules,
plus un verre de vinaigre, du sel; deux heures suffisent pour cuire votre fraise : la sauce qui convient
le mieux est du vinaigre que l'on fait bouillir avec
du sel et du poivre fin : il faut que l'assaisonnement
soit fort, parce que la fraise est très-fade par elle-
même.

Langues de Veau à la sauce piquante.

Huit langues de veau suffisent pour faire une entrée; vous mettez dégorger vos langues; ensuite vous
les faites blanchir un bon quart - d'heure; vous les
rafraîchissez; vous les parez; vous les piquez de

moyens lardons que vous avez bien assaisonnés ; vous
mettez cuire vos langues dans une braise ou un fond
de cuisson, ou bien avec quelques carottes, des oignons,
des clous de girofle, du thym, du laurier, de tout
cela modérément, et plein une cuillère à pot de bouillon ; trois heures sont suffisantes pour cuire vos langues ; vous ôtez la peau de dessus vos langues ; vous
les glacez ; vous les dressez à l'entour du plat, en
mettant un croûton ovale entre ; versez une sauce
piquante sur vos langues. (*Voyez* Sauce piquante.)

Oreilles de Veau à l'Italienne.

Vous faites dégorger huit oreilles de veau échau-
dées ; vous les faites blanchir ; vous les rafraîchissez ;
vous les flambez ; vous les essuyez ; vous ciselez le
bout de l'oreille, c'est à dire couper le bout jusqu'au
milieu ; vous mettrez dans le fond d'une casserole
des bardes de lard ; vous y mettrez vos oreilles ; vous
les couvrez aussi de bardes ; vous versez une poêle
par-dessus, et vous couvrez le dedans de votre casserole d'un papier beurré ; vous les ferez migeoter
deux heures et demie ; vous les égoutterez ; vous
les dresserez sur votre plat, et vous les saucerez avec
une italienne : si vous n'avez pas de poêle, vous
les mettrez entre deux bardes de lard, et vous marquerez un blanc court, (*Voyez* Blanc.) que vous
verserez par-dessus, et vous les ferez cuire.

Oreilles de Veau farcies.

Vous préparerez vos oreilles, et les ferez cuire
commes les précédentes ; vous y mettrez dedans une
farce cuite ; (*Voyez* Farce cuite.) vous unirez bien
votre farce ; vous panerez vos oreilles à l'œuf, et

vous les ferez frire ; vous mettrez un jus clair dessous.

Oreilles de Veau en marinade.

Vous préparerez vos oreilles comme celles dites à l'italienne, et vous les ferez cuire dans un blanc ; quand elles seront cuites vous les égoutterez ; vous les couperez en long, en deux, trois ou quatre morceaux, comme vous jugerez à propos ; vous verserez une marinade (*Voyez* Marinade.) dessus un quart-d'heure avant de servir ; vous les égoutterez ; vous les mettrez dans une pâte à frire ; (*Voyez* Pâte à frire.) vous les mettrez dans une friture qui ne soit pas trop chaude ; quand elles auront une belle couleur, vous les retirerez ; vous les égoutterez sur un linge blanc ; vous les dresserez sur votre plat ; ensuite vous ferez frire une poignée de persil, que vous mettrez dessus en pyramide.

Oreilles de Veau en ragoût aux champignons.

Préparez et faites cuire vos oreilles comme celles dites à l'italienne ; quand elles seront cuites vous les égoutterez, et vous les dresserez sur le plat ; vous y mettrez un ragoût de champignons dessus ; vous les tournez ; vous les sautez dans du beurre ; vous y mettez plein quatre cuillères à dégraisser de velouté, autant de consommé ; vous ferez réduire votre sauce à moitié : au moment de servir, vous liez votre ragoût avec deux jaunes d'œufs, et vous le versez sur les oreilles que vous avez posées sur votre plat.

Cervelles de Veau poêlées.

Vous aurez trois cervelles ; elles suffisent pour une entrée ; vous levez une peau très-mince qui enveloppe la cervelle ; vous ôtez les fibres qui sont dans les autres ; après l'avoir bien épluchée, vous la mettez dégorger deux heures ; après vous avez plein une casserole d'eau bouillante dans laquelle vous mettez une petite poignée de sel et un demi-verre de vinaigre ; vous mettrez vos cervelles blanchir un quart-d'heure à l'eau bouillante ; vous les retirerez ensuite pour les mettre à l'eau froide ; vous étendrez dans le fond d'une casserole des bardes de lard, et vous poserez vos cervelles dessus ; vous les couvrirez aussi de lard ; vous verserez par-dessus de la poêle suffisamment pour qu'elles cuisent ; si vous n'avez pas de poêle, vous ferez cuire vos cervelles entre des bardes de lard, des tranches de citrons, ou bien un demi-verre de vinaigre, des carottes, des oignons, deux clous de girofle, deux feuilles de laurier, un peu de thym, un bouquet de persil et de ciboules ; vous les mouillerez avec du bouillon, si vous en avez, ou bien une eau de sel.

Cervelles de Veau sauce hollandaise.

Vous préparez et faites cuire vos cervelles comme celles dites à la poêlée ; au moment de servir vous les égouttez en les conservant toujours bien entières, et les mettez dans votre plat, le plus petit bout dans le milieu ; vous placez une belle écrevisse entre ; vous avez du velouté réduit dans lequel vous mettez un filet de vinaigre d'estragon ; vous prenez une ravigote blanchie passée à l'étamine, que vous mettez dans votre sauce au moment de servir ; en cas que votre sauce ne soit pas assez verte, vous y mettriez un peu de vert d'épinards ; si vous n'avez pas de velouté, vous faites un petit roux blanc que vous mouillez avec du bouillon ; vous mettez un filet de vinaigre d'estragon, du gros poivre; vous faites réduire votre sauce : au moment de la servir vous y mettez un peu de ravigote hachée avec un peu de vert d'épinards pour verdir votre sauce ; tâchez qu'elle soit de bon sel et de bon goût.

Cervelles de Veau à la maître-d'hôtel.

Préparez et faites cuire vos cervelles comme celles dites poélées ; vous les égouttez ; vous les dressez sur votre plat ; vous aurez un quarteron de beurre fin dans une casserole ; vous y mettrez aux trois quarts plein une cuillère à bouche de farine, une ravigote hachée ; vous pétrirez avec une cuillère de bois le tout ensemble ; vous y mettrez du sel, du gros poivre, un filet de vinaigre d'estragon, et un peu d'eau ; vous poserez votre casserole sur le feu, et vous tournerez votre sauce : il faut qu'elle soit assez liée pour masquer vos cervelles.

Cervelles de Veau en matelote.

Vous préparerez vos cervelles comme celles dites poélées ; vous les ferez cuire entre des bardes de lard, deux carottes, trois oignons coupés en tranches, deux feuilles de laurier, un bouquet de persil et de ciboules ; vous mouillerez vos cervelles avec du vin blanc ; vous les ferez cuire pendant trois quarts-d'heure ; quand vos cervelles sont cuites, au moment de servir, vous les égouttez, et vous les dressez sur un plat ; vous aurez des petits oignons bien épluchés, que vous sautez dans le beurre jusqu'à ce qu'ils soient blonds ; vous les changez de casserole ; vous avez un petit roux que vous mouillez avec du vin blanc, un peu de jus, et vous versez votre sauce sur vos oignons ; vous y mettrez des champignons, un bouquet garni ; vous faites cuire le tout ensemble ; vous écumez et dégraissez votre ragoût ; quand il est cuit, vous le versez sur vos cervelles : il ne faut pas que votre sauce soit ni trop épaisse ni trop claire ; ayez soin qu'elle soit d'un bon sel.

Cervelles de Veau au beurre noir.

Préparez et faites cuire vos cervelles comme celles dites poélées ; quand elles sont cuites, au moment de servir, vous les égouttez, et vous les dressez sur le plat ; vous les saucez avec du beurre noir ; mettez un bouquet de persil frit dans le milieu de vos cervelles. (*Voyez* Beurre noir.)

Cervelles de Veau frites.

Préparez et faites cuire vos cervelles comme celles dites poélées ; après qu'elles sont cuites, vous les coupez en six morceaux ; vous les mettez dans un vase avec du sel fin, un peu de poivre, du vinaigre assez pour que les morceaux prennent le goût : au moment de servir, vous les égouttez, et vous les mettez dans une pâte à frire qui ne soit pas trop chaude ; après qu'ils sont frits, vous les égouttez sur un linge blanc, et vous dressez vos morceaux sur le plat ; vous mettez en pyramide un bouquet de persil frit. (*Voyez* Pâte à frire.)

Cervelles de Veau à la sauce tomate.

Préparez et faites cuire vos cervelles comme celles dites poélées ; au moment du service vous les égoutterez ; vous les dresserez sur le plat ; vous y mettrez une sauce tomate. (*Voyez* Sauce tomate.)

Cervelles de Veau au beurre d'écrevisses.

Préparez et faites cuire vos cervelles comme celles dites poêlées ; au moment de servir, vous les égouttez, et vous les dressez sur le plat ; ayez plein quatre cuillères à dégraisser de velouté réduit, dans lequel vous mettrez gros comme un petit œuf de beurre d'écrevisses ; vous remuez bien votre sauce pour que votre beurre fonde et se lie avec votre sauce, que vous ne ferez pas bouillir ; quand votre beurre sera dedans, vous y mettrez un peu de gros poivre, et vous verserez votre sauce sur vos cervelles.

Cervelles de Veau en aspic.

Vous préparez et faites cuire vos cervelles comme celles dites poêlées ; vous mettez de l'aspic tiède dans le fond d'un moule l'épaisseur de sept ou huit lignes ; quand votre aspic est froide et congelée, vous coupez vos cervelles en quatre morceaux, et vous les arrangez de manière à ce que cela forme un beau transparent, et qu'elles soient posées sur votre gelée, pour que cela fasse dessin ; vous avez de l'aspic presque froide que vous versez par-dessus, de manière que vos cervelles se trouvent bien renfermées dans la gelée ; vous mettez votre moule à la glace pour faire congeler votre aspic ; quand elle est bien prise, au moment de servir, vous faites bien chauffer un torchon, et vous frottez le moule avec jusqu'à ce que vous voyiez votre aspic se détacher, ou bien vous tremperez le moule dans l'eau tiède ; ne le laissez pas trop long-tems, de crainte que votre gelée ne fonde trop ; vous mettrez votre plat sur votre moule, et vous le renverserez ; en cas que votre aspic ne se détache pas, vous mettrez un linge chaud sur votre moule, et vous le frotterez à l'entour avec ce même linge chaud; levez votre moule tout doucement; prenez garde de blesser votre aspic; en cas qu'il y ait de la gelée fondue dans le plat, vous prendriez un chalumeau de paille, et vous la humeriez; vous mettrez un instant votre plat sur la glace. (*Voyez Aspic.*)

Queues de veau en terrine.

Il faut sept ou huit queues de veau pour faire un ragoût composant une terrine; vous coupez votre queue dans les nœuds, il n'y a que depuis le gros bout jusqu'au milieu de la queue qui forme quatre ou cinq morceaux; vous les sautez dans un bon morceau de beurre sans les laisser roussir, parce qu'il faut que ce ragoût soit blanc; quand votre viande sera bien revenue dans votre beurre, vous y mettrez plein quatre cuillères à bouche de farine que vous mêlerez avec votre beurre et votre queue; ensuite vous mettrez quatre cuillères à pot de consommé; vous tournerez votre ragoût jusqu'à ce qu'il bouille; vous aurez soin de bien l'écumer; vous y mettrez un maniveau de champignons tournés, un bouquet de persil et de ciboules; vous ferez cuire votre ragoût, et le dégraisserez quand il sera cuit aux trois quarts, et lorsque votre ragoût le sera tout à fait, vous retirerez vos morceaux de queue avec une cuillère percée, de même que vos champignons, et vous les mettrez dans une autre casserole; vous verserez plein une cuillère à pot de velouté dans la sauce de vos queues; vous ferez réduire cette sauce; quand vous verrez qu'elle sera assez réduite, et bien liée, vous là passerez à l'étamine; sur votre ragoût vous ferez pocher des quenelles de veau, que vous égoutterez au moment de servir, et que vous mettrez dans votre

terrine ; vous y mêlerez aussi de petites noix d'é-
paule de veau, des ris de veau en morceaux, que
vous sauterez dans du beurre ; quand ils seront cuits,
vous les égoutterez, et vous les mettrez dans votre
terrine ; vous mettrez dans votre ragoût de queues une
liaison de cinq jaunes d'œufs ; vous le remuerez tout
doucement sur le fourneau jusqu'à ce que votre ragoût
soit lié ; prenez garde qu'il ne bouille, de crainte
qu'il ne tourne ; vous le verserez dans votre terrine
par-dessus vos garnitures, que vous aurez eu soin
de tenir chaudes : il faut que la sauce de votre ragoût soit longue pour que toutes les garnitures se
baignent dedans.

Queues de Veau au blanc.

Vous préparez vos queues comme les précédentes ;
vous les passez au beurre et y mettez de même de la
farine ; vous mouillez avec de l'eau ; vous y mettez un
bouquet de persil et de ciboules, deux feuilles de laurier, des champignons, du sel et un peu de gros poivre ;
vous l'écumez ; quand il est aux trois quarts cuit, vous
le dégraissez ; vous y mettez des petits oignons bien
épluchés et de la même grosseur ; ne les laissez pas trop
cuire pour qu'ils ne se mettent pas en bouillie : au moment de servir vous y mêlerez une liaison de quatre
jaunes d'œufs plus ou moins, selon comme votre ragoût
est fort ; tâchez qu'il soit d'un bon sel. Ce ragoût
peut se faire brun comme blanc ; vous feriez un roux.

Epaule de Veau.

Le plus communément on fait rôtir l'épaule de
veau ; il faut l'embrocher dessous le manche, et vous
faites passer la broche dans la palette. Deux heures et
demie suffisent pour la cuire.

Epaule de Veau en galantine.

Ayez une épaule de veau bien couverte ; il ne faut pas que le dessus soit offensé ; vous la désossez entièrement ; vous enlevez une partie de la chair avec laquelle vous faites votre farce, si vous n'avez pas de rouelle de veau : pour une livre de chair vous mettez une livre de lard que vous hachez ; quand votre farce est bien hachée vous en étendez l'épaisseur d'un pouce sur votre épaule ; vous couchez des lardons et des morceaux de langue à l'écarlate, des truffes si vous en avez ; quelques personnes y mettent de l'omelette faite avec du vert d'épinards, mettez, si vous voulez, des carottes aussi coupées en lardons. Pour marbrer votre galantine vous recouvrez tous ces ingrédiens de farce, et vous mettez encore des lardons, des truffes, etc., encore un lit de farce ; quand vous l'avez tout employée, vous roulez votre épaule en long ; vous réunissez bien vos chairs ; vous la ficelez et la couvrez de lard ; vous l'enveloppez bien serrée dans un canevas ou un linge bien blanc ; vous la ficelez encore une fois, afin qu'en cuisant elle conserve une belle forme ; vous la mettez dans une braisière où vous couchez quelques bardes de lard, quelques tranches de veau, deux pieds de veau blanchis, les os de votre épaule, six carottes, huit ou dix oignons, dont un piqué de quatre clous de girofle, quatre feuilles de laurier, un peu de thym, un fort bouquet de persil et de ciboules ; vous mouillez avec du bouillon ; si vous n'en avez pas, vous emploierez de l'eau et du sel ; vous faites bouillir votre cuisson pendant trois heures ; vous sondez ; si votre épaule est cuite vous la retirez ; vous en faites bien sortir tout le liquide en la pressant, et vous la laissez refroidir ; vous passez votre gelée à travers une serviette fine, et vous mettez deux œufs entiers dans une casserole; vous les battez bien; vous versez dessus votre gelée, en mêlant bien vos œufs avec votre gelée; vous y mettez un peu de gros poivre, un peu des quatre épices, une feuille de laurier, un peu de thym, une petite poignée de feuilles de persil; vous mêlez le tout ensemble et le faites bouillir; quand cela commencera, vous placerez votre casserole sur le bord du fourneau; vous mettrez du feu sur un couvercle et la couvrirez; vous la laisserez demi-heure; il faut que cela bouille tout doucement; vous avez une serviette fine, et vous passez votre gelée à travers : il ne faut pas presser votre serviette; faites seulement promener votre gelée dedans; vous laissez refroidir votre gelée; quand elle est congelée, vous parez et glacez votre galantine, et vous mettez de la gelée à l'entour; vous aurez soin d'avoir mis dans votre farce du sel, du gros poivre, un peu des quatre épices et du persil haché bien fin; quand vous êtes près de l'employer, vous mettez quatre jaunes d'œufs que vous amalgamerez avec votre farce.

Epaule de Veau aux petites Racines.

Vous désossez votre épaule de veau comme pour une galantine; vous la piquez intérieurement avec du lard coupé en lardons assaisonnés avec du sel fin, du gros poivre, du persil haché bien fin, deux feuilles de laurier, un peu de thym bien haché, un peu des quatre épices; quand votre épaule est bien piquée, vous la roulez en long; vous la ficelez de même que la galantine, et vous mettez dans le fond d'une braisière des bardes de lard, quelques tranches de veau, et les os de votre épaule; vous la mettez bien ficelée; vous la couvrez de lard; vous y mettez six carottes, sept ou huit oignons, deux feuilles de laurier, trois clous de girofle, un bouquet de persil et de ciboules; vous mouillez vôtre épaule avec du bouillon; vous la couvrez d'un papier beurré; vous la faites bouillir, et vous la posez sur un feu doux; vous en mettez aussi sur le couvercle de votre braisière; trois heures suffisent pour qu'elle soit cuite: au moment de servir, vous l'égouttez, vous la déficelez, vous la glacez, et vous la mettez sur un plat long; vous avez beaucoup de petites racines tournées en olives ou en petits bâtons : il faut qu'elles soient cuites dans une sauce brune; (*Voyez* petites Racines.) vous les dressez à l'entour de votre épaule; ceci ne peut servir que pour relever; si vous n'avez ni lard ni veau pour la faire cuire, vous la mettez simplement avec les os, les légumes et les aromates; vous la mouillerez avec de l'eau faute de bouillon; vous y mettrez du sel; si vous n'avez pas de sauce pour vos petites racines, vous ferez un roux léger que vous mouillerez avec du mouillement dans lequel a cuit votre épaule, et vous y mettrez vos petites racines (après les avoir blanchies) avec un petit morceau de sucre pour en ôter l'âcreté : on peut aussi mettre des laitues à l'entour de cette épaule, une purée de champignons, etc.

Poitrine de Veau.

La poitrine de veau est un excellent manger; il y aurait trop à dire s'il fallait décrire toutes les manières de l'accommoder.

Poitrine de Veau glacée.

Vous coupez votre poitrine le plus çarrément possible; vous la désossez jusqu'à deux doigts des ten-

9

dons; vous assujettissez les chairs avec une aiguille à brider, de manière que votre poitrine soit bien potelée par-dessus; vous aurez soin de couper les os tendres qui tiennent au-dehors des tendons; vous mettez votre poitrine du côté des tendons dans votre casserole avec une cuillère à pot de gelée; vous couvrez votre poitrine de bardes de lard et d'un papier beurré; vous la faites bouillir, et puis vous la mettez sur un feu doux; vous en mettez aussi sur le couvercle; deux heures et demie de cuisson suffisent; en cas que vous n'ayez pas de gelée pour mouiller votre poitrine, vous y mettrez trois ou quatre carottes, quatre oignons, deux feuilles de laurier, deux clous de girofle, une cuillère à pot de bouillon; si vous n'en avez pas, servez-vous d'eau; du sel, un bouquet de persil et de ciboules; quand votre poitrine sera aux trois quarts cuite, vous retirerez vos légumes, et vous ferez tomber à glace votre mouillement: quand votre poitrine sera cuite, et que la glace sera au fond de votre casserole, vous retournerez votre poitrine afin que le dessus se glace. Au moment de servir, vous débridez votre poitrine; vous la dressez sur votre plat; vous mettez plein deux cuillères à dégraisser de grande espagnole dans votre glace, une cuillerée de bouillon; vous détachez votre glace sur le feu, et vous mettez cette sauce sous votre poitrine : si vous n'avez pas de sauce, vous ôtez la graisse qui est avec votre glace; vous y mettez un peu de farine, un peu de bouillon, ou d'eau si vous n'en avez pas; vous la détachez sur le feu en tournant avec une cuillère de bois; vous y ajoutez un peu de gros poivre et un peu de sel, si votre sauce est trop douce; vous versez ensuite cette sauce dessous votre poitrine.

Poitrine de Veau aux Laitues.

Parez votre poitrine comme la précédente ; vous la briderez de même ; vous mettrez des bardes de lard dans le fond de votre casserole, des carottes coupées en tranches, des oignons, deux feuilles de laurier, un bouquet de persil et de ciboules, la parure de votre poitrine ; vous la couvrirez de lard ; vous la mouillerez avec du bouillon, un peu de sel ; faites-la cuire à petit feu pendant deux heures et demie : au moment de servir, vous l'égoutterez, vous la débriderez, vous la glacerez, et vous la dresserez sur votre plat ; mettez aussi un cordon de laitues à l'entour, que vous glacerez ; (*Voyez* Laitues.) vous aurez une sauce espagnole travaillée que vous mettrez dessous ; si vous n'avez pas de sauce, vous ferez un roux léger que vous mouillerez avec le mouillement dans lequel aura cuit votre poitrine ; vous ferez la sauce longue pour pouvoir la faire réduire ; vous y mettrez un peu de gros poivre.

Poitrine de Veau à la purée de champignons.

Vous préparerez, briderez et ferez cuire votre poitrine comme celle dite à glace ; vous mettrez une purée de champignons dessous, dans laquelle, au moment de servir, vous mêlerez un jaune d'œuf que vous remuerez avec votre purée.

Poitrine de Veau aux oignons glacés.

Parez et bridez votre poitrine comme celle dite à la glace ; vous mettrez dans le fond de votre casserole des bardes de lard ; vous coupez des oignons en tranches, que vous mettez dans le fond de votre casserole ; vous y placez votre poitrine ; vous la couvrez de lard; vous remettez des oignons coupés par-dessus, deux feuilles de laurier, un peu de thym, la moitié d'une cuillère à pot de consommé, une pincée de gros poivre; vous faites cuire votre poitrine avec du feu dessous et dessus pendant deux heures et demie; quand elle est cuite, vous l'égouttez; vous la glacez avec la glace de vos oignons, et vous la mettez sur le plat avec des oignons glacés à l'entour; (*Voyez* Oignons glacés.) vous versez plein deux cuillères à dégraisser d'espagnole travaillée dans votre glace d'oignons, une cuillerée de consommé; vous détachez votre glace avec votre sauce, et vous la mettez sous votre poitrine : ayez soin que tout soit bien chaud quand vous servirez.

Poitrine de Veau farcie.

Vous coupez le bout des os des côtes qui se trouvent dans votre poitrine; vous faites une incision entre la chair de dessus et celle des côtes; vous y introduisez la farce qui suit : vous aurez trois quarterons de rouelle de veau, que vous hacherez; vous ajouterez une livre de tetine que vous hacherez aussi avec votre veau, qui est déjà haché; vous mêlerez le tout ensemble, et vous y mettrez du persil haché bien fin, des échalotes hachées de même, du sel, du gros poivre; vous raperez dessus un peu de muscade; vous mettrez trois jaunes d'œufs crus; vous hacherez encore votre chair pour amalgamer le tout ensemble; vous prendrez cette farce, et vous la mettrez dans l'intérieur de votre poitrine autant qu'elle en pourra tenir; vous coudrez avec une aiguille à brider et de la ficelle les chairs qui contiennent votre farce, afin qu'en cuisant elle ne sorte pas; quand votre poitrine sera bridée, vo s mettrez des bardes de lard dans votre braisière;

vous y placerez votre poitrine que vous aurez eu soin de ficeler ; vous la couvrirez de bardes de lard ; vous y mettrez une poêle pour la faire cuire; en cas qu'il n'y ait pas assez de mouillement, vous y mettrez un peu de bouillon ; lorsque votre poitrine aura cuit pendant trois heures, au moment de servir, vous l'égoutterez ; vous ôterez les ficelles qui la contiennent, et vous la glacerez : vous la mettrez sur le plat ; vous vous servirez pour sauce d'une espagnole réduite, dans laquelle vous mettrez gros comme une noix de glace, et la valeur de la moitié d'un œuf de beurre fin que vous ferez fondre dans votre sauce bouillante ; quand vous l'y mettrez avec la cuillère, vous remuerez bien votre sauce ; et vous la verserez dessous. En cas que vous n'ayez pas de tetine de veau pour faire votre farce, servez-vous de lard, de graisse, de rognons de veau, ou de rognons de bœuf ; si vous n'avez pas de poêle, vous mettrez des carottes, des oignons, un bouquet de persil et de ciboules, deux feuilles de laurier, du thym, trois clous de girofle ; couvrez votre poitrine de lard ; mouillez avec du bouillon ; si vous n'en avez pas mettez-y de l'eau et du sel pour remplacer la sauce; vous ferez un roux léger que vous arroserez avec le mouillement dans lequel aura cuit votre poitrine ; vous ferez votre sauce longue pour pouvoir la faire réduire, et pour qu'elle prenne du goût ; vous y mettrez un peu de gros poivre.

Tendons de Veau poêlés.

Ayez une poitrine de veau ; vous enlevez les chairs qui couvrent vos tendons; lorsque vos tendons sont découverts, vous les coupez très-près des os des côtes; quand ils sont séparés des côtes, vous coupez

les os tendres qui sont rouges et qui tiennent à vos
tendons : après avoir séparé de votre poitrine les
tendons, vous les coupez en huîtres, c'est à dire en
forme plate et longue, ou en morceaux épais formant
le carré, ou vous les laissez entiers; alors il faudrait
deux poitrines, parce qu'à chacune vous leur feriez
prendre une forme de demi-cercle, pour que les deux
formassent un rond sur votre plat, et dans lequel vous
pourriez mettre ce que vous jugeriez nécessaire : vous
ferez dégorger vos tendons; vous les ferez blanchir;
vous les parerez pour qu'ils aient une forme propre
et égale; vous mettrez dans une casserole des bardes
de lard; vous placerez dessus vos tendons, et vous les
recouvrirez de bardes; vous verserez une poêle par-
dessus : (*Voyez* Poêle.) il faut que vos tendons cuisent
trois heures; avant de les retirer de leur cuisson,
faites attention si la lardoire entre facilement dans
vos tendons : si vous n'avez pas de poêle, vous
mettrez du lard dans le fond de votre casserole;
vous poserez dessus vos tendons, et vous les couvrirez de lard; vous mettrez ensuite les parures et
les os des côtes de votre poitrine dessus; avec deux
ou trois carottes, quatre oignons, un bouquet de
persil et ciboules, deux feuilles de laurier, deux clous
de girofle, un peu de thym; vous mouillerez vos
tendons avec du bouillon ou de l'eau; alors vous y
mettriez la quantité de sel qui convient.

Tendons de Veau à la Jardinière.

Préparez et faites cuire vos tendons comme ceux
dits à la poêle : au moment de servir, vous les égouttez;
vous les dressez en couronnes; vous les glacez, et
vous mettez un cordon de laitues à l'entour; (*Voyez*
Laitues pour entrée.) et dans le milieu de vos ten-

dons vous y mettez des racines tournées en petits bâtons ou en olives, que vous dressez en pyramide : (*Voyez* Ragoût de petites racines.) si vous n'avez pas de sauce pour vos petites racines, faites un roux léger que vous mouillerez avec le mouillement dans lequel ont cuit vos tendons ; vous tournerez vos racines en petits bâtons, vous les ferez blanchir, et les mettrez cuire dans votre sauce ; vous y ajouterez un petit morceau de sucre et uu peu de gros poivre ; vous ferez cuire vos laitues entre deux bardes de lard, des racines, et vous mouillerez avec du bouillon.

Tendons de Veau aux tomates.

Vous préparez des tendons entiers formant demi-cercle, c'est à dire les tendons de deux poitrines que vous ne couperez pas ; vous les ferez cuire comme ceux dits à la poêle : au moment de servir, vous les égouttez, vous les glacez, et vous les dressez sur le plat ; cela doit figurer le bord d'une tourte ; vous versez dans le milieu une sauce tomate. (*Voyez* Sauce tomate.)

Tendons de Veau à la purée de champignons.

Vous préparez vos tendons comme les précédens : au moment de servir, égouttez-les, glacez-les, et vous mettrez dans le milieu une purée de champignons. (*Voyez* Purée de champignons.)

Tendons de Veau à la pointe d'asperges.

Vous préparerez vos tendons comme ceux dits poêlés : il faut que vos tendons soient entiers, afin que cela forme le puits : au moment de servir, vous les égouttez, les glacez, et les dressez sur le plat ; vous aurez des pointes d'asperges dont vous ôterez les feuilles jusqu'au bouton; vous les coupez de la longueur de huit ou dix lignes; vous les ferez blanchir dans une eau de sel jusqu'à ce qu'elles soient aux trois quarts cuites; vous les égoutterez, et vous les mettrez dans l'eau froide, afin qu'elles conservent leur vert ; vous prendrez du velouté réduit, et vous mettrez vos asperges dedans ; vous aurez soin de bien les égoutter; vous leur ferez jeter deux ou trois bouillons dans votre velouté : au moment de servir, vous lierez votre ragoût avec deux jaunes d'œufs; au même instant vous y mettrez gros comme la moitié d'un œuf de beurre; vous verserez votre ragoût lié dans le milieu de vos tendons : si vous n'avez pas de velouté, quand vos asperges seront blanchies, vous mettrez dans une casserole un demi-quarteron de beurre; vous sauterez vos asperges dedans; quand vous verrez qu'elles seront bien chaudes, vous y mettrez plein une cuillère à bouche de farine; vous sauterez le tout ensemble, pour que la farine se mêle avec les asperges et le beurre : vous prenez du mouillement de vos tendons, que vous passez au tamis de soie, et vous en mouillez vos pointes d'asperges: il faut que la sauce soit courte, parce qu'il est nécessaire qu'elle ne jette que trois ou quatre bouillons; après vous y mettrez une liaison de deux jaunes d'œufs, et vous verserez votre ragoût dans le milieu de vos tendons : tâchez qu'il soit de bon sel; joignez-y un peu de gros poivre.

Tendons de Veau en Chartreuse.

Préparez et coupez vos tendons en huîtres; faites-les cuire comme ceux dits à la poêle; vous tournerez des carottes, des navets, au nombre de trente de chaque façon, de la même grosseur et de la même longueur : faites attention que le rond soit de la

grandeur d'un liard ; vous ferez cuire vos carottes
à part, vos navets de même, dans du consommé ;
vous ferez cuire quarante petits oignons, tous de la
même grosseur et bien épluchés : ayez soin qu'ils
ne soient pas trop cuits, afin qu'ils restent bien entiers ; vous ferez cuire vingt laitues ; (*Voyez* Laitues.)
quand vos racines seront cuites, vous les couperez
en liard, vous les dresserez en miroton ; (dans le fond
de votre moule que vous aurez beurré) vous ferez
un cordon de carottes, un de navets, un de petits
oignons, un d'haricots verts, de petits pois, que vous
ferez blanchir à l'eau de sel pour les conserver verts ;
vous les arrangerez en perles dans votre moule :
quand le fond sera bien décoré, vous mettrez vos
carottes et navets en bâtons à l'entour : ayez attention que cela soit régulier, afin que votre chartreuse
ait un joli coup d'œil dans le fond ; par-dessus votre
décoration vous égouttez vos laitues ; vous les coupez
en deux, et vous les mettez dans votre moule, de
manière que votre décoration ait un corps solide
qui la tienne : quand vous aurez bien mis des laitues
dans l'intérieur de votre moule, vous égoutterez vos
tendons, et vous les mettrez par-dessus vos laitues :
vous tâcherez de les placer de manière à ce qu'il
n'y ait pas de vide dans votre moule ; dix à douze
tendons suffisent, ou moins si votre moule est petit ;
vous le remplirez avec des laitues et le reste de vos
légumes : il faut que votre moule soit rempli à
comble, afin qu'en le renversant sur le plat, vos
racines soient bien soutenues par l'intérieur ; vous
prendrez le mouillement dans lequel auront cuit vos
racines ; vous le clarifierez ; vous le passerez dans un
linge fin, et vous le ferez réduire ; vous y mettrez
plein la moitié d'une cuillère à dégraisser d'espagnole

réduite, et gros comme une noix de belle glace : au moment de servir, vous verserez votre chartreuse sur votre plat ; et en cas qu'il y ait un peu d'eau, vous l'aspirerez avec un chalumeau de paille ; vous verserez ensuite votre réduction dessus pour sauce. Il y a plusieurs manières de tourner les racines pour décorer une chartreuse ; mais j'ai cru que celle-ci était la plus facile à décrire et à comprendre.

Tendons de Veau au blanc.

Vous coupez vos tendons, soit en huîtres, soit d'une autre manière ; vous les faites blanchir, et vous les mettez dans l'eau froide ; quand ils sont froids, vous les parez ; vous mêlez un quarteron de beurre dans une casserole ; vous sautez vos tendons dedans ; quand ils sont bien revenus dans votre beurre, vous versez dessus plein une cuillère et demie à bouche de farine ; vous sautez le tout dans votre casserole : pour que votre farine se mêle avec votre beurre, vous mouillez beaucoup vos tendons avec du bouillon ; vous y mettez un peu de gros poivre, des champignons, un bouquet garni : quand vos tendons auront bouilli pendant deux heures, vous y mettrez des petits oignons bien épluchés et tous de la même grosseur : lorsque vos oignons seront cuits, si la sauce est trop longue, vous sauterez vos tendons, vos petits oignons, vos champignons, que vous mettrez dans une autre casserole, et vous ferez réduire votre sauce jusqu'à ce que vous voyiez qu'il en reste assez pour saucer vos tendons ; vous la passerez à l'étamine par-dessus vos tendons ; vous la tiendrez chaude au bain-marie : au moment de servir, vous les lierez avec une liaison de trois jaunes d'œufs ; vous dressez ensuite vos

tendons sur le plat, vos oignons et champignons par-
dessus.

Tendons de Veau au soleil.

Préparez et faites cuire vos tendons comme ceux
dits au blanc; vous les liez, et vous les mettez sur
un plafond; vous les couvrez de leur sauce, que vous
laissez refroidir : il faut qu'elle soit d'un bon assaisonnement; quand ils sont froids, vous les panez
avec de la mic de pain, après vous les trempez dans
l'œuf; (*Voyez* Œufs pour paner.) vous les passez
une seconde fois : au moment de servir, vous les
faites frire; ayez soin que votre friture ne soit pas
trop chaude; vous mettrez du persil frit dessus.

Tendons de Veau en terrine.

Vous préparez vos tendons comme ceux dits au
blanc; après y avoir mis votre farine, vous les mouillez
avec du consommé; vous y mettez plein une cuillère
à pot de grand velouté; vous mettez vos champignons, un bouquet garni, un peu de gros poivre;
vous ferez cuire vos tendons pendant trois heures :
il faut que votre sauce soit longue, parce qu'il y
aura dans votre terrine des garnitures qui sont de
petites noix de veau, des crêtes et des rognons
de coqs, des ris de veau sautés, douze quenelles de
volaille, le tout cuit à part : au moment de servir,
vous égouttez vos garnitures que vous mettez dans
votre terrine; vous y placez vos tendons, vos champignons; vous liez votre sauce avec cinq ou six jaunes
d'œufs, selon comme votre sauce est longue; vous
la passez à l'étamine par-dessus vos tendons.

Kari de tendons de Veau à l'Indienne.

Vous coupez et préparez vos tendons comme ceux dits au blanc ; vous mettez pour les tendons d'une poitrine de veau, trois quarterons de beurre, plein la moitié d'une cuillère de safran d'Inde ou *curcuma* en poudre, dix gousses de petit piment enragé, une livre de petit lard coupé en carré plat, deux feuilles de laurier ; vous sautez vos tendons avec votre beurre et votre piment ; quand ils sont bien revenus, vous y mettez quatre cuillères à bouche de farine que vous mêlez avec vos tendons et votre beurre ; quand votre farine est bien mêlée, vous mouillez vos tendons avec du bouillon : il faut qu'il y ait beaucoup de sauce ; vous y mettez des champignons, deux clous de girofle piqués dans un oignon, que vous aurez soin de retirer quand votre kari sera cuit : lorsque votre ragoût sera à moitié cuit, vous y mettrez des culs d'artichauts tournés et aux trois quarts cuits ; vous y mettrez des petits oignons : il ne faut pas dégraisser ce ragoût à cause de sa force. Il faut un pain de riz : vous aurez une livre et demie de riz que vous laverez à cinq ou six eaux tièdes ; vous aurez de l'eau dans un chaudron que vous ferez bouillir ; vous y mettrez votre riz blanchir pendant dix minutes ; vous l'égoutterez sur un tamis de crin ; vous beurrez une casserole de la grandeur qu'il faut pour contenir votre riz ; ensuite vous la remplissez de votre riz ; vous la mettez sur un fourneau doux, avec du feu sur le couvercle et à l'entour, afin que votre riz sèche et se forme en pain et prenne couleur : au moment de servir, vous versez votre ragoût dans un vase creux, par exemple, une soupière, un saladier, etc. vous renversez votre pain de riz que vous mettez sur une assiette à côté de votre carie, parce que l'on met du riz sur l'assiette où l'on sert du carie ; si vous n'avez pas de bouillon pour mouiller votre carie, vous le mouillez avec de l'eau ; alors vous y mettez du sel, du gros poivre, un peu de muscade rapée : il faut que votre kari soit bien jaune ; ne mettez rien dans le riz.

Kari à la Française.

Vous préparez vos tendons, et faites le kari de même que le précédent : au moment de le servir, vous retirez la viande et les garnitures de votre kari ; vous aurez soin qu'il soit très-gras et la sauce bien liée et longue ; vous ferez une liaison de cinq ou six jaunes d'œufs, selon la quantité de sauce ; vous lierez votre sauce en la mettant sur le feu ; vous ne cesserez pas de toujours la tourner en ne la laissant pas bouillir : quand vous verrez votre sauce tenir à votre cuillère, vous la passerez à l'étamine par-dessus votre kari : il faut que la viande et les garnitures baignent dans la sauce, et que le piment domine : faites-le d'un bon sel ; si votre sauce était trop courte, vous y ajouteriez du velouté.

Tendons de Veau en marinade.

Vous coupez vos tendons de veau en buîtres ; vous mettez des bardes de lard dans le fond de votre casserole, vos tendons par-dessus ; vous les couvrez de lard, puis vous les mouillez avec une marinade claire ; (*Voyez* Marinade claire.) vous les faites cuire pendant deux heures et demie : au moment de servir, vous égouttez vos tendons, et puis vous les mettez dans une pâte à frire : (*Voyez* Pâte à frire.)

ayez soin que votre friture ne soit pas trop chaude ;
vous mettrez sur vos tendons frits une petite poignée
de persil frit.

Tendons de Veau aux petits pois.

Vous préparez vos tendons comme ceux dits
au blanc : quand vos tendons sont à moitié cuits,
vous y mettez vos pois fins, gros comme la moitié
d'une noix de sucre : au moment de servir, vous y
mettez une liaison de trois œufs : si vous voulez que
votre ragoût soit brun, vous ferez un roux; vous y
passerez vos tendons; quand ils seront bien passés,
vous les mouillerez avec du bouillon ; si vous n'en
avez pas, vous mettrez de l'eau, un bouquet de persil
et ciboules, une feuille de laurier, du sel, du gros
poivre : vos tendons à moitié cuits, vous y mettez
vos pois, et gros comme la moitié d'une noix de
sucre; quand votre ragoût sera fini, ayez soin de le
dégraisser; voyez s'il est d'un bon goût.

Côtelettes de Veau sautées.

Sept côtelettes suffisent pour faire une entrée : vous
coupez vos côtelettes de côte en côte; il faut qu'elles
soient toutes de la même épaisseur; vous les parez
de manière qu'elles soient rondes par le gros bout
de la chair, et effilées du côté de l'os ; vous appropriez le bout de la grandeur d'un demi-pouce; vous
mettez du sel, du gros poivre dessus votre sautoir
ou tourtière; vous y mettez vos côtelettes, du sel
fin dessus, un peu de gros poivre; si vous voulez les
sauter aux fines herbes, vous mettrez dessus du persil
haché bien fin et de l'échalote aussi hachée bien
fine; vous ferez fondre une demi-livre de beurre fin,
que vous verserez sur vos côtelettes : au moment de

servir, vous les mettrez sur un feu ardent ; quand elles seront cuites d'un côté, vous les retournerez de l'autre : évitez que votre feu ne brunisse vos côtelettes : vous poserez le doigt sur la chair ; si vous sentez que la viande soit encore molle, c'est qu'elle ne serait pas assez cuite ; il faudrait les retourner et les ôter de dessus le feu ardent, pour qu'elles cuisent plus doucement : quand elles sont cuites, vous les dressez en couronnes sur le plat ; vous ôtez le beurre qui est dans votre sautoir ou tourtière ; vous y mettez plein quatre cuillères à dégraisser d'espagnole et un peu de glace ; vous détachez la glace qu'ont produite vos côtelettes, et vous mettez votre sauce dans votre plat ; si vous n'avez pas de sauce, vous laissez un peu de beurre ; vous mettez un peu de farine que vous remuez avec votre fond ; vous y mettez un peu de bouillon, un peu de fines herbes ; vous faites jeter un bouillon ; vous saucez vos côtelettes : voyez si elles sont d'un bon sel.

Côtelettes de Veau à la Drue.

Parez vos côtelettes comme les précédentes : vous avez des lardons assaisonnés de sel, de poivre, d'épices ; vous faites aussi des lardons de jambon ; vous piquez vos côtelettes avec un lardon de lard, un de jambon : faites attention que vos lardons soient symétriquement placés ; vous mettez roidir vos côtelettes dans une casserole avec du beurre, vous les retirez, vous les parez le plus proprement possible, pour qu'elles aient une forme agréable ; vous mettez dans le fond d'une casserole des bardes de lard, quelques tranches de veau, des racines coupées en lames, deux clous de girofle, une feuille de laurier, un bouquet de persil et ciboules ; vous mettrez vos côtelettes dans

vôtre casserole, et les couvrirez de lard et d'un rond
de papier beurré, plein une cuillère à pot de consommé; vous les ferez migeoter pendant une heure
et demie : au moment de servir, vous les égoutterez,
vous les glacerez avec une belle glace; vous les
dressez sur votre plat : vous pouvez servir dessous
une sauce espagnole, des concombres, une purée
d'oignons blancs, une sauce tomate, etc. : (*Voyez*
toutes ces sauces.) on peut aussi faire cuire ces côtelettes en y mettant deux ou trois carottes, trois ou
quatre oignons, une feuille de laurier; vous beurrerez le fond de votre casserole; vous y mettrez vos
côtelettes avec cet assaisonnement; vous verserez
plein une cuillère à pot de gelée, du consommé ou
du bouillon; vous ferez aller à petit feu votre cuisson;
un quart-d'heure avant que vos côtelettes soient
cuites, vous les ferez aller à grand feu pour qu'elles
tombent à glace, c'est à dire pour que le mouillement réduise, et qu'elles se glacent d'elles-mêmes;
vous les mettrez sur de la cendre chaude : au moment
de servir, vous les retirerez pour les dresser sur le
plat : si vous n'avez pas de sauce pour mettre avec
votre glace, vous vous servirez d'un peu de farine
que vous remuerez et mouillerez avec un peu de bouillon, pour détacher votre glace où vous avez mis de
la farine : faites jeter un bouillon et saucer vos
côtelettes.

Côtelettes de Veau piquées glacées.

Vous prenez les côtelettes le plus près du rognon;
vous les parez le mieux possible; vous ne les applatissez pas trop pour qu'elles conservent leur épaisseur;
vous les piquez de lard fin; (*Voyez* la manière de
piquer.) quand elles sont piquées, vous mettez du

lard dans le fond d'une casserole, quelques tranches de veau, quelques carottes et oignons, une feuille de laurier, deux clous de girofle; vous mettez vos côtelettes sur cet assaisonnement ; vous avez soin que le piqué ne se trouve point masqué, afin qu'en cuisant elles puissent se glacer; vous mettrez un rond de papier beurré par-dessus, et plein une cuillère à pot de consommé ou du bouillon; vous posez votre casserole sur le feu; quand le dedans bout, vous lui mettez son couvercle, et vous y mettez du feu dessus un peu ardent; vous posez ensuite votre casserole sur un feu doux, mais qui fasse toujours bouillir : il faut une heure et demie pour cuire vos côtelettes; au moment de servir, vous les égouttez sur un couvercle de casserole ; vous les glacez, et servez dessous des concombres, de la chicorée, sauce tomate, purée d'oseille, purée de champignons, épinards, sauce espagnole, sauté de champignons, etc. On peut aussi mettre ces côtelettes dans une casserole beurrée et mouillée avec de la gelée, du consommé, ou du bouillon, et l'assaisonnement ci-dessus.

Côtelettes de Veau en lorgnette.

Vous avez des côtelettes que vous parez ; vous les applatissez ; vous les piquez avec des lardons moyens, que vous assaisonnez de sel fin, de gros poivre, des quatre épices ; vous les piquez de part en part ; vous les faites roidir dans une casserole avec du beurre; vous les parez; vous avez une langue à l'écarlate : prenez un coupe-pâte de la grandeur d'un petit écu ; vous coupez sept ronds de langues qui seront épais de trois lignes ; ayez de gros oignons bien épluchés; vous les couperez de manière à ce qu'ils soient aussi épais que vos ronds de langues; vous ôterez l'inté-

rieur de vos oignons, ou vous y mettrez votre rond
de langues; vous en ferez autant que vous avez de
côtelettes, et vous en mettrez dessus de manière
que cela se tienne et forme lorgnette : quand elles
seront préparées, vous les ferez cuire comme celles
dites à la drue : (*Voyez* Côtelettes à la Drue.) au
moment de servir, vous les égouttez; vous glacez le
tour de la côtelette et le morceau de langue sans
toucher à l'oignon; vous les dressez sur votre plat;
vous prenez le fond de vos côtelettes que vous faites
réduire avec un peu d'espagnole ; ou faute de sauce,
faites un petit roux que vous mouillez avec votre
fond, que vous ferez réduire; voyez s'il est d'un bon
goût.

Côtelettes de Veau à la St-Gara.

Vous coupez et parez vos côtelettes comme les précédentes; vous avez de la langue à l'écarlate que vous
coupez en moyens lardons; vous rapez un peu de lard
que vous faites tiédir, et vous sautez vos lardons
dedans; vous y mettez un peu de muscade rapée,
un peu de poivre fin ; vous laissez refroidir vos lardons, et vous piquez vos côtelettes d'outre en outre ;
vous mettez un morceau de beurre dans une grande
casserole, et vous faites roidir vos côtelettes pour les
parer plus correctement : vous mettez dans votre casserole des bardes de lard, les parures de votre langue,
un peu de laurier, un peu de basilic, quelques
tranches de jambon; vous mettrez vos côtelettes sur
cet assaisonnement; vous les couvrirez de lard; vous
mettrez par-dessus deux ou trois carottes coupées en
lames, ou quatre oignons coupés en tranches, plein
deux verres de consommé ou du bouillon : vous ferez
aller vos côtelettes à petit feu pendant deux heures;

vous mettrez du feu sur le couvercle : au moment de servir, vous les égouttez et les glacez; vous passez au tamis de soie le mouillement dans lequel ont cuit vos côtelettes : vous aurez plein trois cuillères à dégraisser de grande espagnole que vous mettrez dans une casserole; vous y ajouterez quatre cuillères à dégraisser de mouillement de vos côtelettes; vous ferez ensuite réduire votre sauce à moitié; vous dresserez vos côtelettes sur le plat, et vous y mettrez la sauce réduite : si vous n'avez pas de sauce, faites un roux léger que vous mouillerez avec le fond que vous venez de passer au tamis de soie; mettez-y deux cuillerées de jus pour lui donner couleur, et vous la ferez réduire à un tiers : tâchez que votre sauce ne soit pas trop salée; vous y mettrez un peu de gros poivre; vous pouvez servir sous ces côtelettes un sauté de champignons, de la chicorée, une sauce tomate, des concombres. (*Voyez* à l'article que vous choisirez.)

Côtelettes de Veau en papillotes.

Vous coupez et parez vos côtelettes comme celles dites sautées; vous avez un bon morceau de beurre que vous mettez fondre dans une casserole; vous posez vos côtelettes par-dessus; vous les assaisonnez de sel, un peu de gros poivre; vous les faites presque cuire dans le beurre; après vous les mettez sur un plat, et vous y versez le beurre dans lequel elles ont cuit; vous mettez aussi des fines herbes à papillotes; (*Voyez* fines Herbes à papillotes.) vous laisserez refroidir vos côtelettes; après vous couperez un carré de papier assez grand pour contenir à l'aise vos côtelettes; vous l'huilerez, c'est à dire vous versez un peu d'huile dessus et vous le bar-

bouillez ; quand votre papier sera préparé, vous aurez une barde de lard bien mince que vous mettrez
dessus ; puis votre côtelette avec de fines herbes
de chaque côté ; vous la recouvrirez d'une mince
barde de lard ; vous ploierez votre papier par-dessus votre côtelette ; vous rognerez les angles de votre
papier ; vous le plisserez de manière que votre assaisonnement ne puisse pas sortir étant sur le gril ; il
faut que les plis de votre papier soient le plus près
possible de la chair de votre côtelette ; vous aurez
soin de ficeler le bout où vous terminez les plis de
votre papier, qui doivent se trouver au bout de l'os, afin
que ni le jus ni le beurre ne puissent sortir : un quart-
d'heure avant de servir, vous mettrez vos côtelettes
sur le gril ; ayez soin que le feu soit doux, afin que
le papier ne soit pas brûlé et que vos côtelettes
cuisent ; vous les dresserez en couronnes ; vous mettrez un jus clair dessous.

Côtelettes grillées panées.

Vous coupez vos côtelettes, et vous les parez comme
les précédentes ; vous les assaisonnerez avec un peu
de sel et de gros poivre ; vous ferez tiédir un bon
morceau de beurre ; vous tremperez dedans chaque
côtelette sortant du beurre ; vous la mettrez dans un
vase où sera votre mie de pain ; vous la remuerez
dedans ; vous l'en sortirez pour la poser sur la table
où vous mettrez de la mie de pain ; après cela vous
lui donnerez la forme avec la main ; vous la rendez
ronde par le gros bout le plus possible ; vous la déposez sur un plafond : une demi-heure avant de servir, vous la mettez sur le gril que vous posez sur un
feu doux pour que votre mie de pain ne prenne pas
trop de couleur ; quand elles sont cuites, vous les

dressez en couronnes; vous mettez un jus clair dessous.

Carré de Veau piqué glacé aux concombres.

Ayez un carré de veau entier depuis la côte près
du rognon jusqu'à la deuxième près du collier; vous
le parez et le coupez le plus carrément possible; vous
ôtez les os qui sout sous le filet jusqu'au bout de la
côte du chapelet; vous en découvrez le filet, c'est
à dire que vous levez les peaux qui le couvrent; vous
enlevez les nerfs qui sont dessus en introduisant votre
couteau entre le nerf et la chair, de manière que
votre filet soit bien découvert, et qu'il n'y reste au-
cune peau; alors vous le piquerez de lard fin; (*Voyez*
la manière de piquer.) vous assujettirez les peaux qui
couvrent les côtes avec une aiguille à brider et de
la ficelle : lorsque votre carré est piqué, bridé, vous
mettez des bardes de lard dans une petite braisière,
des tranches de veau, deux ou trois carottes, quatre
oignons, deux feuilles de laurier, un bouquet de
persil et de ciboules, deux clous de girofle; vous
mettrez votre carré par-dessus cet assaisonnement, de
manière que votre filet piqué puisse recevoir la chaleur du feu qui sera sur le couvercle de votre braisière; vous couvrirez de bardes de lard les peaux
qui couvrent les côtes; vous aurez une feuille de
papier ployée en double et beurrée, que vous mettrez sur votre carré; vous mettrez plein deux cuillères à pot de consommé ou du bouillon; vous y
mettrez un peu de sel; vous ferez aller à petit feu
pendant trois heures; vous aurez soin de mettre du
feu sur le couvercle pour faire glacer votre filet :
au moment de servir, vous égouttez votre carré; vous
le débridez, c'est à dire vous ôtez la ficelle que vous

y avez mise; vous le glacez; vous mettez dessous des concombres, de la chicorée, épinards, purée d'oseille, sauce espagnole, sauce tomate, ou purée de champignons, etc. (*Voyez* l'article que vous choisirez.)

Carré de Veau à la crême.

Vous avez un carré de veau comme le précédent; vous ôtez les os et les nerfs qui sont sous le filet; vous le mettez dégorger dans du lait pendant vingt-quatre heures; au moment de l'embrocher, vous le sortez du lait; vous l'essuyez; vous le poudrez de sel fin dans lequel vous avez mis un peu de muscade rapée; vous l'embrochez avec un gros atelet, que vous couchez sur la broche deux heures et demie; avant de servir vous le mettez au feu; au lieu de l'arroser avec la graisse de la lèchefrite, vous avez une fausse béchamelle, et vous l'arrosez avec : (*Voyez* fausse Béchamelle.) au moment de servir, vous le sortez de la broche; vous avez réservé de la fausse béchamelle, dans laquelle vous mettez gros comme une noix de glace, un peu de gros poivre, un peu de muscade; vous versez cette sauce dessous : il ne faut pas qu'elle soit trop épaisse.

Longe de Veau étouffée.

La longe de veau n'est bonne qu'à la broche ou étouffée dans son entier; vous la désossez de manière que vous puissiez lui donner une forme carré-long; vous l'assaisonnez de sel et de gros poivre dans son intérieur; vous la ficelez, vous la mettez dans une braisière sans mouillement, seulement avec trois quarterons de beurre; vous la mettez sur le feu; quand elle est bien échauffée, vous couvrez votre braisière, et vous la laissez cuire à petit feu en la retournant de tems en tems ; trois heures et demie suffisent pour cuire une moyenne longe : on peut la servir pour relevé de potage, en la glaçant, en mettant une sauce à glace dessous pour une grosse pièce, en la laissant refroidir et la décorant d'une gelée.

Casis de Veau.

Pour la grande cuisine on ne se sert du casis que pour le consommé, le blond de veau ou l'empotage : on peut mettre du beurre dans une casserole, le faire cuire comme la longe, y mettre des carottes, des oignons, un peu de laurier, deux verres de bouillon ; le faire migeoter pendant deux heures, et le servir avec des légumes : on peut aussi le mettre à la broche.

Noix de Veau à la bourgeoise.

Vous levez votre noix de veau bien entière ; vous la mettez dans un linge bien blanc ; vous la batterez avec un couperet ; vous la piquerez avec de gros lard ; vous assaisonnerez vos lardons avec du sel fin, du poivre, des quatre épices, du persil et de la ciboule hachés très-fins, un peu de thym et de laurier aussi hachés, que vous mêlez bien avec vos lardons : il faut que votre noix soit beaucoup piquée ; vous aurez soin de conserver votre noix couverte de sa tetine ; ayez soin que les lardons ne percent pas la peau de dessus ; vous l'assujettirez avec une aiguille à brider et de la ficelle que vous mettrez à l'entour, afin que les peaux qui couvrent votre noix ne rebroussent pas, et qu'étant cuites elles se trouvent bien couvertes ; vous beurrerez le fond de votre casserole ; vous y mettrez votre noix de veau ; vous mettrez aussi à l'entour quatre carottes que vous tournez en gros bâton, quatre gros oignons, deux feuilles de laurier, plein deux verres de bouillon; vous couvrirez votre noix d'un rond de papier beurré; quand votre noix bouillira, vous la mettrez sur un feu doux pendant deux heures; vous mettrez un peu de feu sur le couvercle de votre casserole : au moment de servir, vous égoutterez votre noix de veau; vous la débriderez; vous mettrez dessous, le fond que vous ferez réduire à moitié, et les légumes qui ont cuit avec votre noix; vous la glacerez, si vous avez de la glace; vous pouvez servir avec cette noix, en la glaçant, une sauce à glace, une sauce tomate, de la chicorée, une purée d'oseille, des laitues, une purée de champignons, etc.

Noix de Veau piquée à la Conty.

Vous levez votre noix bien entière et bien couverte; vous la battez comme la précédente; vous parez la chair qui est dessous la tetine, sans toucher à la tetine; vous piquez de lard fin la chair qui paraît de votre noix : (*Voyez* Manière de piquer) quand votre noix sera piquée de lard fin, vous la piquerez par-dessous de gros lard; vous assaisonnerez les lardons de sel, de gros poivre : quand votre noix sera piquée, vous la briderez comme la précédente; vous la mettrez dans une casserole; vous la couvrirez d'un papier beurré; vous y mettrez trois carottes tournées en gros bâtons, quatre gros oignons, dont un piqué de deux clous de girofle, deux feuilles de laurier, un bouquet de persil et ciboules, et une cuillère à pot de gelée; si vous n'avez pas de gelée, mettez-y du consommé ou du bouillon; vous ferez aller votre noix à petit feu pendant deux heures, feu dessus, feu

dessous : quand votre noix sera aux trois quarts cuite,
vous retirerez vos légumes d'avec votre noix, et
vous la ferez tomber à glace, c'est à dire que vous
la mettrez sur un feu ardent, et que vous ferez réduire le mouillement de votre noix jusqu'à ce qu'il
soit à glace : au moment de servir, vous retirez votre
noix de votre casserole; vous la débriderez; vous la
glacerez avec ce qui est dans votre casserole; vous
mettrez plein trois cuillères à dégraisser de grande
espagnole dans votre casserole, où vous aurez ôté la
graisse, et détacherez la glace; vous mettrez cette
sauce sous votre noix; en cas que vous n'ayez pas
de sauce, vous y mettriez un peu de farine que vous
détacheriez avec un peu de bouillon.

Noix de Veau piquée glacée.

Vous aurez une belle noix de veau bien entière;
vous la battez comme la précédente; vous levez les
peaux et la tetine qui couvrent votre noix; vous couchez le beau côté de votre viande sur la table, et
avec un couteau qui coupe bien, vous le glissez entre
le dessus nerveux et la chair, comme si vous vouliez
lever une barde : il ne faut pas faire mordre votre couteau trop du côté de la chair, afin d'en moins perdre,
et que votre noix soit bien unie : s'il restait quelques peaux dessus votre noix, vous les ôteriez le
plus légèrement possible, et de manière qu'on ne
voie pas de coups de couteau : votre noix bien parée, vous la piquerez de lard fin; (*Voyez* Manière
de piquer.) vous mettrez des bardes de lard dans une
casserole, quelques tranches de veau, deux ou trois
carottes, quatre oignons, dont un piqué de deux clous
de girofle, une feuille de laurier, un bouquet de
persil et ciboules ; vous poserez votre noix dans votre

casserole, de manière qu'elle bombe dans le milieu ; vous la couvrirez d'un papier double beurré ; vous mettrez plein une cuillère à pot de consommé ; vous ferez bouillir votre noix ; quand elle aura jeté quelques bouillons, vous la mettrez sur un feu doux, et vous mettrez du feu sur le convercle ; vous la ferez aller pendant deux heures : au moment de servir, vous l'égoutterez, la glacerez, et vous mettrez dessous de la chicorée, de la crème, des concombres, une sauce à glace ou une sauce tomate, ce que vous jugerez à propos. (*Voyez* l'article que vous choisirez.)

Noix de Veau en ballotine.

Vous aurez une noix de veau que vous laisserez couverte de sa tetine, ou que vous découvrirez : c'est à volonté ; vous larderez de gros lard votre noix comme celle dite à la bourgeoise, et le même assaisonnement dans les lardons ; vous mettrez une demi-livre de beurre dans une casserole ; vous y placerez votre noix ; vous la ferez revenir sur le feu pendant trois quarts-d'heure sans lui faire prendre couleur ; vous la poudrerez de sel et de gros poivre ; après, vous la retirerez de votre casserole ; vous la mettrez sur un plat ; en cas qu'il y ait du jus dans votre casserole avec votre beurre, vous le feriez réduire jusqu'à ce que votre beurre soit en huile ; vous y mettrez un quarteron de lard rapé, un quarteron d'huile ; vous y mettrez aussi des échalotes hachées bien fines plein une cuillère à bouche ; vous les laisserez frire un peu dans le beurre ; après vous y mettrez une douzaine de champignons hachés bien fins que vous passerez avec votre beurre, et plein une cuillère à bouche de persil ; quand tout sera bien revenu ensemble, vous y mettrez un peu de

muscade rapée et un peu de gros poivre ; vous verserez les fines herbes dessus votre noix de veau ;
quand elle sera froide , vous huilerez six feuilles de
papier ; vous envelopperez votre noix d'une mince
barde de lard dessus et dessous, et vous l'envelopperez d'une feuille de papier , de manière que votre
assaisonnement ne s'en aille pas , puis vous la recouvrirez d'une autre , ainsi de suite , jusqu'à ce
que vos six feuilles soient employées ; ayez soin que
votre noix soit hermétiquement renfermée , que
votre ballot ait une belle forme , et que vos plis
soient bien faits ; vous ficellerez votre ballot comme
on ficelle une pièce de bœuf, afin qu'étant sur le
gril , le papier ne se déploie pas : une heure avant
de servir , vous mettrez votre noix sur le gril et
un feu très-doux ; prenez garde que votre papier
ne brûle , et que votre assaisonnement ne sorte de
votre papier ; quand votre noix sera grillée , vous
ôterez seulement la ficelle , et vous servirez votre
noix dans le papier. La sauce se trouve dedans. En
cas que la première feuille ait trop de couleur, il
faudrait l'ôter.

Noix de Veau en surprise.

Ayez une belle noix de veau que vous préparez
comme celle dite à la Conty ; quand elle est piquée
de gros lard et de lard fin , vous placez des bardes
de lard dans le fond de votre casserole ou braisière ;
vous mettez des tranches de veau, deux carottes ,
quatre oignons, dont un piqué de deux clous de
girofle, une feuille de laurier, un bouquet de persil
et ciboules , un peu de sel ; vous mettez votre noix
de veau dans votre casserole ; vous couvrez seulement votre teline de bardes de lard ; vous beurrez

un rond double de papier, et vous faites cuire votre
noix avec du feu dessus et dessous; quand votre
noix est cuite, vous la laissez refroidir; après cela,
vous faites un trou ovale; vous enlevez les chairs;
vous laissez du fond assez pour que votre noix puisse
contenir un ragoût sans fuir; vous coupez la viande
que vous avez prise de votre noix en petits dés, à
l'exception du dessus que vous conservez pour masquer votre ragoût de manière qu'on ne s'aperçoive
pas que la noix est entamée; vous couperez aussi
des champignons en petits dés que vous mettrez avec
votre viande dans une sauce béchamelle. (*Voyez* Béchamelle.) Vous ferez chauffer votre noix de veau: au
moment de servir, vous l'égoutterez, vous la glacerez;
vous mettrez votre petit ragoût dans le vide de votre
noix; vous le couvrirez du dessus que vous avez
conservé, de manière qu'on ne voie pas que votre
noix ait été entamée; il faut qu'elle soit glacée, et
vous mettrez dessous une sauce espagnole travaillée.
(*Voyez* Sauce espagnole travaillée.)

Sauté de noix de Veau.

Ayez une noix de veau; vous ôtez la peau de
dessus; vous coupez votre noix en morceaux longs,
après en morceaux minces; il faut qu'ils soient un
peu plus grands qu'un petit écu et épais d'une ligne
et demie; vous battez chaque petit morceau avec
le dos de votre couteau, et vous les arrangez dans
votre sautoir; lorsqu'ils seront bien arrondis, et que
votre noix est coupée, parée, arrangée, vous faites
tiédir trois quarterons de beurre que vous versez
sur vos morceaux de veau, que vous aurez assaisonnés avec du sel fin et du gros poivre, un peu
de persil et ciboules bien hachés; un instant avant

de servir, vous mettrez votre sautoir sur un feu ardent; quand ils seront un peu échauffés d'un côté,
vous les retournerez; il faut pour ainsi dire qu'ils
ne fassent qu'apercevoir le feu; quand votre sauté
est cuit, vous le retirez de dedans le beurre, et vous
le mettez dans une casserole; vous faites réduire un
peu plus de velouté que de coutume; vous y mettez
le jus qu'a jeté votre sauté; vous mêlez une liaison
de deux œufs; quand votre sauce est liée, vous la
passez à l'étamine par-dessus votre sauté; vous le
remuez pour qu'il prenne sauce, et vous le dressez
sur le plat; assurez-vous, avant de le servir, s'il est
de bon goût.

Noix de Veau en aspic.

Vous ferez une noix de veau piquée, glacée la
veille de votre dîner; (*Voyez* Noix de Veau piquée
glacée.) vous mettrez de l'aspic fondu dans votre
moule l'épaisseur d'un pouce; quand l'aspic qui est
dans votre moule sera bien congelé, vous couperez
votre noix par tranches toutes de la même épaisseur
et de la même grandeur; vous dresserez vos morceaux en couronnes, c'est à dire les uns sur les
autres jusqu'à ce que votre rond soit complet; il
faut qu'il y ait un demi-pouce de distance de la viande
à votre moule; vous aurez un petit ragoût froid de
crêtes et de rognons de coqs qui sera dans une béchamelle que vous mettrez dans le milieu de la viande;
vous mettrez le moule dans la glace ou au froid pour
que la gelée se raffermisse; vous remplirez le moule
d'aspic fondu, mais froid, et vous le laisserez se congeler; vous mettrez le moule au froid, et au moment de servir, vous le mettrez tremper dans l'eau
plus que tiède; vous le retirerez tout de suite dans

l'eau un peu chaude; vous essuierez votre moule en mettant votre plat dessus, et le renversant; si votre aspic ne se détachait pas, vous feriez chauffer un linge, et *vous* frotteriez votre moule avec; vous l'enleverez tout doucement; en cas qu'il y ait de la gelée fondue dans votre plat, vous l'aspireriez avec un chalumeau de paille; si votre aspic était renversé un peu de tems avant de servir, il faudrait le tenir au froid. (*Voyez* Aspic.)

Le dessous de la noix de Veau.

Le dessous de noix peut servir à faire du godiveau. (*Voyez* Godiveau.) On peut le mettre à la broche pour faire une blanquette; on peut aussi le faire tenir à la longe pour faire un relevé.

Blanquette de Veau aux champignons.

Vous mettez le dessous de noix de veau à la broche; quand il est cuit vous le laissez refroidir; vous l'émincez, vous battez les morceaux avec la lame de votre couteau; vous en coupez les angles; vous arrondissez vos morceaux le mieux possible; tâchez qu'ils soient égaux : vous les mettez dans une casserole à mesure qu'ils sont coupés et parés : il ne faut mettre que le blanc, et ôter tout ce qui a la couleur de la broche. Vous aurez des champignons que vous tournerez; vous les couperez épais d'une ligne, et formant le rond; vous les sauterez dans le beurre; quand ils seront sautés, vous les mettrez avec la viande de votre blanquette; vous verserez dans le beurre où ils auront cuit quatre cuillères à dégraisser de velouté, ou plus si votre blanquette est forte, et plein trois cuillères de consommé; vous dégraisserez votre sauce, vous la ferez réduire, et la

passerez à l'étamine sur votre blanquette : vous la
tiendrez chaudement sans qu'elle bouille : au moment
de la servir, vous y mettrez une liaison de deux
œufs, ou plus si votre blanquette est forte, un peu
de gros poivre; vous remuerez doucement votre blanquette sur le bord du fourneau : quand votre liaison
y sera, et quand vous verrez que votre sauce sera liée,
vous la retirerez en la tournant toujours : voyez si elle
est de bon sel et de bon goût; alors vous la dressez en
pyramide; tâchez qu'il n'y ait pas trop de sauce : si
vous n'avez pas de velouté, vous mettrez un peu de
farine avec vos champignons, et vous mouillerez
avec du bouillon : faites la sauce longue pour pouvoir la laisser réduire; quand vous verrez que votre
sauce sera assez épaisse, vous mettrez votre blanquette dedans; ne la laissez pas bouillir, mettez-y
un peu de gros poivre, un peu de muscade rapée;
liez votre blanquette : au moment de servir, vous
y mettrez un jus de citron; voyez si elle est d'un
bon sel : faute de bouillon, mouillez vos champignons avec de l'eau.

Blanquette à la bourgeoise.

Mettez un morceau de beurre dans une casserole;
ajoutez-y des champignons si vous en avez; vous
passerez dans votre beurre du persil et de la ciboule
hachés; vous y mettez un peu de farine; vous mouillez avec un peu de bouillon, un peu de sel, du poivre,
un peu de muscade rapée; vous mettez votre veau
émincé dans votre sauce; vous la tenez chaudement;
au moment de la manger, vous y mettrez une liaison
de trois œufs, ou plus selon comme votre blanquette
est forte; quand elle sera liée, vous y mettrez un peu
de verjus ou un filet de vinaigre.

Foie de Veau étouffé.

Ayez un foie de veau; (les plus blonds sont les meilleurs) vous le piquez de gros lardons; vous l'assaisonnez avec des quatre épices, du persil et de la ciboule hachés, du poivre, du sel : quand votre foie est piqué, vous mettez des bardes de lard dans une braisière ou casserole; vous mettez votre foie avec quatre carottes, quatre oignons, dont un piqué de trois clous de girofle, trois feuilles de laurier, un peu de thym, un bouquet de persil et ciboules, du sel; vous mouillerez votre foie avec une bouteille de vin blanc; vous le couvrirez de bardes de lard et d'un rond de papier; vous le mettrez sur un fourneau; quand il bouillira, vous le poserez sur un autre étouffé, avec du feu sur le couvercle; vous le laisserez migeoter pendant deux heures, et vous pourrez le servir. Vous mettrez plein quatre cuillères à dégraisser de poivrade; vous passerez le mouillement de votre foie; vous en mettrez quatre cuillerées; vous ferez réduire votre sauce à moitié, et vous la verserez sous votre foie : si vous n'avez pas de sauce, vous ferez un petit roux; vous passerez au tamis de soie le mouillement dans lequel aura cuit votre foie; vous en mouillerez votre roux : il faut que votre sauce soit longue, pour pouvoir la faire réduire à moitié; vous la dégraisserez, et vous la mettrez sous votre foie.

Foie de Veau piqué à la broche.

Vous aurez un foie bien blond; vous le piquerez de gros lardons bien assaisonnés, comme pour le précédent; ayez soin que votre foie ne soit pas endommagé; vous le piquerez de lard fin; (*Voyez la*

Manière de piquer.) vous passerez des brochettes dans le travers du foie; vous l'embrocherez, et vous mettrez un gros atelet au-dessous de votre foie pour l'assujettir; vous lierez les deux bouts de votre atelet à la broche; vous ferez ensorte que votre foie ne vacille pas; vous laisserez votre foie une heure et demie au feu; cela suffit pour le cuire : au moment de servir, vous débrochez votre foie pour le mettre sur le plat avec une sauce piquante dessous. (*Voyez* Sauce piquante.)

Sauté de Foie de Veau.

Vous coupez votre foie par le milieu sur la longueur; vous coupez des morceaux dans leurs travers, épais de deux ou trois lignes; vous en coupez les angles, et vous donnez à votre morceau de foie la forme d'un croûton de matelote, de manière que votre morceau est ovale, et pointu d'un côté: vos morceaux préparés, vous les assaisonnez de sel, de gros poivre, un peu d'épices, des fines herbes si vous voulez; mettez une demi-livre de beurre dans votre sautoir ou tourtière, que vous faites tiédir; vous arrangez vos morceaux dans votre sautoir : au moment de servir, vous le mettez sur un feu ardent; quand vos morceaux sont roidis d'un côté, vous les retournez de l'autre; vous posez le doigt sur votre morceau; lorsqu'il est un peu ferme, vous retirez votre foie de dessus le feu; vous déposez votre sauté dans une casserole; vous ôtez le beurre de votre sautoir; vous y mettez plein un verre de vin de Champagne, et quatre cuillères à dégraisser d'espagnole travaillée; (*Voyez* Espagnole travaillée.) vous ferez réduire cette sauce à moitié, et vous la passerez à l'étamine par-dessus votre sauté; tenez-le

11

chaud sans le faire bouillir; quand vous le servez,
vous dressez vos morceaux en couronnes, et vous
versez votre sauce par-dessus : si vous n'avez pas
d'espagnole, vous mettrez plein une cuillère à bouche de farine dans votre sautoir où sera le beurre de
votre sauté ; quand votre farine sera délayée, vous
y mettrez deux verres de vin blanc et un peu de bouillon ; si votre sauce est trop épaisse, vous l'assaisonnerez de sel et de poivre; quand elle sera un peu réduite, vous la verserez sur votre foie.

Foie de Veau à la poêle.

Vous coupez et vous assaisonnez votre foie comme
le précédent; vous mettez un bon morceau de beurre
dans la poêle ; quand il est fondu, vous y mettez votre
foie : il faut que votre feu soit ardent; vous remuez
votre foie dans votre poêle ; quand vos morceaux
sont fermes sous le doigt, vous y mettez plein quatre
cuillères à bouche de farine que vous mêlez avec
votre foie; vous y versez une demi-bouteille de vin
blanc ; vous remuez bien votre foie, pour que votre
sauce se lie; en cas qu'elle soit trop épaisse, vous y
mettriez un peu de bouillon ou de l'eau; vous ne
laisserez pas bouillir votre foie; vous le servez aussitôt qu'il veut bouillir; vous goûtez s'il est d'un bon
sel avant de le servir.

Mou de Veau à la poulette.

Vous coupez votre mou en morceaux carrés de la
grosseur d'un gros oignon ; vous le mettez dégorger;
ensuite vous le faites blanchir pendant un quart-
d'heure, en l'enfonçant bien dans l'eau pour qu'il ne
noircisse pas; vous le mettrez dans l'eau froide, après

quoi vous l'égoutterez : vous mettez fondre une demi-livre de beurre dans une casserole ; vous y placez votre mou ; vous le faites revenir pendant un quart-d'heure ; vous y versez plein deux cuillères à bouche de farine ; vous remuez bien votre mou pour la mêler ; vous le mouillez avec beaucoup de bouillon afin de le faire réduire ; ensuite vous y mettrez deux feuilles de laurier, un bouquet de persil et ciboules, une poignée de champignons, un peu de sel, un peu de gros poivre ; quand votre mou sera cuit aux trois quarts et réduit, vous y mettrez des petits oignons bien épluchés ; lorsque le ragoût sera cuit entièrement, tenez-le chaudement : au moment de servir, vous mettrez une liaison de trois jaunes d'œufs, dans laquelle vous mettrez un peu de muscade rapée. Après que votre liaison est mise dans votre mou, vous le mettez sur le feu en le remuant toujours ; tâchez qu'il ne bouille pas, afin que votre liaison ne tourne pas : assurez-vous si l'assaisonnement est bon ; ayez soin de dégraisser votre ragoût avant de le lier.

Mou de Veau au roux.

Vous coupez et préparez votre mou comme celui dit au blanc ; avec votre beurre vous faites un roux, et vous faites revenir votre mou ; vous le mouillez avec du bouillon ou de l'eau ; vous y mettez le même assaisonnement que dans le précédent : lorsqu'il est aux trois quarts cuit, vous mettez vos oignons, un peu de muscade rapée ; quand il est près d'être cuit, vous le dégraissez : au moment de servir, voyez si votre ragoût est bien assaisonné.

Du Mouton.

Les meilleurs moutons et les plus estimés sont

ceux du Présalé et ceux des Ardennes; quoique fort petits, ils sont d'une chair tendre et d'un goût excellent. Les moutons bien nourris, dont la chair est noire, sont les meilleurs; les aromates conviennent assez au mouton bouilli.

Langues de Mouton braisées.

Il faut quinze langues de mouton pour faire une entrée; vous faites dégorger vos langues; vous avez bien soin de les frotter et de les laver pour ôter le sang caillé qui est après; vous les faites blanchir pendant un quart-d'heure et demi; vous les rafraîchissez, vous les égouttez, vous les essuyez, vous coupez le cornet; vous pouvez les piquer avec de moyens lardons assaisonnés : vous mettez dans une casserole des bardes de lard, quatre carottes coupées en morceaux, quatre oignons, dont un piqué de deux clous de girofle, quelques tranches de veau, deux feuilles de laurier, un peu de thym, un bouquet de persil et ciboules; vous mettrez vos langues sur cet assaisonnement, vous les couvrirez de bardes de lard, vous les mouillerez avec du bouillon, vous les ferez migeoter pendant cinq heures; si vous n'avez ni veau ni bouillon, vous les arrangerez comme on vient de le dire; vous les mouillerez alors avec de l'eau; vous y mettrez du sel : ayez soin que votre mouillement ne soit pas trop long, pour que vos langues prennent du goût.

Langues de Mouton aux navets.

Vous préparerez vos langues, et vous les ferez cuire comme il est dit ci-dessus : au moment de servir, vous les égouttez; vous les arrangez à l'entour du plat; vous les masquez avec vos navets. (*Voyez* Navets pour entrée.)

Langues de Mouton aux petites racines.

Vous préparez et faites cuire vos langues comme celles dites braisées : au moment de servir, vous les égouttez, vous les arrangez à l'entour du plat, et vous versez vos petites racines en buisson dans le milieu : si vous n'avez pas de sauce pour vos petites racines, vous ferez un roux léger que vous mouillerez avec le mouillement dans lequel ont cuit vos langues ; vous mettrez vos racines cuire dedans ; vous y jeterez un petit morceau de sucre.

Langues de Mouton au gratin.

Vous préparez et vous faites cuire vos langues comme celles dites braisées ; vous mettez une farce à quenelle de volaille ou de godiveau, dans laquelle vous mettrez un peu de velouté dans le fond de votre plat ; vous placerez vos langues dessus, afin qu'elles soient assises sur le gratin : vous pouvez les arranger de différentes manières. Vous les couvrez de bardes de lard ; vous mettez votre plat sur un feu qui ne soit pas trop ardent, afin que votre gratin ne brûle pas ; vous posez le four de campagne dessus ; ayez soin qu'il ne soit pas trop chaud ; quand vous verrez que votre gratin sera cuit, vous mettrez, à l'instant de servir, une sauce italienne ; vous aurez soin d'ôter la graisse qui est dans votre plat et les bardes qui couvrent vos langues.

Langues de Mouton en atelet.

Vous préparez et faites cuire vos langues comme celles dites braisées ; vous les couperez en morceaux

carrés, épais de deux lignes; vous ferez réduire
une sauce hachée pour qu'elle soit épaisse; étant
réduite, vous mettrez un jaune d'œuf cru que vous
mêlerez avec votre sauce qui sera presque bouillante; vous mettrez vos morceaux de langues avec
votre sauce; vous remuerez bien le tout afin que vos
morceaux prennent de la sauce; vous les poserez sur
un plat pour refroidir; vous aurez une tetine de veau
cuite ou du petit lard que vous couperez en carrés,
de la même grandeur de ceux de vos langues; vous
mettrez un morceau de langue, un morceau de tetine, ainsi de suite jusqu'au bout de l'atelet; quand
il sera plein, vous verserez de la sauce dessus; avec
le couteau, vous l'unirez sur les quatre carrés; vous
tremperez votre atelet dans du beurre; vous le mettrez dans la mie de pain, après vous le tremperez
dans de l'œuf battu; vous le panerez encore une fois :
vous aurez soin que vos quatre carrés soient bien
unis, et vos quatre angles bien formés; vos atelets
finis, un quart-d'heure et demi avant de servir, vous
les mettrez sur le gril à feu doux; vous les tournerez
de trois côtés, et au quatrième vous lui ferez prendre
couleur au four de campagne ou avec une pelle rouge
à glacer : au moment de servir, vous les mettrez sur
le plat; vous verserez une sauce italienne dessous.
(*Voyez* Sauce italienne.)

Langues de Mouton en papillotes.

Préparez et faites cuire vos langues comme celles
dites braisées; quand elles seront cuites, vous les
couperez en deux de leur longueur; vous les mettrez
sur un plat, vous verserez par-dessus des fines herbes
pour papillotes; (*Voyez* fines Herbes pour papillotes.)
vous aurez des carrés de papier huilés : quand vos

langues, assaisonnées de fines herbes, sont froides, vous mettez sur votre papier un petit morceau de barde de lard, votre moitié de langue par-dessus ; vous y mettez aussi un peu de fines herbes avec une petite barde ; vous ployez votre papier de manière que votre langue se trouve enfermée ; vous coupez les angles de votre papier, et vous le plissez de sorte que vos fines herbes ne puissent pas sortir ; vous ficelez le bout de votre papillote ; un quart-d'heure avant de servir, vous les mettez sur le gril à feu doux, afin que votre papier ne brûle pas : au moment de servir, vous les dressez en couronnes, et vous mettez un jus clair dessous.

Langues de Mouton sauce tomate.

Vous préparez et faites cuire vos langues comme celles dites braisées : au moment de servir, vous les égouttez, les dressez à l'entour du plat ; vous les masquez d'une sauce tomate. (*Voyez* Sauce tomate.)

Cervelles de Mouton.

On arrange les cervelles de mouton comme celles de veau. (*Voyez* Cervelles de Veau.)

Cous de Mouton à la Ste-Menehould.

Deux cous suffisent pour faire une entrée ; vous en coupez le bout saignant ; vous les ficelez ; vous les faites cuire entre des bardes de lard, en ajoutant trois carottes, quatre oignons, un bouquet de persil et ciboules, deux feuilles de laurier, un peu de thym, deux clous de girofle, quelques parures de mouton ou de veau ; vous les mouillez avec du bouillon ou de l'eau ; alors vous y mettrez du sel : il faut que vos cous migeotent pendant quatre heures ; quand

ils sont cuits, vous les assaisonnez d'un peu de
sel fin, de gros poivre; vous les trempez dans du
beurre tiède; vous les mêlez dans la mie de pain;
ayez soin qu'il y en ait partout : une heure avant de
servir, vous les mettez sur le gril à petit feu; vous
les retournez des trois côtés; vous faites prendre couleur au-dessus avec le four de campagne : au moment
de servir, vous les dressez sur le plat; vous mettez
un jus clair dessous.

Cous de Mouton aux petites racines.

Vous aurez deux cous de mouton; vous couperez
le bout saigneux; vous les ficellerez; vous mettrez
des bardes de lard dans une casserole, des parures
de viande, quatre carottes, cinq oignons, dont un
piqué de trois clous de girofle, deux feuilles de laurier, un peu de thym, un bouquet de persil et de
ciboules; vous mettrez vos cous avec cet assaison-
ment; vous les couvrirez de bardes de lard; vous
les mouillerez avec du bouillon ou de l'eau; alors
vous ajouterez le sel; quand vos cous bouilliront,
vous les mettrez sur un petit feu pendant quatre
heures : au moment de servir, vous les égoutterez;
vous les dresserez sur votre plat; vous verserez vos
petites racines par-dessus : (Voyez petites Racines.)
on peut aussi en place de racines y mettre des navets tournés en petits bâtons; (Voyez Navets pour
entrée.) si vous n'avez pas de sauce pour vos racines, vous faites un roux léger que vous mouillez
avec le mouillement dans lequel ont cuit vos cous;
vous préparez vos petites racines comme celles dites
pour entrée.

Cous de Mouton à la purée de lentilles.

Vous préparez et vous faites cuire vos cous comme

les précédens ; au moment de servir, vous les égouttez et les déficelez ; vous les dressez sur le plat ; vous
les masquez avec une purée de lentilles ; (*Voyez*
Purée de lentilles.) vous pouvez les mettre à la purée
de pois, de navets, de haricots, etc.

Epaule de Mouton aux oignons glacés.

Vous avez une épaule de mouton bien couverte ;
vous la désossez jusqu'à la moitié du manche ; vous
piquez l'intérieur de votre épaule avec des lardons
assaisonnés ; vous y mettez un peu de sel, de poivre ;
quand elle est piquée, vous la troussez en ballon
ou en long ; vous la bridez de manière qu'elle conserve la forme que vous voulez lui donner ; après
vous la ficelez ; vous mettez des bardes de lard dans
une braisière ; vous y placez votre épaule ; vous y
mettez trois ou quatre carottes, cinq oignons, dont
un piqué de deux clous de girofle, deux feuilles de
laurier, un peu de thym, les os de votre épaule,
avec quelques autres morceaux si vous en avez ; vous
mouillerez avec du bouillon ou de l'eau ; alors vous
mettez du sel ; vous ferez migeoter votre épaule
pendant trois heures et demie : au moment de servir, vous égoutterez votre épaule, vous la débriderez, et vous la déficellerez ; vous la glacerez, la
dresserez sur le plat ; vous mettrez ensuite à l'entour des oignons glacés ; (*Voyez* Oignons glacés.)
vous emploierez pour sauce une espagnole réduite ;
si vous n'avez pas de sauce, vous ferez un roux léger avec le mouillement dans lequel vous aurez
fait cuire votre épaule ; ayez soin que votre sauce
soit assez longue pour pouvoir la faire réduire :
voyez si elle est de bon sel : vous pouvez servir à
l'entour de cette épaule des laitues, des petits na-

vets, des petites racines, une purée de lentilles, de pois. (*Voyez* à l'article dont vous vous servirez.)

Poitrine de Mouton en haricot.

Vous coupez votre poitrine en morceaux de la forme que vous jugez à propos ; vous mettrez des tranches rondes d'oignons dans le fond de votre casserole ; vous arrangerez vos morceaux de poitrine par-dessus ; vous y mettrez deux carottes, deux feuilles de laurier, un peu de thym ; vous mettrez un bon verre de bouillon ; vous ferez bouillir votre viande jusqu'à ce que votre mouillement soit tombé à glace un peu brune; vous y mettrez plein deux cuillères à pot de bouillon ou d'eau; alors vous y ajouterez du sel; vous ferez migeoter pendant deux heures votre poitrine ; quand elle sera cuite, vous passerez votre mouillement au tamis de soie ; vous mettrez vos morceaux de poitrine dont vous ôterez les os des côtes ; vous tournez des navets en petits bâtons, que vous mettez dans une casserole, et que vous faites sauter dans le beurre jusqu'à ce qu'ils aient une couleur blonde; alors vous mettez une cuillère à bouche de farine que vous mêlez avec vos navets ; vous versez dans vos navets le mouillement dans lequel a cuit votre poitrine ; vous y mettez un petit morceau de sucre : quand vos navets sont cuits, si la sauce est trop longue, vous les retirez et vous les mettez sur votre viande : alors vous faites réduire votre sauce à son point ; vous avez soin de la dégraisser, et vous la passez à l'étamine sur votre poitrine et vos navets ; vous faites ensuite migeoter votre ragoût pendant une demi-heure pour qu'il prenne du goût.

Haricot de Mouton.

Vous coupez votre mouton en morceaux, soit côtes, épaule ou poitrine ; vous faites un roux avec du beurre et de la farine ; quand il est blond, vous y faites revenir votre viande pendant un quart-d'heure ; vous la mouillez avec de l'eau chaude ; vous tournez bien votre viande jusqu'à ce que votre ragoût bouille ; vous l'écumez ; vous y mettez du sel, du poivre, un bouquet de persil et ciboules, auquel vous ajoutez une feuille de laurier, un peu de thym, un oignon piqué de deux clous de girofle ; vous faites bouillir votre ragoût pendant deux heures ; vous tournez vos navets que vous faites roussir dans le beurre dans une casserole ou poéle : prenez garde que vos navets ne noircissent ; quand ils seront blonds, vous les égoutterez, et vous les mettrez dans votre ragoût ; quand il sera cuit aux trois quarts, vous y mettrez un petit morceau de sucre ; vous dégraisserez bien votre ragoût avant de le servir ; vous ôterez le bouquet et l'oignon : assurez-vous s'il est d'un bon sel.

Poitrine de Mouton en carbonnade.

Vous coupez l'os rouge qui tient aux tendons ; vous partagez votre poitrine en morceaux formant le croûton de matelote, c'est à dire un ovale pointu ; vous mettrez dans une casserole des bardes de lard ; vous y ajouterez quelques tranches de jambon, vos car-bonnades par-dessus ; vous les couvrirez de lard ; vous mettrez deux carottes coupées en tranches, quatre oignons aussi coupés, deux feuilles de laurier, un peu de thym ; vous y verserez plein une cuillère à pot de bouillon ; ajoutez un rond de papier beurré ; vous les ferez migeoter, feu dessus feu dessous, pendant trois heures : au moment de servir, vous les égouttez, vous les glacez, et vous mettez dessus de la chicorée ou des épinards, de l'oseille, une sauce tomate, une purée d'oignons blanche, etc. (*Voyez* l'article qui vous convient.)

Poitrine à la Sainte-Menehould.

Vous ferez cuire votre poitrine entière de la même manière que vos carbonnades, excepté que vous n'y mettrez pas de jambon; quand la poitrine sera cuite, vous en ôterez les os des côtes; vous y mettrez dessus un peu de sel, un peu de poivre; vous la tremperez dans du beurre tiède ; vous la panerez le mieux possible; ensuite vous la mettrez sur le gril à un feu doux ; avec un plumeau, vous égoutterez du beurre sur l'étendue de la poitrine; vous y semerez de la mie de pain; vous aurez un four de campagne bien chaud pour faire prendre couleur à votre poitrine; quand elle sera bien blonde, vous la mettrez sur le plat avec un jus clair dessous.

Poitrine de Mouton aux petites racines.

Vous préparez et faites cuire votre poitrine comme celle dite en carbonnade; quand vos morceaux sont cuits, au moment de servir, vous les égouttez, vous les glacez; vous les dressez en couronnes, et vous mettez dans le milieu un ragoût de petites racines; (*Voyez* petites Racines.) si vous n'avez pas de sauce pour vos petites racines, vous ferez un roux léger; vous l'arroserez avec le mouillement dans lequel aura cuit votre poitrine, et vous y mettrez vos petites racines tournées.

Selle de Mouton braisée.

Vous avez la moitié d'une selle qui est depuis la première côte jusqu'au gigot; vous la désossez; vous l'assaisonnez de sel, de poivre dans l'intérieur; vous la roulez de manière qu'elle présente un carré long; vous la ficelez; vous mettez dans une casserole des bardes de lard; vous y mettez votre selle, trois carottes, quatre oignons, deux clous de girofle, une feuille de laurier, un peu de thym, un bouquet de persil et ciboules; vous couvrez votre selle de bardes de lard; vous mettez les parures de votre selle; ajoutez une cuillère à pot de bouillon, un rond de papier beurré; vous mettez votre selle au feu deux heures et demie, feu dessus et dessous; au moment de servir, vous l'égouttez, vous la déficelez; vous enlevez la peau de dessus; vous la glacez; vous servez dessous ce que vous voulez, comme chicorée, épinards, une purée de cardes, une purée de champignons; vous pouvez y mettre des laitues à l'entour, une sauce dessous, des oignons glacés, ou bien la servir à l'anglaise, c'est à dire, quand vous aurez ôté la peau, au lieu de la glacer, vous y semerez du persil bien fin, et un jus clair dessous.

Selle de Mouton panée à l'anglaise.

Vous préparerez votre selle, et vous la ferez cuire comme celle dite braisée; quand elle sera cuite, vous l'assaisonnerez de sel, de gros poivre; vous la tremperez dans le beurre; vous la mettrez dans de la mie de pain; vous ferez tiédir du beurre gros comme la moitié d'un œuf; vous casserez trois œufs que vous mêlerez avec votre beurre; vous mettrez un peu de sel; vous tremperez votre selle dans vos œufs, et vous en mettrez partout ; vous la poserez dans votre mie de pain ; vous faites prendre une belle forme à votre selle ; trois quarts-d'heure avant de servir, vous la mettrez sur le gril, et un four de campagne bien chaud par-dessus, pour lui faire prendre couleur ; au moment de servir, vous la dresserez sur votre plat ; vous mettrez un jus clair dessous ; si votre selle était froide, vous auriez plus de facilité pour la paner.

Selle de Mouton pour relevé.

Vous coupez le mouton dans son entier depuis le défaut de l'épaule jusqu'au gigot ; vous désossez les côtes jusqu'à l'épine ; il faut que votre selle soit parfaitement bien couverte de sa graisse et de sa peau ; vous assaisonnez l'intérieur de sel, de gros poivre et d'aromates pilés ; vous y mettez les chairs d'un gigot, sans y laisser les peaux, pour la remplir ; vous donnerez la forme première à votre selle en roulant chaque côté des flancs de votre selle, et en renfermant les chairs qui sont dans l'intérieur, de manière que votre selle soit arrondie bien également ; vous la ficelez pour qu'elle ne perde pas sa belle forme ; vous mettez des bardes de lard dans le fond de votre braisière ; vous y placez votre selle ; si vous voulez, vous la faites cuire dans une poêle pour qu'elle soit bien blanche, ou bien vous y mettez les os de votre gigot et de vos côtes, six carottes, six oignons, trois clous de girofle, quatre feuilles de laurier, un peu de thym, un fort bouquet de persil et ciboules ; vous la mouillez avec du bouillon, ou de l'eau si vous n'en avez pas, alors vous mettez du sel ; vous couvrirez votre selle de bardes de lard et d'un papier beurré ; vous la ferez

inigéoter pendant cinq heures, feu dessus et dessous;
au moment de servir, vous l'égoutterez, vous la déficellerez, vous ôterez la peau de dessus; ayez soin
que le gras soit à nu; vous y mettrez du persil haché
bien fin, un jus clair dessous, ou vous la glacerez;
vous mettrez, si vous voulez, à l'entour des oignons
glacés ou des navets, des grosses carottes, des pommes
de terre, ou une sauce tomate. (*Voyez* l'article que
vous préférerez.

Selle de Mouton à l'Anglaise.

Vous aurez une selle comme la précédente, que
vous désosserez, garnirez, assaisonnerez, ficellerez, et
que vous ferez cuire de même que la précédente :
il faut qu'elle soit cuite la veille. Pour pouvoir la
paner plus facilement, vous enlevez la peau de
dessus; vous la parez; vous l'assaisonnez de sel, de
gros poivre; vous la beurrez avec un pinceau de
plumes; vous la panez; vous la laissez refroidir; vous
mettez tiédir un quarteron de beurre dans un vase;
vous y cassez dix œufs que vous assaisonnez de sel
et de gros poivre; vous les battez avec votre beurre;
vous en barbouillez votre selle partout, et vous la
panez toute entière; quand elle est panée, vous faites
tiédir du beurre; vous trempez votre pinceau dedans,
et vous l'égouttez sur votre selle, de manière que le
dessus en reçoive seulement des gouttes; vous semez
de la mie de pain, de façon que le dessus en soit
bien garni; une heure avant de servir, vous mettrez
prendre couleur votre selle sur un plafond dans un
grand four; qu'il ne soit pas trop chaud, pour que
votre selle ait belle couleur : au moment de servir,
et qu'elle soit bien chaude; vous glissez un cou-

vercle de casserole sous votre selle, et vous la posez
sur le plat; vous mettez un jus clair dessous.

Gigot de Mouton de sept heures.

Vous avez un gigot de mouton que vous désossez
jusqu'à la moitié du manche; vous l'assaisonnez
de lardons, de sel, de gros poivre, de thym et
de laurier pilés, et vous piquez le dedans de votre
gigot : ne faites pas sortir vos lardons par-dessus;
quand il est bien piqué, vous lui faites prendre sa
forme première; vous le ficelez de manière qu'on
ne s'aperçoive pas qu'on l'ait désossé; vous mettez ensuite des bardes de lard dans le fond de votre
braisière, quelques tranches de jambon, les os concassés, quelques tranches de mouton, quatre carottes,
six oignons, trois feuilles de laurier, un peu de thym,
trois clous de girofle, un bouquet de persil et ciboules,
plein une cuillère à pot de bouillon; vous mettez
tout cela dessus votre gigot, que vous couvrez de
lard, et un papier beurré pour le recouvrir; vous
mettrez votre gigot cuire pendant sept heures s'il
est fort, et vous le ferez aller à petit feu; vous
en mettrez aussi sur le couvercle de la braisière : au
moment de servir, vous l'égoutterez, vous le déficellerez, vous le glacerez, et vous le servirez avec le
mouillement réduit dans lequel il aura cuit.

Gigot de Mouton à l'eau.

Ayez un gigot de mouton bien entier; vous en
désossez le casis jusqu'à l'os de la cuisse; vous piquez
l'intérieur de votre gigot avec des gros lardons assaisonnés de sel, poivre et quatre épices; vous aurez
soin qu'ils ne ressortent pas par-dessus, c'est à dire
qu'il y ait un côté qui ne soit point touché par le

lardoire; vous le ficellerez; vous mettrez quelques bardes de lard par-dessus, quatre carottes, six oignons, dont un piqué de quatre clous de girofle, quatre feuilles de laurier, un peu de thym; vous mouillerez votre gigot avec de l'eau; vous y mettrez du sel; il faut qu'il baigne dans l'eau; vous le ferez bouillir pendant trois heures : au moment de servir, vous le déficelez; vous le servez avec un peu de mouillement dans lequel il a cuit, et que vous passez à l'étamine; ayez soin de goûter s'il est d'un bon sel et d'un bon goût : vous pouvez servir à l'entour des pommes de terre tournées et cuites à blanc avec le gigot; on peut aussi servir une sauce tomate.

Gigot à la bourgeoise.

Vous avez un gigot que vous préparez comme celui dit à l'eau; vous le mettez dans une braisière; vous y mettez douze carottes, douze oignons, deux feuilles de laurier, deux clous de girofle, douze pommes de terre, un bouquet de persil et ciboules, plein une cuillère à pot de bouillon ou d'eau; alors vous y ajouterez du sel, une livre de petit lard que vous coupez en six morceaux; vous en ôtez le dessus et le dessous; vous le ferez migeoter pendant trois heures et demie, en le retournant de tems en tems; ayez soin que le feu aille toujours : au moment de servir, vous déficelez votre gigot; vous le dressez sur le plat avec vos légumes à l'entour : si votre mouillement est trop long, vous le ferez réduire et vous le mettrez sous votre gigot; tâchez qu'il ait belle couleur, ou bien il faut le glacer.

Emincé de Gigot à la chicorée.

Quand votre gigot est cuit à la broche et qu'il est froid, vous enlevez les chairs que vous émincez;

vous les déposez dans une casserole ; vous faites blanchir des cœurs de chicorée ; (*Voyez* la manière de
faire blanchir la chicorée.) quand elle est bien pressée,
et que l'eau en est bien sortie, vous la hachez; vous
la passez avec un morceau de beurre ; ensuite vous y
mettez plein trois cuillères à dégraisser de sauce espagnole, et trois ou quatre de consommé, un peu de
gros poivre, un peu de sel; vous faites réduire votre
chicorée ; quand vous verrez qu'elle est un peu épaisse,
vous la verserez sur votre émincé ; vous mêlerez le
tout ensemble, et vous le tiendrez chaud sans le faire
bouillir : au moment de servir, vous le dresserez en
buisson ; vous mettrez des croûtons taillés en bouchons et frits dans le beurre à l'entour ; vous verserez un peu de sauce espagnole par-dessus, mais fort
peu : si vous n'avez pas de sauce pour votre chicorée, vous la passerez dans le beurre ; vous y mettrez
un peu de sel, un peu de gros poivre; quand elle
sera bien revenue, vous verserez dessus plein une
cuillère à bouche de farine que vous mêlerez bien
avec votre chicorée; vous la mouillerez avec du
bouillon ; si elle était trop claire, vous la feriez réduire, mais il faut qu'elle soit plus liquide que pour
un entremets ; vous la versez sur votre émincé :
voyez si elle est de bon sel.

Emincé de gigot de Mouton aux oignons.

Vous émincez la chair de votre gigot comme précédemment ; vous coupez douze gros oignons par moitié ;
vous en ôterez la tête et la queue ; vous les couperez par tranches formant demi - cercle ; vous en
ôterez le cœur ; vous mettrez deux fois gros comme
un œuf de beurre ; vous passerez vos oignons sur
un feu un peu ardent; quand vos oignons seront blonds,

vous y mettrez plein trois cuillères à dégraisser d'espagnole ; (*Voyez* Sauce espagnole.) vous y verserez plein trois cuillères de consommé, un peu de gros poivre, un peu de sel ; vous ferez réduire votre oignon jusqu'à ce qu'il soit un peu épais ; vous le verserez sur votre émincé ; vous le sauterez pour qu'il se mêle avec votre oignon : vous le tiendrez chaud sans le faire bouillir ; vous le dresserez au moment de servir, et vous mettrez des croûtons comme ceux précédens : si vous n'avez pas de sauce, vous mettrez plein une demi-cuillère à bouche de farine que vous mêlerez avec votre beurre et votre oignon ; vous mouillerez avec du bouillon ou de l'eau ; vous y mettrez du sel, un peu de gros poivre ; quand vous serez près de mettre votre oignon avec votre émincé, vous y verserez un filet de vinaigre.

Emincé de Mouton aux concombres.

Vous émincez la chair de votre gigot comme ci-dessus; vous y mettez des concombres que vous coupez en rond de la grandeur d'un petit écu, épais de huit lignes ; vous les mettez dans un linge ; vous les pressez pour en faire sortir l'eau ; vous mettez un bon morceau de beurre dans une casserole que vous posez sur un fourneau bien ardent; quand votre beurre est chaud, vous mettez vos concombres que vous sautez à tout moment, afin qu'ils prennent couleur : quand ils sont d'une couleur blonde, vous les égouttez ; vous mettez trois cuillères à dégraisser d'espagnole ; (*Voyez* Espagnole travaillée.) vous mêlez vos concombres dedans; vous les faites réduire; quand ils sont un peu épais, vous les mettez sur votre émincé avec un peu de sel, de gros poivre, de muscade rapée; vous le tenez chaud : au moment de servir, vous dressez votre émincé sur votre plat; vous y mettez des croûtons à l'entour comme aux précédens : si vous n'avez pas de sauce, vous laissez un peu de beurre avec vos concombres; vous y mettrez presqu'une cuillère à bouche de farine que vous remuez avec eux; vous les mouillez avec du bouillon, du sel, du gros poivre, un filet de vinaigre; quand vos concombres sont assez réduits, vous les mettez avec votre émincé.

Emincé de Mouton aux cornichons au beurre d'anchois.

Vous émincez votre chair comme dans les émincés précédens; vous faites réduire plein six cuillères à dégraisser d'espagnole; quand elle est réduite au tiers, c'est à dire qu'il reste deux tiers de sauce, vous y mettez gros comme la moitié d'un œuf de beurre d'anchois; vous remuez votre sauce pour que votre beurre fonde; vous la versez sur votre émincé, que vous tenez chaud sans le faire bouillir; vous y mettez huit ou dix cornichons, que vous coupez en liard, et que vous mêlez avec votre émincé : au moment de servir, vous le dressez sur le plat avec des croûtons à l'entour, comme il est dit dans les précédens : si vous n'avez point de sauce, vous faites un petit roux, que vous mouillez avec quelque fond de cuisson ou du bouillon; quand votre sauce est bien réduite, vous y mettez du sel, du gros poivre; lorsqu'elle est à son point, vous y mettez votre beurre d'anchois, vos cornichons, et vous versez votre sauce sur votre émincé; vous tenez votre émincé chaud sans qu'il bouille : au moment de servir, vous le sautez bien dans votre casserole, de crainte que le beurre ne tourne en huile; vous le dressez sur votre plat, et vous mettez des croûtons à l'entour.

Hachis de Mouton aux œufs pochés.

Vous mettez un gigot de mouton à la broche ; quand il est froid, vous enlevez des chairs ce qu'il faut pour votre hachis ; vous en ôtez les nerfs et les peaux ; vous hachez votre viande bien fine ; vous la mettez dans une casserole ; vous aurez plein quatre cuillères d'espagnole réduite, que vous ferez encore réduire d'un quart ; vous la verserez sur votre hachis ; vous y mêlerez votre sauce ; vous le tiendrez chaud seulement : au moment de servir, vous le versez sur le plat ; vous y mettez des croûtons en bouchons à l'entour ; servez des œufs pochés dessus. (*Voyez* Œufs pochés.)

Hachis de Mouton aux fines herbes.

Vous préparez votre hachis comme il est dit précédemment ; vous mettez un morceau de beurre deux fois gros comme un œuf, plein une cuillère à bouche d'échalotes bien hachées ; vous les passerez dans votre beurre sans les laisser roussir ; vous y mettrez quatre cuillères à bouche de champignons hachés bien fins ; vous les passerez avec vos échalotes ; après cela vous y mettrez une cuillère à bouche de persil aussi bien haché ; vous remuerez encore le tout sur le feu : si vous n'avez pas de sauce, vous y mettrez plein une cuillère à bouche de farine ; vous la mêlez bien avec vos fines herbes ; vous versez ensuite plein deux verres de bouillon : en cas que votre sauce soit trop claire, vous la ferez réduire jusqu'à ce qu'elle soit un peu épaisse ; vous la versez sur votre hachis ; vous y mettez un peu de gros poivre, un peu de muscade râpée ; vous mêlez bien votre sauce avec votre viande hachée : au moment de servir, voyez s'il est d'un bon sel, et mettez des croûtons à l'entour.

Hachis à la bourgeoise.

S'il vous reste du gigot rôti, vous en levez les chairs ; vous en ôtez les nerfs et les peaux ; vous hachez votre viande ; vous la mettez dans une casserole ; vous coupez six oignons en dés ; vous mettez un quarteron de beurre dans votre casserole ; vous y joignez vos oignons ; vous les faites frire dans votre beurre jusqu'à ce qu'ils soient blonds ; vous y mettez plein une cuillère à bouche de farine ; vous la remuez un instant sur le feu avec vos oignons ; vous versez plein deux verres de bouillon ; vous y mettez un peu de gros poivre ; si vous n'avez pas de bouillon, vous mouillez vos oignons avec de l'eau et du sel ; vous faites réduire votre sauce jusqu'à ce qu'elle soit un peu épaisse ; vous la mettez sur votre hachis ; vous y rapez un peu de muscade ; vous mêlez votre sauce avec votre viande ; vous la tenez chaude sans la faire bouillir : avant de le servir, voyez s'il est d'un bon sel.

Hachis aux champignons.

Quand votre viande sera hachée comme il est dit ci-dessus, vous hacherez bien fin une vingtaine de champignons ; ensuite vous les presserez dans un linge ; vous mettrez un quarteron de beurre dans une casserole et vos champignons ; vous les passerez sur le feu jusqu'à ce que le beurre tourne en huile ; alors vous y mettrez plein quatre cuillères à dégraisser d'espagnole réduite et trois cuillerées de consommé ; vous ferez réduire votre sauce à moitié ; vous la verserez sur votre viande, et vous la mêlerez; vous tenez votre hachis chaud sans bouillir : si vous n'avez pas de sauce, vous mettez plein une cuillère à bouche de farine, que vous remuez un instant sur le feu avec vos champignons : vous y mettez aussi trois verres de bouillon, un peu de sel, un peu de gros poivre, une feuille de laurier ; vous faites réduire le tout à moitié ; vous versez votre sauce sur votre viande : voyez si votre hachis est d'un bon sel ; vous le servez avec des croûtons à l'entour ; vous pouvez aussi servir des œufs pochés par-dessus. (*Voyez* Œufs pochés.)

Queues de Mouton braisées.

Ayez sept queues de mouton, toutes de la même grosseur et de la même longueur ; vous mettez dans une casserole des bardes de lard, quelques tranches de mouton, quatre carottes, quatre oignons, dont un piqué de deux clous de girofle, deux feuilles de laurier, un peu de thym ; vous couvrez vos queues de bardes de lard ; vous mettez plein une cuillère à pot de bouillon ; vous les faites migeoter pendant quatre heures : au moment de servir, vous les sortez soigneusement de votre braise ; vous les égouttez ; vous les glacez ; vous servez dessus une espagnole réduite. (*Voyez* Espagnole réduite.)

Queues de Mouton à la purée d'oseille.

Vous préparez vos queues et les faites cuire comme celles dites braisées : au moment de servir, vous les égouttez, vous les glacez, et vous les mettez sur une purée d'oseille. (*Voyez* Purée d'oseille.)

Queues de Mouton à la chicorée.

Vous préparez et faites cuire vos queues comme

celles dites braisées : au moment de servir , vous les égouttez ; vous les glacez ; vous les mettez sur de la chicorée : (*Voyez* Chicorée.) si vous n'avez pas de sauce pour faire cuire votre chicorée , vous mettez un morceau de beurre dans une casserole ; vous hachez votre chicorée ; vous la mettez avec votre beurre ; vous la passez sur le feu pendant dix minutes ; vous y mettez une bonne pincée de farine , que vous mêlez avec votre chicorée ; vous passez du fond dans lequel ont cuit vos queues ; vous en ôtez la graisse , et mouillez avec cela votre chicorée ; vous y mettez un peu de gros poivre ; vous faites réduire votre chicorée jusqu'à ce qu'elle soit épaisse : assurez-vous si elle est d'un bon sel ; vous la mettez sur le plat et vos queues glacées dessus.

Queues de Mouton aux purées.

Vous préparez et faites cuire vos queues comme celles dites à la braise : au moment de servir, vous les égouttez et les dressez sur le plat ; vous les masquez d'une purée de lentilles , de pois verts , de haricots , ou d'une sauce tomate : (*Voyez* l'article que vous voulez.) si vous n'avez ni viande ni lard pour cuire vos queues, vous les faites cuire avec l'assaisonnement expliqué pour la braise ; vous leur donnerez un bon sel : on peut servir ces queues en terrine ; au lieu de sept , il en faut douze.

Queues de Mouton pannées à l'anglaise.

Vous préparez et faites cuire vos queues de mouton comme celles dites à la braise ; quand elles sont cuites, vous les égouttez , les assaisonnez de sel , de gros poivre ; vous faites tiédir un morceau de

beurre ; vous trempez vos queues dedans; vous les
mettez dans la mie de pain ; vous cassez quatre œufs
que vous mettez avec votre beurre ; vous battez le
tout ensemble ; vous trempez vos queues dedans vos
œufs : tâchez que la queue en prenne partout ; vous la
mettez dans la mie de pain de manière que vos queues
soient exactement panées., bien unies, et qu'elles
aient bien leur forme : une demi - heure avant de
servir, vous les mettrez sur le gril à un feu très-doux ;
vous les couvrirez d'un four de campagne très-chaud
pour leur faire prendre couleur : au moment de servir, vous les dressez sur le plat ; vous mettez un
jus clair dessous.

Ragoût de queues de Mouton.

Quand vos queues seront cuites comme celles dites
à la braise, vous aurez soin de les conserver un peu
fermes pour qu'elles ne se cassent pas dans votre
ragoût; vous les couperez en deux ; vous les mettrez
dans une casserole avec des ris de veau ; sautez deux
culs d'artichauts coupés en quatre, ou bien des marrons, quelques quenelles de veau ; vous tournerez un
maniveau de champignons, que vous sauterez dans
le beurre ; vous les égoutterez ; vous mettrez avec
vos champignons plein une cuillère à pot d'espagnole,
la moitié d'une de consommé; vous ferez réduire
votre sauce d'un tiers ; vous la verserez sur votre
ragoût ; si vous n'avez pas de sauce, vous mettrez
avec vos champignons plein deux cuillères à bouche
de farine ; vous le mouillerez avec du bouillon, et
vous y mettrez un peu de jus pour donner couleur.; vous la ferez réduire jusqu'à ce qu'elle soit
assez liée pour la mettre avec votre ragoût; vous

pouvez le servir dans une terrine, dans une casse-role d'argent, ou dans un pâté chaud.

Côtelettes de Mouton sautées.

Vous coupez vos côtelettes depuis la troisième côte près du collet jusqu'à la dernière, de l'épaisseur d'un pouce; vous les parez, c'est à dire vous en ôtez les peaux et les os, excepté l'os de la côte; vous lui donnez une forme ronde du côté du filet, d'où vous avez ôté les os jusqu'au bout de la côte du filet; vous appropriez le bout de l'os du côté de la poitrine afin qu'on puisse prendre la côtelette avec les doigts sans toucher à la viande; vous battez le filet de votre côtelette avec un couperet; vous la parez encore une fois pour ôter les chairs qui excèdent les autres; vous les mettez dans votre sautoir; vous les assai-sonnez; vous versez du beurre tiède dessus; au mo-ment de servir, vous mettez votre sautoir sur un feu ardent; vous laissez roidir vos côtelettes d'un côté, vous les retournez de l'autre; cinq minutes suffisent pour les cuire; vous mettez le doigt dessus : si vos côtelettes sont fermes, retirez-les du feu; vous les dres-serez en couronnes; vous pouvez, un instant avant qu'elles soient cuites, mettre de la glace avec vos côtelettes; vous mettrez dessous une sauce liée dans laquelle vous mettrez un morceau de glace; vous pouvez servir dessous un jus clair, et dans le mi-lieu de vos côtelettes des petites racines tournées. (*Voyez* petites Racines tournées.)

Côtelettes de Mouton grillées panées.

Vous parez vos côtelettes comme celles dites sau-tées; vous faites tiédir un morceau de beurre; vous les mettez dedans, après les avoir assaisonnées de

sel, de gros poivre; quand elles ont du beurre partout, vous les mettez dans la mie de pain; vous
avez soin qu'elles en prennent exactement; vous les
mettez sur la table; vous leur donnez une forme
agréable; vous les déposez sur un couvercle de casserole en y semant de la mie de pain dessus et dessous: un quart-d'heure avant de servir, vous les
mettez sur le gril sur un feu un peu chaud; prenez
garde que vos côtelettes cuisent trop, et que votre
mie de pain ne brûle; vous les dressez en couronnes;
vous mettez un jus clair dessous.

Côtelettes aux concombres.

Vous coupez vos côtelettes un peu épaisses, pour
qu'elles ne soient pas trop minces après les avoir
battues; vous les piquez de moyens lardons assaisonnés de sel, poivre, un peu d'épices; vous mettez
un morceau de beurre fondre dans une casserole;
vous mettez vos côtelettes roidir dedans; vous les
achevez de parer; vous mettez des bardes de lard
dans une casserole, quelques tranches de veau, deux
carottes coupées en tranches, trois oignons, deux
clous de girofle, une feuille de laurier, un peu de
thym; vous placez vos côtelettes sur cet assaisou-
nement; vous les couvrez de lard; vous versez plein
une cuillère à pot de bouillon; vous faites migeoter
pendant deux heures vos côtelettes: au moment de
servir, vous les égouttez, les glacez, et les dressez en
couronnes sur le plat; vous mettez dans le milieu
des concombres à la crème, ou d'autres; vous pouvez
les mettre à nu dans la casserole où vous les avez
fait roidir; vous les mouillerez avec un peu de gelée,
ou bien vous y mettrez l'assaisonnement dit, comme

carottes, oignons, etc.; vous les mouillez avec du
bouillon.

Côtelettes à la Soubise.

Vous couperez vos côtelettes; vous les parerez,
et les ferez cuire comme celles dites aux concombres:
au moment de servir, vous les égoutterez, les glacerez, les dresserez en couronnes, et vous mettrez
dans le milieu une purée d'oignons blanche. (*Voyez*
Purée d'Oignons blanche.)

Côtelettes aux navets.

Vous couperez et parerez vos côtelettes, et vous
les ferez cuire comme celles dites aux concombres;
vous les couvrirez de tranches de navets et de bardes
de lard; vous les ferez migeoter pendant deux heures;
au moment de servir, vous les égouttez, les glacez et
les dressez en couronnes sur le plat; vous placerez
dans le milieu vos navets. (*Voyez* Ragoût de Navets pour entrée.)

Côtelettes aux petites racines.

Vous couperez vos côtelettes; vous les parerez,
et les ferez cuire de même que celles dites aux navets; vous les couvrirez de tranches de carottes:
au moment de servir, vous les égouttez, les glacez,
et vous les dressez en couronnes; vous mettez les petites
carottes dans le milieu. (*Voyez* petites Racines pour
entrée.) Si vous n'avez pas de sauce pour vos petites racines, vous ferez un roux léger que vous
arroserez avec le mouillement dans lequel vos côtelettes ont cuit; vous y mettrez vos racines avec
un petit morceau de sucre; vous les ferez réduire.

Côtelettes aux laitues.

Coupez vos côtelettes, parez-les, et faites-les cuire comme celles dites aux concombres : au moment de servir, vous les égouttez, les glacez, et les dressez en couronnes, une laitue entre chaque, c'est à dire une côtelette, une laitue glacée, ainsi de suite, jusqu'à ce que votre couronne soit formée ; vous mettrez une espagnole réduite pour sauce. (*Voyez* Espagnole, et *voyez* Laitues pour entrée.)

Côtelettes à l'écarlate.

Coupez vos côtelettes ; parez-les comme les précédentes ; vous les piquez d'un lardon de langue à l'écarlate, d'un lardon de lard, c'est à dire plusieurs lardons dans la même côtelette, moitié l'un, moitié l'autre ; ayez soin que vos lardons soient assaisonnés de sel, poivre, épices ; quand vos côtelettes sont bien piquées, vous mettez des bardes de lard dans une casserole, quelques tranches de veau ; vous les placez dessus ; deux carottes, deux oignons, deux clous de girofle, une feuille de laurier, un peu de thym ; vous couvrez vos côtelettes de bardes de lard, un rond de papier beurré, plein une petite cuillère à pot de bouillon ; vous les ferez migeoter pendant deux heures, feu dessus et dessous : au moment de servir, égouttez-les, glacez-les, et dressez-les en couronnes, en mettant un morceau de langue à l'écarlate glacée entre chaque côtelette ; vous coupez vos morceaux de langue comme un croûton de salmi ; il faut que votre morceau de langue soit chaud, et qu'il couvre la chair de votre côtelette ; vous emploierez pour sauce une espagnole réduite. (*Voyez* Sauce espagnole réduite.)

Carbonnades aux concombres.

Depuis la dernière côtelette jusqu'au gigot, reste la selle ; vous la coupez en morceaux de quatre doigts ; vous ôtez les os qui se trouvent sous le filet ; vous assaisonnez de sel et de gros poivre le dessous de votre carbonnade ; vous la ficelez de manière qu'elle ait une forme carré-long ; vous mettrez des bardes de lard dans le fond de votre casserole, quelques tranches de veau ; vous placerez vos carbonnades par-dessus ; mettez deux carottes, deux oignons, une feuille de laurier, un peu de thym ; vous les couvrirez de bardes de lard et d'un rond de papier beurré, plein une petite cuillère à pot de bouillon ; vous les ferez migeoter pendant deux heures et de-mie : au moment de servir, vous les égouttez ; vous enlevez la première peau de dessus ; vous les glacez, et vous mettez des concombres à la crême sur le plat et vos carbonnades par-dessus. (*Voyez* Con-combres à la crême.)

Carbonnades à la Jardinière.

Préparez et faites cuire vos carbonnades comme les précédentes ; au moment de servir, vous les égoul-tez ; vous enlevez la peau qui couvre la graisse ; glacez-les, et dressez-les à l'entour du plat : une laitue glacée, une carbonnade, ainsi de suite ; vous mettez dans le milieu des petites racines tournées en bâtons. (*Voyez* petites Racines, et *voyez* Laitues pour en-trée.) Si vous n'avez pas de sauce pour vos petites racines, vous ferez un roux léger que vous arroserez avec le mouillement dans lequel ont cuit vos carbon-nades, et vous mettrez vos racines tournées dedans avec un petit morceau de sucre.

Carbonnades à la purée de champignons.

Vous préparez et faites cuire vos carbonnades comme celles dites aux concombres : au moment de servir, vous les égouttez ; vous ôtez la première peau qui se trouve dessus ; vous les glacez et vous les mettez sur une purée de champignons. (*Voyez* Purée de champignons.)

Carbonnade panée à l'Anglaise.

Vous préparez et vous faites cuire vos carbonnades comme les précédentes ; quand elles sont cuites, vous les égouttez ; vous les poudrez de sel fin, de poivre ; vous les trempez dans du beurre tiède ; vous les mettez dans la mie de pain : quand elles sont panées, vous les laissez refroidir ; vous cassez quatre œufs ; que vous mêlez dans le beurre restant ; vous y trempez vos carbonnades, et vous les mettez ensuite dans la mie de pain : il faut bien faire attention qu'il y en ait partout ; vous les mettez sur un couvercle de casserole ; vous les arrosez de beurre tiède avec un pinceau de plumes ; vous y semez de la mie de pain ; vous soufflez le dessus pour qu'il n'y en ait pas trop : une demi-heure avant de servir, vous les mettez sur le gril sur un feu doux ; vous les couvrez avec un four de campagne bien chaud pour leur faire prendre couleur par-dessus : au moment de servir, vous les dressez sur le plat ; vous mettez un jus clair dessous ; vous pouvez y verser une sauce tomate.

Pieds de Mouton au blanc.

Ayez des pieds de mouton échaudés ; vous les dé-sossez jusqu'à la jointure : faites-les blanchir ; rafraî-chissez-les ; vous les flambez ; vous ôtez le saut de

mouton qui se trouve dans le fourchu des pieds, qui
est un petit amas de poils ; vous les essuyez bien,
et vous les mettez cuire dans un blanc ; (*Voyez*
Blanc.) vous les laisserez migeoter sur le feu pendant quatre heures : tâtez-les pour voir s'ils sont cuits ;
si la chair fléchit sous les doigts, vous les retirez
pour les égoutter ; parez les extrémités, de sorte que
vos pieds soient bien entiers et bien propres : vous
les mettez dans une casserole ; vous versez plein six
cuillères à dégraisser de velouté, quatre de consommé ; vous le faites réduire presqu'à moitié : un
instant avant de servir, vous mettez une liaison de deux
jaunes d'œufs dans votre sauce avec un peu de muscade ; quand elle est liée, vous la passez à l'étamine
par-dessus vos pieds ; vous les tenez chaudement sans
les faire bouillir ; vous y mettrez un peu de gros
poivre : si vous n'avez pas de velouté, prenez gros
comme deux œufs de beurre dans une casserole, un
peu de ciboules ou d'échalotes hachées bien fines que
vous ferez revenir dans votre beurre ; joignez-y une
bonne pincée de persil haché bien fin ; vous le remuerez avec votre beurre chaud ; vous y mettrez plein
une cuillère à bouche de farine ; vous remuez le tout
ensemble ; mettez plein une petite cuillère à pot de
bouillon, un peu de gros poivre, un peu de muscade ; vous joindrez une liaison de deux œufs dans
votre sauce ; quand elle aura un peu bouilli, vous
la verserez sur vos pieds : au moment de servir,
vous y mettez un jus de citron : voyez si votre
sauce est de bon sel.

Pieds de Mouton à la purée d'oignons.

Préparez et faites cuire vos pieds de mouton comme
ceux dits au blanc ; vous en parez douze que vous

mettez dans une casserole; vous avez une purée
d'oignons chaude et un peu claire que vous versez
sur vos pieds : vous les tenez chauds sans les faire
bouillir; au moment du service, vous les dressez sur
le plat, et vous les masquez de votre purée. (*Voyez
Purée d'Oignons brune.*)

Pieds de Mouton à la Provençale.

Préparez et faites cuire vos pieds de mouton comme
ceux dits au blanc ; égouttez-les, parez-les, et posez-
les dans une casserole : vous partagez douze gros
oignons par moitié ; vous les coupez de l'épaisseur
d'une ligne, de manière que votre oignon forme un
demi-cercle; vous en ôterez la tête, la queue et le cœur,
de sorte qu'il ne reste que des demi-cercles : vous
mettrez une demi-livre d'huile dans une casserole;
vous la poserez sur un feu ardent; quand votre huile
sera bien chaude, vous y mettrez vos oignons que
vous remuerez avec un manche de cuillère de bois :
quand vos oignons seront blonds, vous les retirerez
de dessus le feu ; vous ôterez un peu d'huile; vous
mettrez du sel, du poivre, de la muscade rapée, le
jus de trois ou quatre citrons, plein deux cuillères
à bouche de bouillon : vous ferez seulement jeter
un bouillon ; vous mettrez cette sauce sur vos pieds
de mouton; vous les tiendrez chauds sans les faire
bouillir : au moment de servir, vous dressez vos
pieds de mouton sur votre plat et les masquez de vos
oignons ; si vous n'avez pas de jus de citron, mettez-
y du vinaigre.

Pieds de Mouton à la sauce tomate.

Préparez et faites cuire vos pieds de mouton comme
ceux dits au blanc ; au moment de servir, vous les

13

égouttez et les dressez chauds sur le plat; vous les masquez d'une sauce tomate. (*Voyez* Sauce tomate.)

Pieds de Mouton farcis.

Après avoir désossé vos pieds de mouton, vous les remplissez de farce à quenelle de volaille, dans laquelle vous mettez des fines herbes, un peu de sel, parce qu'en cuisant elle perdra son assaisonnement, un peu de gros poivre, un peu de muscade rapée : si vous n'avez pas de farce à quenelle, vous y mettrez du godiveau avec l'assaisonnement expliqué : vos pieds de mouton remplis, vous coudrez le bout avec une aiguille et du fil, pour que la farce n'en sorte pas ; vous les ferez blanchir ; vous les rafraîchirez ; vous les égoutterez, les essuierez ; vous les flamberez ; vous ôterez le poil qui se trouve dans la fourche du pied ; vous mettrez dans une casserole une demi-livre de lard rapé, une demi-livre de graisse de bœuf, une demi-livre de rouelle de veau coupée en dés, gros comme deux œufs de beurre, deux citrons coupés en tranches, sans y mettre de blanc, deux carottes coupées en dés, deux oignons, deux clous de girofle, deux feuilles de laurier, du thym ; vous passerez le tout ensemble sur le feu ; quand cela sera un peu revenu, vous y mettrez du sel et plein une cuillère à pot d'eau ; quand votre blanc bouillira, vous arrangerez vos douze ou quinze pieds de mouton dans une casserole, et vous verserez votre blanc par-dessus ; vous y mettrez un double rond de papier beurré, afin que vos pieds ne noircissent pas ; vous les ferez migeoter à très-petit feu pendant quatre heures ; au bout de ce tems, vous les tâterez pour voir s'ils sont cuits : au moment du service, vous les égoutterez ; vous coupez les deux extrémités ; vous ôtez le fil; vous les dressez sur le plat; vous les masquez avec un velouté réduit, dans lequel vous mettrez une liaison de deux œufs, un peu de gros poivre, un peu de muscade râpée et le jus d'un citron : voyez si votre sauce est de bon sel. On peut mettre ces pieds à différentes sauces, comme celle tomate, sauce espagnole, à la purée d'oignons, à la provençale. (*Voyez* à l'article que vous choisirez.)

Pieds de Mouton en marinade.

Préparez et faites cuire vos pieds de mouton comme ceux dits au blanc; quand ils sont cuits, égouttez-les, parez-les, et mettez-les ensuite dans une marinade : si vous n'avez pas de marinade, vous les assaisonnez avec un peu de sel, du poivre; vous les arrosez de vinaigre, de manière qu'ils en reçoivent tous : au moment de servir, vous les égouttez et les mettez dans une pâte à frire; vous les posez dans une friture chaude : faites attention qu'ils aient belle couleur; vous les égouttez; vous les dressez sur le plat; semez du persil frit dessus. (*Voyez* Marinade *et* Pâte à frire.)

Du Cochon.

Il faut éviter d'employer du cochon ladre, c'est un manger mal-sain; la chair est parsemée de marques blanches ou roses glanduleuses; la digestion s'en fait mal : c'est pour cela qu'on emploie peu de cochon dans la cuisine, et qu'à table on lui fait fort peu de fête quand on en sert.

Boudin.

Vous coupez trente ou quarante oignons en dés; vous en ôtez la tête et la queue, et vous les faites fondre en blanc en les passant sur le feu avec du sain-doux ou du beurre;.quand il est bien fondu, vous y mettez trois ou quatre livres de panne coupée aussi en dés; vous la mettez avec votre oignon; vous y joignez du persil et de la ciboule, des épices, du sel, du gros poivre, dans quatre pintes de sang; vous mettez une pinte de crême; vous mêlez le tout ensemble, de manière que votre panne ne reste pas en pelotte ; ayez des boyaux que vous aurez lavés, et vous entonnerez votre mélange dans vos boyaux; évitez qu'il y ait de l'air renfermé : quand votre boyau est plein, vous le ficelez par le bout de la grandeur que vous voulez; vous aurez un chaudron plein d'eau, dont la chaleur sera à ne pas y tenir le doigt; vous y mettrez votre boudin ; ne laissez pas bouillir l'eau, pour éviter qu'il ne crève : vous le tâtez; vous le retirez quand il commence à être ferme, et lorsqu'en le piquant il ne sort plus de sang ; ensuite vous ciselez votre boudin et le faites griller.

Boudin blanc.

Vous coupez des oignons en très-petits dés; vous les faites cuire comme les précédens; vous y mettez de la panne pilée que vous mêlez avec vos oignons; joignez-y de la mie de pain que vous avez fait desse-cher dans du lait; prenez les chairs d'une volaille cuite à la broche que vous hachez, et que vous pilez avec votre mie de pain, autant de mie de pain que de volaille et de panne; mettez-y une chopine de bonne crême; vous délayez votre volaille ; vous y mettez six jaunes d'œufs, du sel, vos épices; vous mêlez tout en-semble ; vous le versez dans vos boyaux : faites-les cuire dans du lait coupé ; vous ne le laissez pas bouillir, pour éviter que votre boudin crève : quand

il sera froid, vous le piquerez ; vous le ferez griller
sur une feuille de papier huilée que vous mettez sur
le gril sur un feu doux : vous servez ce boudin pour
hors-d'œuvre ; avec cette manière de faire du boudin,
servez-vous de lièvre, lapereaux, faisans, perdrix,
veau ou cochon.

Saucisses.

Vous prendrez la chair du cochon qui est très-peu
nerveuse ; vous mettrez une livre de lard pour une
livre de chair que vous hacherez un peu fin ;
vous y joindrez du persil, de la ciboule, un peu
d'aromates pilés et un peu d'épices, du sel, du
poivre ; mêlez bien le tout ensemble, et vous mettez
votre chair dans les boyaux : on peut y verser des
vins dedans, comme un verre de Champagne, du
Rhin, de Mader, Malvoisy, Constance ; cela tient
au goût.

Andouilles.

Vous faites nettoyer et laver les boyaux les plus
charnus du cochon ; quand ils sont bien propres,
vous les faites dégorger pendant douze heures : vous
les mettez égoutter ; vous les essuyez bien ; vous les
placez dans une terrine ; assaisonnez-les de sel, de
poivre, d'aromates pilés, d'épices ; vous les laissez
avec cet assaisonnement pendant douze heures ; vous
les mettez dans des boyaux que vous liez par le bout,
et vous les posez dans le fond du saloir : quand vous
voulez les manger, vous les faites cuire dans du bouillon, des racines, un bouquet de persil et ciboules,
un peu de thym, du laurier ; vous les laissez refroidir dans leur cuisson ; vous les ciselez et vous
les mettez sur le gril : servez-les pour hors-d'œuvre.

Hure de Cochon.

Vous désossez la tête en entier ; vous prenez des débris de chair de porc frais, gras et maigre, que vous mettez avec votre tête ; vous l'assaisonnez de sel, de poivre en grains, d'aromates pilés, des quatre épices, de persil et ciboules hachés ; ensuite laissez-la dans un vase pendant huit ou dix jours : quand elle a bien pris son assaisonnement, vous l'égouttez ; vous rassemblez tous vos morceaux en long dans votre tête, comme la langue, les filets, les morceaux de lard que vous coupez en long ; vous les arrangez de manière à ce que votre tête se trouve remplie, et reprenne sa forme première ; avec une aiguille à brider et de la ficelle vous coudrez l'ouverture par où vous l'avez désossée, et vous la ficellerez de manière qu'en cuisant elle ne se déforme pas ; vous l'envelopperez dans un linge blanc que vous ficellerez par les deux bouts ; puis vous la mettrez dans une braisière avec les os de votre tête, quelques couennes, huit ou dix carottes, dix oignons, huit feuilles de laurier, sept ou huit branches de thym, du basilic, un fort bouquet de persil et ciboules, six clous de girofle, une forte poignée de sel, et quelques débris de cochon si vous en avez, ou autre viande ; vous mouillerez votre hure avec de l'eau jusqu'à ce qu'elle baigne ; vous la ferez migeoter huit ou dix heures à petit feu ; vous la sonderez avant pour voir si elle est cuite ; et si votre lardoire a de la peine à entrer, c'est qu'elle n'est pas cuite : quand vous la retirerez de dessus le feu, vous laisserez votre hure deux heures dans son assaisonnement ; puis vous la retirerez avec un autre linge blanc ; vous la presserez avec vos deux mains, toujours en lui conservant sa forme, mais seulement pour en extraire le liquide qui y serait resté ; laissez-la refroidir dans son linge : quand elle sera bien froide, vous la développerez, vous l'approprierez, et vous la mettrez sur une serviette ployée et sur un plat ; vous aurez soin d'ôter les ficelles qui sont après. On peut aussi hacher les viandes qui sont dedans ; mais la hure est plus généralement estimée de cette manière ; les morceaux sont plus entiers, l'intérieur plus marbré.

Oreilles de Cochon.

On fait cuire les oreilles de cochon dans un assaisonnement comme celui de la hure ; quand elles sont froides, on les coupe en petits filets que l'on dépose dans une casserole ; vous coupez ensuite douze gros oignons par moitié ; vous ôtez la tête et la queue ; coupez-les en demi-cercle et passez-les dans un bon morceau de beurre : quand ils sont bien blonds, si vous n'avez pas de sauce, vous employez plein une cuillère à bouche de farine que vous remuez avec vos oignons ; vous y ajoutez un demi-verre de vinaigre, un verre de bouillon, du sel, du gros poivre ; vous laisserez jeter quelques bouillons à vos oignons ; vous les mettrez sur votre émincé d'oreilles de cochon ; vous sauterez le tout ensemble, et vous le tiendrez chaud sans le faire bouillir : au moment de servir, vous dresserez votre ragoût sur le plat, et vous y mettrez des croûtons à l'entour.

Oreilles de Cochon à la purée de lentilles.

Vous mettrez un litron de lentilles dans votre casserole ; vous y placez vos oreilles ; après les avoir bien flambées et bien nettoyées, vous mettez avec vos lentilles deux carottes, trois oignons, dont un piqué de deux clous de girofle, deux feuilles de laurier, du sel ; si vos oreilles ne sortent pas de la saumure, vous faites cuire le tout ensemble ; quand les oreilles sont cuites, vous les retirez ; vous les mettez dans une casserole avec un peu de bouillon pour les tenir chaudes ; vous mettez vos lentilles dans une étamine ; vous en ôtez le bouillon ; vous les foulez avec une cuillère de bois, et vous passez votre purée à travers l'étamine ; vous y ajoutez un peu de bouillon, si elle est trop sèche ; ensuite vous la mettez sur le feu ; vous la faite réduire, si elle est trop claire : voyez si elle est de bon sel. Au moment de servir, vous égouttez vos oreilles ; vous les dressez sur le plat ; vous les masquez de votre purée : on peut aussi les mettre à la purée de pois, de haricots, d'oignons, sauce tomate, etc. : servez-les avec vos lentilles, entières si vous voulez.

Pieds de Cochon à la Sainte-Menehould.

Vous entortillez vos moitiés de pieds de cochon avec du ruban de fil large, de manière qu'en cuisant ils ne puissent pas se défaire ; vous les mettez dans une casserole avec du thym, du laurier, des carottes, des oignons, des clous de girofle, un bouquet de persil et ciboules, un peu de saumure, une demi-bouteille de vin blanc, plein deux cuillères à pot de bouillon ou d'eau : il faut beaucoup de mouillement, parce qu'il est nécessaire qu'ils restent long-tems au feu ; vous y mettez quelques débris de viande si vous en avez ; ensuite vous les faites migeoter pendant vingt-quatre heures sans disconstinuer ; laissez-les refroidir dans leur cuisson ; vous les développez soigneusement, et vous les laissez jusqu'au lendemain. Lorsque vous voulez les apprêter, trempez-les dans du beurre tiède ; assaisonnez-les de gros poivre, et vous les mettrez dans la mie de pain ; vous leur en faites prendre le plus possible ; posez-les ensuite sur le gril à un feu doux, et vous les servirez sans sauce.

Pieds de Cochon farcis aux truffes.

Préparez vos moitiés de pieds et faites-les cuire dans le même assaisonnement que ceux dits à la Sainte-Menehould ; vous les laisserez migeoter pendant huit heures ; vous les retirerez de leur cuisson lorsqu'ils seront à moitié froids ; vous développerez vos pieds ; vous en ôterez les os ; vous ferez une farce avec des blancs de volailles cuits à la broche ; hachez et pilez de la mie de pain ; desséchez dans du bouillon, sur le feu, de la tetine de veau, autant de pain que de volaille, autant de tetine qu'il y a de pain et de volaille, le tout bien pilé : vous y mêlez trois ou quatre jaunes d'œufs, des truffes hachées, un peu des quatre épices, du sel, du gros poivre, un peu de crême : quand votre farce est finie, vous y mettez des truffes coupées en tranches ; vous employez votre farce dans l'intérieur du pied à la place des os ; vous couvrez cette farce avec de la toilette de cochon ou de veau ; vous avez soin de conserver la forme de vos pieds ; vous les trempez dans le beurre tiède, et vous les panez : un quart-d'heure et demi avant de servir, vous les mettez sur le gril à un feu doux ; ayez attention qu'ils soient grillés des deux côtés ; vous les dressez sur le plat sans sauce ; si vous n'avez pas de volaille, vous vous servez d'autre chair, telle que veau, lapereau, faisan, etc.

Foie de Cochon en fromage.

Sur trois livres de foie vous mettez deux livres
de lard, une demi-livre de panne ; vous hachez le
tout ensemble ; vous y ajoutez du persil et de la
ciboule hachés, du sel, du poivre, des aromates pilés, des quatre épices : quand le tout est bien haché,
vous étendez une toilette de cochon dans votre casserole, ou des bardes de lard bien minces, de manière que votre foie ne tienne pas après la casserole ;
mettez-y épais de trois doigts de votre farce et des
lardons assaisonnés ; vous remettez de la farce épais
encore de trois doigts, puis des lardons, ainsi de
suite jusqu'à ce que votre casserole ou votre moule
soit plein ; vous le couvrirez de bardes de lard, et
vous le mettrez au four ; trois heures suffisent pour
le cuire : laissez-le refroidir dans votre moule pour
le retirer ; vous le ferez chauffer ; après qu'il en est
sorti, vous pouvez le décorer de sain - doux et de
gelée.

Côtelettes de Cochon.

Coupez et parez vos côtelettes de cochon comme
si c'était des côtelettes de veau ; vous laissez un
demi-pouce de gras dessus ; applatissez-les pour leur
donner une belle forme ; vous les faites griller, et
vous servez dessous une sauce Robert, une sauce
tomate, ou une sauce aux cornichons. (*Voyez* la sauce
que vous préférez.)

Echine de Cochon.

Vous coupez votre morceau bien carrément ; vous
laissez partout l'épaisseur d'un doigt de graisse ; votre
carré doit être bien couvert ; vous ciselez le dessus,

c'est à dire le gras qui le couvre ; vous l'embrochez deux heures : avant de servir, vous le mettez au feu : servez-le pour rôt ou pour entrée, avec une sauce Robert, une sauce tomate ou une sauce piquante.

Grosse Pièce.

Vous coupez votre quartier de cochon jusqu'à la première côte près le rognon ; qu'il soit coupé bien carrément, couvert de sa couenne, que vous ciselez en losanges ; vous passez des petits atelets dans les flancs ; faites-les joindre jusqu'au filet pour lui conserver sa forme ; vous le mettez à la broche quatre heures avant de servir, parce que votre cuisse est fort épaisse, et que le cochon demande à être bien cuit.

Filet mignon.

Vous levez vos filets mignons dans toute leur longueur ; parez-les, piquez-les de lard fin ; (*Voyez* la manière de piquer.) vous les laissez en long, ou vous les mettez en gimblettes, c'est à dire vous leur donnez une forme ronde, et les piquez par-dessus ; mettez des bardes de lard dans une casserole, quelques tranches de veau, deux carottes, trois oignons, deux clous de girofle, un bouquet de persil et de ciboules, deux feuilles de laurier, et vos filets dessus l'assaisonnement ; vous les couvrirez ensuite d'un double rond de papier beurré ; vous mettez plein une petite cuillère à pot de bouillon ; vous les posez sur le feu une heure avant de servir ; vous mettez du feu sur le couvercle pour les faire glacer : au moment de les manger, égouttez-les, glacez-les ; vous pouvez mettre dessous de la chicorée, des concombres, une purée de champignons, une sauce tomate ou une sauce piquante. (*Voyez* à l'article que vous choisirez.)

Queues de Cochon à la purée.

Vous aurez six queues de cochon auxquelles vous laisserez leur couenne; vous les couperez de huit pouces de long par le plus gros bout; vous les nettoierez et les flamberez : faites-les cuire avec vos lentilles où vous mettrez deux carottes, deux oignons, deux clous de girofle, une feuille de laurier; vous arroserez vos lentilles avec du bouillon ou de l'eau; alors vous mettrez du sel : quand vos queues seront cuites, vous les mettrez dans une casserole avec un peu de bouillon : vous passez vos lentilles à l'étamine; vous déposez votre purée dans une casserole; vous la faites réduire si elle est trop claire : au moment de servir, vous dressez vos queues de mouton sur le plat; vous les masquez avec votre purée. On peut faire cuire les queues à part, et servir des purées pour entrée, comme celles de pois, lentilles, haricots, purée de racines, d'oignons, etc.

Rognons de Cochon au vin de Champagne.

Vous émincerez vos rognons; vous mettrez un morceau de beurre dans une casserole que vous poserez sur un feu ardent; vous y mettrez votre rognon émincé, du sel, du poivre, un peu de muscade rapée, du persil et de l'échalote, le tout haché bien fin; vous sauterez votre émincé à tout moment, afin qu'il ne s'attache pas; lorsque votre rognon sera roidi, vous ajouterez plein une cuillère à bouche de farine que vous remuerez avec votre émincé; vous y verserez un verre de vin de Champagne; vous retournerez votre ragoût sans le laisser bouillir. Ce ragoût peut

se mouiller à l'eau, au bouillon, ou autre vin blanc :
voyez s'il est d'un bon sel.

Cochon de lait.

Quand votre cochon de lait est tué, ayez plein un
chaudron d'eau chaude où vous pourriez endurer le
doigt; vous y mettez votre cochon; vous le frottez
avec la main : si la soie s'en va, vous le retirez de
l'eau; vous le frottez fort; vous le retrempez un instant, et toujours vous enlevez les soies; quand il n'en
reste plus, vous le mettez dégorger pendant vingt-
quatre heures : si c'est pour le mettre à la broche,
vous le pendrez, et vous le laisserez sécher.

Cochon de lait farci.

Echaudez votre cochon; flambez-le et désossez-le
jusqu'à la tête que vous laissez entière : ayez un foie
de veau bien blond que vous hacherez; vous mettrez
une livre de lard pour une livre de foie; vous y mêlez un peu de sauge pilée, un peu des quatre épices,
un peu d'aromates pilés, du sel, du gros poivre :
quand le tout sera bien haché, vous mettrez cette
farce dans le corps de votre cochon; vous aurez de
gros lardons que vous mettrez entourés de farce dans
les membres et le long de l'échine du dos de votre
cochon : vous le remplirez bien de cette farce; cousez la peau du ventre, de manière qu'il ait sa première
forme; enveloppez-le dans un linge blanc de lessive,
et frottez-le de citron; vous mettez dans votre serviette un peu de sauge, 4 feuilles de laurier; vous couvrez le dos de lard, et vous enveloppez le tout d'un linge
blanc, dont vous ficelez les deux bouts; vous marquez
une poêle que vous mouillez avec moitié de bon vin
blanc, moitié bouillon, que vous versez par-dessus le

cochon que vous aurez mis dans une braisière : faites-le migeoter pendant trois heures et demie à petit feu, qu'il bouille à peine; quand il sera cuit, retirez-le, et laissez-le une heure dans sa cuisson; vous le sortez, et vous le pressez avec ménagement : tâchez de lui conserver sa forme; laissez-le refroidir tout à fait : vous le développez; vous l'appropriez; vous mettez une serviette sur un plat, et vous dressez votre cochon de lait dessus.

Hure de Sanglier.

Vous vous servirez, pour arranger votre hure, du même procédé que celui de la hure de cochon; vous aurez bien soin d'en griller les soies, et de bien la laver, ratisser, etc.

Côtelettes de Sanglier sautées.

Vous coupez et parez vos côtelettes de sanglier comme celles de veau; vous les mettez dans votre sautoir ou tourtière; vous les assaisonnez de sel, gros poivre : vous faites tiédir du beurre que vous versez dessus; vous les posez sur un feu ardent; quand elles sont roides d'un côté, vous les tournez de l'autre; lorsqu'elles sont fermes, vous les dressez en couronnes sur votre plat; vous mettez dans une casserole quatre cuillères à dégraisser d'espagnole, un verre de vin blanc que vous verserez dans votre sautoir. Pour détacher la glace qu'ont produit vos côtelettes, vous mettrez ce vin dans votre sauce que vous ferez réduire à moitié; vous passerez votre sauce à l'étamine, et vous la verserez sur vos côtelettes : si vous n'en avez pas, vous mettrez une cuillère à bouche de farine que vous mêlerez dans votre sautoir; vous y mettrez un verre de vin blanc, du sel, du poivre, un peu des quatre épices ; vous ferez jeter deux ou trois bouillons à votre sauce que vous mettrez sur vos côtelettes.

Filet de Sanglier piqué glacé.

Vous parerez votre filet de sanglier comme un filet d'aloyau ; vous le ferez mariner pendant quarante-huit heures, et plus si vous voulez ; vous lui donnerez la forme que vous voudrez : mettez du lard dans une casserole, quelques tranches de sanglier, du thym, un peu de sauge, quatre feuilles de laurier, des carottes, des oignons ; mettez votre filet sur cet assaisonnement ; couvrez-le d'un papier beurré ; mettez un verre de vin blanc, un verre de bouillon, un peu de sel ; vous le faites cuire à feu dessus et dessous pendant deux heures : au moment de servir, vous l'égouttez et le glacez ; dressez-le sur le plat ; vous servez une sauce piquante dessous : si vous n'avez pas de sauce, vous faites un roux léger ; vous mettez le mouillement dans lequel a cuit votre filet : vous faites réduire votre sauce à moitié ; voyez si elle est d'un bon sel, et mettez-la sous votre filet.

Cuisse de Sanglier.

Vous brûlez bien les soies qui sont après votre cuisse ; vous la nettoyez le mieux possible ; vous la désossez jusqu'à la jointure du manche ; vous la piquez de gros lardons assaisonnés d'aromates pilés, un peu de sauge, des quatre épices, du sel, du gros poivre : quand elle sera bien piquée, vous y mettrez dans l'intérieur des aromates pilés ; mettez-la dans une terrine ou un baquet, avec beaucoup de sel, poivre fin, poivre en grains, du genièvre, du thym, du laurier, du basilic, des oignons coupés en tranchés, du persil en branches, de la ciboule entière ; vous laisserez mariner votre cuisse quatre ou cinq jours, si vous avez le tems de l'attendre : lorsque vous voudrez la faire cuire, vous ôterez de l'intérieur de votre cuisse les aromates qui y seront; vous l'envelopperez dans un linge blanc; vous la ficellerez comme une pièce de bœuf; vous la mettrez dans une braisière avec la saumure dans laquelle il a mariné , six bouteilles de vin blanc, autant d'eau, six carottes, six oignons, quatre clous de girofle, un fort bouquet de persil et ciboules, du sel : si vous croyez que la saumure ne suffise pas pour lui donner un bon sel , vous la ferez migeoter pendant six heures; vous la soudez pour vous assurer si elle est cuite, sinon vous la faites aller une heure de plus; après cela , vous la laisserez une demi - heure dans sa cuisson , et vous la retirerez ; vous la laisserez dans sa couenne : si vous voulez, vous la couvrirez de chapelure, ou si votre cuisse est grasse, vous ôterez la couenne; vous la laisserez à blanc; glacez-la : tâchez qu'elle ait une belle forme.

Du Cerf.

Le cerf et la biche , le faon et le daim s'emploient comme le chevreuil; mais l'on en fait peu d'usage.

Du Chevreuil.

C'est une chair noire qui porte un goût sauvage, et la plupart de son emploi est d'être mariné ; il ne se sert qu'avec des sauces très-relevées.

Filets de Chevreuil.

Vous levez les deux filets de votre chevreuil ; vous

les parez comme il est expliqué au filet de bœuf;
alors vous les piquez et les mettez dans une terrine
avec deux verres de vinaigre, du sel, du poivre
fin, quatre feuilles de laurier, six clous de girofle,
six ou huit branches de thym, quatre oignons coupés en tranches, une petite poignée de persil en
branches, quelques ciboules entières; vous les laissez
mariner quarante-huit heures, et plus si vous en
avez le tems; lorsque vous voudrez vous en servir,
vous les retirerez de votre marinade; vous aurez
soin de les approprier; vous étendrez des bardes de
lard dans une casserole, quelques tranches de chevreuil, trois carottes, trois oignons, deux clous de
girofle, deux feuilles de laurier, un peu de thym;
vous arrangerez vos filets en colimaçons, ou autrement; vous les mettrez sur votre assaisonnement;
couvrez-les d'un papier beurré; vous verserez dessus
une demi-bouteille de vin blanc, autant de bouillon,
un peu de sel; vous les ferez migeoter feu dessus
et dessous pendant une heure; au moment de servir,
vous les égoutterez; vous ôterez la ficelle ou les brochettes s'il y en a; vous les glacerez; vous les dresserez sur votre plat; servez une sauce piquante dessous; si vous n'en avez pas, vous ferez un roux
léger que vous arroserez avec le mouillement qui a
cuit vos filets; vous y mettrez un peu de jus pour
que votre sauce ait belle couleur, trois cuillères à
bouche de vinaigre, du sel, du poivre fin; vous ferez
réduire votre sauce à moitié, afin qu'elle prenne du
goût; vous pouvez mettre ces mêmes filets à la
broche, si vous ne voulez pas les braiser.

Côtelettes de Chevreuil sautées.

Coupez et parez vos côtelettes comme celles de

mouton ; vous les assaisonnez de sel, de poivre fin ;
vous les mettez dans votre sautoir ; versez-y par-
dessus du beurre tiède ; au moment de servir, vous
les mettez sur un feu ardent ; quand elles sont roidies d'un côté, vous les tournez de l'autre ; vous les
laissez un instant sur le feu ; lorsqu'elles résistent
sous le doigt, vous les retirez ; vous avez une sauce
piquante ; au moment de servir, vous égouttez vos
côtelettes ; vous les trempez dans votre sauce, et
vous les dressez en couronnes ; vous versez votre
sauce dessous ; si vous n'en avez point, vous ôtez
un peu de beurre de votre sautoir ; vous versez quatre
cuillères à bouche de vinaigre dans votre sautoir ;
vous le faites réduire ; quand il est tout à fait réduit, vous y mettez une cuillère à bouche de farine ; vous la mêlez avec votre beurre ; vous ajoutez
plein une petite cuillère à pot de bouillon, un peu de
sel, de poivre fin, un filet de vinaigre, une feuille
de laurier ; vous faites réduire un peu votre sauce ;
vous la passez à l'étamine, et vous vous en servez
pour vos côtelettes.

Quartier de Chevreuil.

Vous parez votre filet et le cuissot de chevreuil ;
vous le piquez de lard fin ; vous le mettez mariner
comme les filets de chevreuil ; il peut rester huit
jours dans la marinade ; lorsque vous voulez vous
en servir, vous le sortez de la marinade, et vous le
mettez à la broche ; deux heures suffisent pour le
faire cuire ; au moment de servir, vous ôtez les
brochettes et les ficelles qui sont après ; vous appropriez le manche que vous enveloppez d'un morceau
de papier ; vous le mettez sur un plat de rôt ; vous

servez une saucière avec une sauce piquante. (*Voyez* Sauce piquante.)

Agneau.

Les agneaux de cinq ou six mois, bien nourris, sont les meilleurs. Le printems est la saison où l'on en emploie le plus.

Tête d'Agneau.

Vous désossez votre tête d'agneau jusqu'à l'œil ; vous en ôtez la mâchoire inférieure ; coupez-la jusqu'à l'œil, faites-la dégorger et blanchir un bon quart-d'heure ; vous la rafraîchissez ; vous l'essuyez, la flambez, la couvrez d'une barde de lard ; ensuite vous la mettez cuire dans un blanc. (*Voyez* Blanc.) Deux heures suffisent pour qu'elle soit cuite ; au moment de servir, il faut l'égoutter, la déficeler ; vous la mettez sur votre plat ; on la mange au naturel, ou avec un ragoût mêlé, ou une pasqualine qui est composée du foie, du mou, des pieds, des riz, de champignons, le tout au blanc.

Oreilles d'Agneau farcies.

Vous ferez dégorger et blanchir douze oreilles d'agneaux ; vous les rafraîchirez, essuierez, flamberez, et les ferez cuire dans un petit blanc (*Voyez* Blanc.) pendant une heure et demie ; vous les égouttez ; remplissez-les d'une farce cuite ; (*Voyez* Farce cuite.) vous les tremperez dans du beurre tiède, puis dans de la mie de pain, après vous casserez quatre œufs dans le reste de votre beurre ; vous y mettrez du sel, du gros poivre ; vous battrez le tout ensemble ; trempez-y vos oreilles ; vous leur ferez prendre de l'œuf partout ; vous les mettrez dans la mie de pain, de manière qu'elles soient masquées par la mie de pain; mettez-les sur un plafond; au moment de servir, vous posez votre friture sur le feu; lorsqu'elle est chaude, vous y mettez vos oreilles; ayez attention que votre friture ne soit pas trop chaude; quand elles ont belle couleur, vous les sortez, et vous les égouttez sur un linge blanc; vous faites frire du persil; dressez vos oreilles, et mettez-le par-dessus.

Pieds d'Agneau à la poulette.

Quand vos pieds sont échaudés, vous les désossez, c'est à dire vous ôtez le gros os jusqu'à la jointure; ayez soin de ne pas couper ou déchirer la peau; vous les mettrez dégorger; vous les ferez blanchir; vous les rafraîchirez; vous les égoutterez, les essuierez et les flamberez; vous ôterez le poil qui se trouve dans la fourche du pied; vous les mettrez cuire dans un blanc : (*Voyez* Blanc.) laissez-les migeoter pendant deux heures; tâtez-les; s'ils ne sont pas assez cuits, alors faites-les bouillir une demi-heure de plus : vous les égoutterez; vous les parerez; vous les mettrez dans une casserole : versez-y plein quatre cuillères à dégraisser de velouté travaillé; (*Voyez* Velouté travaillé.) joignez-y un peu de persil haché bien fin : vous mettrez dans votre sauce une liaison d'un œuf; quand votre sauce sera liée, vous la verserez sur vos pieds d'agneau, que vous remuerez bien dans votre sauce : au moment de servir, vous y mettrez un jus de citron, un peu de gros poivre, et vous dresserez vos pieds sur votre plat : voyez s'ils sont d'un bon sel.

Pieds d'Agneau farcis.

Vous désossez vos pieds d'agneau comme les précé-

dens : avant de les faire blanchir, vous les remplissez
d'une farce de quenelle de volaille, dans laquelle vous
mettez un peu de muscade rapée, un peu de fines
herbes ; quand vos pieds sont bien remplis, vous
cousez le bout avec une aiguille et du gros fil, afin
que votre farce ne sorte pas ; vous les faites blanchir
pendant cinq minutes à l'eau bouillante ; vous les
rafraîchissez, et vous les flambez en ôtant le poil qui
est dans la fourche du pied ; vous faites un blanc court,
c'est à dire qu'il y ait peu de mouillement ; (*Voyez*
Blanc.) versez-le sur vos pieds d'agneau qui sont dans
votre casserole ; et faites-les migeoter pendant deux
heures : au moment de servir, vous les égouttez,
vous les parez, et les dressez sur le plat : masquez-
les d'une sauce hollandaise verte. (*Voyez* Sauce hollandaise.)

Pieds d'Agneau en cartouche.

Quand vos pieds sont cuits dans votre blanc, vous
les parez ; vous arrangez aussi des fines herbes à papillotes ; (*Voyez* fines Herbes à papillotes.) vous mettez vos pieds d'agneau dedans vos fines herbes chaudes ;
vous leur faites jeter deux ou trois coups de feu ; vous
y pressez un citron entier ; vous les mettez refroidir sur un plat : après cela, coupez des carrés-
longs de papier assez grands pour qu'ils puissent bien
envelopper votre pied ; vous huilez votre papier :
quand vos pieds sont froids, vous introduisez de vos
fines herbes dans le vide et à l'entour du pied ; vous
l'enveloppez d'une barde de lard très-mince ; vous
le roulez dans votre papier de manière que cela forme
cartouche ; ayez bien soin d'en clore les bouts, afin
qu'étant sur le gril l'assaisonnement ne s'en aille pas :
une demi-heure avant de servir, vous les mettrez

sur le gril à un feu bien doux ; le papier doit avoir une belle couleur ; vous les servirez à sec ou bien un jus clair dessous.

Pieds d'Agneau en marinade.

Quand vos pieds seront cuits dans un blanc, vous mettrez une marinade dessus : (*Voyez* Marinade.) si vous n'en avez pas, vous mettrez un peu de sel fin, du poivre, un demi-verre de vinaigre : un moment avant de servir, vous les égoutterez ; vous les mettrez dans une pâte à frire. Lorsque vos pieds ont pris de la pâte partout, vous les mettez dans une friture qui ne soit pas trop chaude ; quand ils auront une belle couleur, vous les retirerez de votre friture ; laissez-les égoutter sur un linge blanc ; dressez-les sur votre plat, et mettez une poignée de persil frit par-dessus.

Epaules d'Agneau à la polonaise.

Vous désossez deux épaules d'agneau entièrement sans y laisser le moindre os ; vous les assaisonnez dans l'intérieur de sel, de gros poivre, un peu d'aromates pilés ; vous ramassez les chairs avec une aiguille à brider et de la ficelle : donnez à vos épaules la forme d'un petit ballon ; vous en piquez le dessus de lard fin ; (*Voyez* la manière de piquer.) vous laissez deux doigts à l'entour qui ne le sont pas : mettez des bardes de lard dans une casserole, quelques tranches de veau ; placez vos deux épaules dessus ; vous y joignez quatre carottes, quatre oignons, deux feuilles de laurier, un peu de thym ; vous mettez plein une cuillère à pot de bouillon, et un rond de papier dessus ; vous faites mijoter pendant deux heures, feu dessus et dessous, de manière que votre lard prenne une belle couleur :

au moment de servir, vous les égouttez, vous les débridez, et les glacez; vous avez des truffes, que vous coupez en petits lardons avec une brochette; vous faites des trous au pied de la piqûre, et vous y mettez les lardons de truffes à l'entour; vous hachez des truffes, que vous passez dans un petit morceau de beurre; vous mettez plein quatre cuillères à dégraisser de velouté travaillé; vous dressez vos épaules sur votre plat, et vous y versez cette sauce dessous.

Epaules d'Agneau aux concombres.

Vous désossez vos épaules d'agneau jusqu'au manche; vous les piquez dans l'intérieur de moyens lardons assaisonnés, des quatre épices, de sel et de gros poivre; arrangez-les de manière qu'elles aient une forme longue; vous les ficelez, les couvrez de bardes de lard; vous les faite cuire comme les précédentes: au moment de servir, vous les égouttez, déficelez; glacez, et mettez des concombres à la crême sur votre plat; vous mettez vos épaules glacées dessus: vous pouvez les servir à la chicorée, à la sauce tomate, à la purée de champignons, etc. (*Voyez* l'article que vous choisirez.)

Côtelettes d'Agneau sautées.

Vous coupez et parez vos côtelettes d'agneau comme celles de mouton; vous les assaisonnez; après les avoir bien parées, posez-les dans un sautoir ou une tourtière; ajoutez du beurre fondu par-dessus assez pour qu'elles baignent dedans : au moment de servir, vous les mettez sur un feu ardent; lorsque le beurre les a bien chauffées d'un côté, vous les retournerez de l'autre : quand vous sentez qu'elles sont fermes sous le doigt, vous ôtez le beurre, et vous y mettez un bon morceau de glace; remuez-les dans votre glace fondue; dressez-les en couronnes; versez deux cuillères à dégraisser d'espagnole travaillée (*Voyez* Espagnole travaillée) dans votre sautoir, et une cuillère de consommé : vous remuez votre sauce pour détacher la glace; vous la passez à l'étamine, et la versez sur vos côtelettes.

Côtelettes d'Agneau à la Constance.

Coupez et parez dix-huit côtelettes d'agneau comme les précédentes : vous les assaisonnez seulement de gros poivre; vous les mettez dans votre sautoir avec gros comme un œuf de glace, plein une cuillère à dégraisser d'espagnole, plein deux cuillères semblables de consommé : une demi-heure avant de servir, vous mettrez vos côtelettes sur un feu un peu ardent; vous aurez soin de les remuer, et prendre garde qu'elles ne s'attachent; quand votre mouillement sera réduit de manière que cela forme glace, au moment de servir, vous dresserez vos côtelettes en couronnes; faites attention qu'elles aient de la glace dans laquelle elles ont cuit; vous mettrez dans l'intérieur de votre couronne un ragoût de crêtes, de foies gras; quand vos crêtes seront cuites dans un blanc, et que vos foies gras sont cuits, ainsi que vos rognons, vous avez une béchamelle parfaite; vous y mettez votre garniture; vous y ajoutez quelques champignons tournés; vous sautez bien le tout dans votre béchamelle; mettez votre ragoût au milieu de vos côtelettes : ayez bien soin que vos garnitures soient bien égouttées, et qu'elles ne portent point d'eau dans votre béchamelle. (*Voyez* Béchamelle et garnitures.)

Côtelettes à la sauce à atelet.

Vous préparez vos côtelettes d'agneau comme les précédentes ; vous les assaisonnez de sel, de gros poivre ; vous les mettrez dans votre sautoir avec du beurre tiède que vous verserez par-dessus ; vous les mettrez sur un feu ordinaire : quand vos côtelettes seront roidies des deux côtés, vous les égoutterez, et vous les laisserez refroidir ; vous les parez de nouveau ; barbouillez - les d'une sauce à atelet ; (*Voyez* Sauce à atelet.) vous la mettez dans de la mie de pain, ensuite dans du beurre tiède ; puis vous la panez encore une fois ; vous la posez sur la table pour lui faire prendre une forme agréable en l'arrondissant par le bout et l'unissant ; mettez-la sur un plafond : un quart - d'heure avant de servir, vous les mettrez sur le gril à un feu très-doux ; quand elles ont couleur d'un côté, retournez-les de l'autre : au moment de servir, dressez-les en couronnes, et mettez-y une italienne. (*Voyez* Italienne.)

Epigramme d'Agneau.

Vous prenez le quartier de devant de l'agneau, ou les deux quartiers si vous voulez : il faut que votre entrée soit forte ; vous enlevez les épaules ; vous coupez les poitrines de manière que vos côtelettes ne soient pas endommagées : vous ferez cuire vos épaules à la broche ; laissez-les refroidir : vous ferez cuire vos poitrines de même qu'il est expliqué pour les épaules d'agneau aux concombres ; quand elles seront cuites, vous les mettrez entre deux couvercles pour qu'elles prennent une forme unie ; laissez - les refroidir ; ensuite vous les couperez en morceaux ovales de la grandeur d'un croûton, pointu d'un côté ;

vous laisserez passer un petit os de la poitrine ; vous la barbouillerez avec une sauce aux atelets si vous en avez, ou bien vous les assaisonnerez d'un peu de sel fin et de gros poivre ; vous les trempez dans du beurre tiède ; mettez-les dans la mie de pain, et faites-leur prendre une belle forme : il faut que vos morceaux soient un peu plus gros que vos côtelettes ; mettez-les sur une tourtière ; vous pouvez aussi paner vos tendons à l'anglaise et les faire frire : coupez et parez vos côtelettes ; assaisonnez-les d'un peu de sel, un peu de gros poivre ; vous les mettrez dans votre sautoir avec du beurre tiède par-dessus pour vous en servir. Vous prendrez vos épaules qui ont été à la broche ; vous enleverez les chairs que vous émincerez pour faire une blanquette : (*Voyez* Blanquette d'agneau.) tâchez qu'il n'y ait ni peaux ni nerfs ; quand votre blanquette sera marquée, vous la tiendrez chaude au bain-marie : au moment de servir, vous ferez griller à feu doux vos tendons de poitrine ; vous sauterez vos côtelettes ; vous les glacerez ; vous dresserez en couronnes vos tendons et côtelettes, un tendon, une côtelette alternativement, et ainsi de suite : quand votre couronne sera formée, vous mettrez votre blanquette dans le milieu.

Poitrine d'Agneau à la Sainte-Menehould.

Vous avez deux poitrines d'agneau ; vous mettez des bardes, quelques tranches de veau si vous en avez, deux carottes, deux oignons, deux clous de girofle, deux feuilles de laurier, un peu de thym ; vous mettrez plein une cuillère à pot de bouillon : quand elles ont mijoté pendant deux heures, vous les retirez, déficelez, égouttez ; vous y saupoudrez un peu de sel fin, un peu de gros poivre ; mettez vos poitrines

entre deux couvercles refroidir; ensuite vous en ôtez
les os; vous les parez; vous les trempez dans du
beurrè tiède; puis vous les mettez dans la mie de
pain; vous leur donnerez une belle forme; posez-les
sur un plafond ou couvercle avec un petit pinceau
de plume que vous tremperez dans le beurre; vous
l'égoutterez sur vos poitrines; vous y semerez de
la mie de pain par-dessus; soufflez pour qu'il n'en
reste pas de trop : un quart-d'heure avant de servir,
vous les mettez sur le gril à feu doux; vous les recouvrez d'un four de campagne bien chaud pour faire
prendre couleur à vos poitrines; vous les dressez sur
le plat avec un jus clair dessous.

Blanquette d'Agneau.

Mettez un gigot d'agneau à la broche; quand il sera
cuit et froid, vous leverez les chairs; vous en ôterez
les nerfs et les peaux; vous émincerez votre viande;
vous la battrez avec le manche de couteau : il faut
que vos morceaux soient d'égale épaisseur et grandeur : vous coupez les angles de vos morceaux émincés; vous les arrondissez le mieux possible; quand
toute votre chair de gigot est marquée, vous la mettez
dans une casserole; vous sautez des champignons
émincés, et vous les mettez dans votre viande : versez dans votre blanquette plein quatre cuillères à dégraisser de velouté travaillé, un peu de gros poivre :
un instant avant de servir, vous mettez votre blanquette au feu avec une liaison de deux jaunes d'œufs;
vous la servez avec des croûtons à l'entour : si vous
n'avez pas de sauce, vous passez vos champignons
émincés dans du beurre; lorsque vous voyez qu'il
commence à tourner en huile, vous y mettez une
cuillère à bouche de farine, ou plus selon la quantité

de sauce dont vous avez besoin; vous la mêlez avec
vos champignons; vous y versez plein une cuillère
à pot de bouillon, une feuille de laurier, un petit
bouquet de persil et ciboules; vous faites réduire
votre sauce jusqu'à ce qu'elle soit assez épaisse pour
votre blanquette; alors vous ôtez vos champignons
pour les mettre avec votre émincé, et vous passez
votre sauce à l'étamine dessus votre viande : un iustant
avant de servir, vous ferez chauffer votre blanquette;
vous y mettrez une liaison de deux jaunes d'œufs;
vous remuez bien votre ragoût pour qu'il se lie et
ne tourne pas : voyez s'il est de bon sel; mettez-y un
jus de citron si vous voulez.

Croquettes d'Agneau.

Vous ferez cuire un gigot à la broche, ou bien
d'autre chair d'agneau si vous en avez : il est nécessaire qu'elle ait été rôtie; vous laisserez refroidir
votre gigot; vous en prendrez les chairs; ôtez-en
les peaux et les nerfs; coupez votre viande en petits
dés selon la quantité de croquettes que vous voulez
faire; vous prenez un peu du gras de l'agneau que
vous coupez aussi en petits dés, que vous mêlez
avec votre viande; si vous n'en aviez pas, vous
prendriez de la teline de veau cuite; vous y mettrez
des champignons cuits coupés en petits dés; ajoutez
un peu de muscade rapée et un peu de gros poivre;
vous prenez plein six cuillères à dégraisser de velouté, plein quatre cuillères de gelée que vous mettrez
avec votre velouté; vous ferez réduire votre sauce
plus qu'à moitié; il faut qu'elle soit un peu épaisse;
quand elle sera réduite, vous mettrez une liaison
de trois jaunes d'œufs; vous remuerez votre sauce
sur le feu, sans la quitter, afin que votre liaison

ne tourne pas; quand votre sauce sera liée, vous y
mettrez du beurre gros comme un œuf; faites-le
fondre en tournant bien votre sauce; voyez si elle
est d'un bon sel; vous la passerez à l'étamine dessus
votre viande que vous remuerez bien quand votre
sauce y sera; vous laisserez refroidir votre ragoût;
ensuite vous le remuerez, et vous en mettrez plein
une cuillère à bouche que vous ferez couler avec
votre doigt sur un plafond, et successivement jusqu'à ce qu'il ne vous en reste plus, de manière que
vous en ayez dix-huit ou vingt tas; si votre ragoût n'était pas assez froid, vous le laisseriez encore refroidir pour qu'il soit maniable, alors vous
prenez vos tas à fur et à mesure dans vos mains;
vous mettez de la mie de pain sur la table, et vous
les mettez dessus; vous leur donnez la forme que vous
voulez, soit en poire, soit en boule, soit en forme ovale
ou longue, et quand vous les avez bien roulés dans
la mie de pain, vous cassez trois œufs entiers, et
vous mettez deux jaunes, ce qui fait cinq œufs, un
peu de sel fin, un peu de gros poivre; vous battez
vos œufs comme une omelette; vous trempez vos
croquettes dedans, de manière qu'il y ait de l'œuf
partout; vous les mettez dans la mie de pain; vous
faites ensorte que vos croquettes soient bien panées,
parce qu'elles couleraient dans la friture; vous les
laisserez sur un plafond; un instant avant de servir,
vous mettrez votre friture sur le feu; quand elle
sera bien chaude, vous y mettrez vos croquettes;
lorsqu'elles auront couleur, vous les retirerez, et
vous les égoutterez sur un linge blanc; vous les
dresserez en pyramide; faites frire un peu de persil
que vous mettrez dessus; si vous n'avez pas de
sauce, vous couperez des champignons en petits dés;

vous les passerez dans un petit morceau de beurre plus gros qu'un œuf; quand ils seront revenus, vous y mettrez un peu de ciboule hachée bien fine; vous la ferez revenir un instant; versez plein une cuillère à bouche de farine que vous mêlerez avec votre beurre et vos champignons; vous y mettrez une cuillère à pot de bouillon, une feuille de laurier; vous ferez réduire votre sauce jusqu'à ce qu'elle soit un peu épaisse; vous ôterez la feuille de laurier; vous y mettrez une liaison de quatre œufs; il faut que cette sauce soit très-liée pour que vos croquettes ne crèvent pas; ajoutez gros comme un œuf de beurre; versez votre sauce sur vos croquettes; quand elle sera bien liée, vous pourrez y mettre, si vous voulez, un peu de persil bien haché.

Rôt de Bif.

Vous coupez votre agneau jusqu'à la seconde côtelette du flanc, ce qui fait la moitié de l'agneau, les deux cuisses tenant ensemble; vous piquez la selle et une partie des cuisses de lard fin; (*Voyez la manière de piquer.*) donnez une forme bien arrondie à votre selle, et vous la mettez à la broche en l'assujettissant avec des brochettes ou des petits atelets; ayez soin aussi d'assujettir, avec une aiguille à brider, vos dernières côtes à la broche, afin que votre rôt de bif ne prenne pas une mauvaise forme, et ne tourne pas; deux heures suffisent pour le cuire; on peut servir le rôt de bif sans le piquer; il faudrait avoir soin de le couvrir de bardes de lard; on peut aussi s'en passer.

Lièvre.

Le lièvre des montagnes vaut mieux que celui de

la plaine. L'hiver est le tems où ils sont meilleurs. On distingue le levreau d'avec le lièvre par un petit saillant qu'on sent à la première jointure près de la patte de devant.

Lièvre en civet.

Vous ferez un roux où il y ait plus de beurre qu'on n'y en met ordinairement ; quand il est aux trois quarts fait, vous y ajoutez des morceaux de petit lard que vous faites revenir un instant dans votre roux à grand feu, puis votre lièvre coupé en morceaux, et quand ils seront bien revenus, vous y mettrez une bouteille de vin blanc ou rouge : cela tient au goût, ou bien un verre de vinaigre ; vous finissez de mouiller votre civet avec du bouillon, si vous en avez, ou bien de l'eau, alors vous y mettez le sel, en prenant garde que votre petit lard doit donner du sel à votre ragoût ; vous ajoutez du poivre, deux feuilles de laurier, un bouquet de persil et ciboules, des champignons ; il faut que votre ragoût soit baigné, c'est à dire que votre viande nage dans la sauce ; vous le faites aller à grand feu pour que votre mouillement réduise aux trois quarts ; vous aurez des petits oignons bien épluchés, tous égaux, que vous sauterez dans du beurre à feu chaud ; quand ils seront bien blonds, que votre civet sera presque cuit, vous les mettrez dedans ; au bout d'un quart-d'heure et demi, vous retirerez votre civet du feu ; goûtez s'il est d'un bon sel ; vous le tiendrez chaud sur la cendre chaude jusqu'au moment de servir.

Sauté de Filets de Lièvre ou Levreau.

Dix filets suffisent pour faire un sauté ; vous les coupez par tranches plates ; vous les applatissez avec la lame du couteau; parez-les en coupant les angles et les arrondissant le mieux possible; quand votre morceau est paré, vous le mettez dans le sautoir, ou sur une tourtière creuse successivement jusqu'à la fin de vos filets; vous les assaisonnerez de sel fin, de gros poivre, un peu de muscade rapée; vous y mettrez du beurre tiède par-dessus : au moment de servir, vous mettrez votre sautoir sur un feu ardent; vous aurez soin de le mouvoir pour détacher vos morceaux de filets; quand ils seront roidis d'un côté, vous les retournerez de l'autre : il ne faut qu'un instant pour que votre sauté soit cuit; alors vous le mettrez dans une casserole; vous ôterez le beurre qui est dans votre sautoir sans ôter le jus des filets; vous mettez un verre de vin blanc pour détacher ce qui est après le sautoir; vous y mettrez plein quatre cuillères à dégraisser d'espagnole; (*Voyez* Espagnole.) vous ferez réduire le tout à moitié, et vous passerez votre sauce à travers une étamine sur votre sauté; vous aurez soin d'égoutter le jus du filet pour que votre sauce ne se trouve pas trop claire, car il faut que votre sauce tienne à votre sauté; si vous n'avez pas de sauce, vous ferez chauffer le beurre qui est dans le sautoir; s'il y en a de trop, il faut en ôter moitié : lorsque vous verrez que ce qui est dans le fond du sautoir, commence à s'attacher, vous y mettrez plein une cuillère à bouche de farine que vous mêlerez avec votre beurre ; ajoutez un verre de vin blanc, un verre de bouillon, une feuille de laurier, un peu de thym; vous ferez réduire le tout à moitié, et vous passerez votre sauce à l'étamine sur votre sauté : avant de la passer, voyez si elle est d'un bon sel; on pourrait aussi faire un roux léger dans lequel vous passeriez les peaux du ventre du lièvre mouillées comme je viens de dire, et assaisonnées de même.

Filet de Lièvre piqué.

Quand votre lièvre est dépouillé, vous enfoncez votre couteau le long de l'épine du dos, depuis l'épaule jusqu'à la cuisse, en détachant le filet ; vous coulez vos doigts entre les os et le filet ; vous le détachez de manière que le gros bout du filet tienne encore à la cuisse ; après vous mettrez le tranchant de votre couteau du côté du tendre du filet, et votre pouce du côté de la peau ; vous appuyez votre tranchant sur votre filet, afin qu'il vienne rejoindre votre pouce sans couper la peau ; alors vous faites comme si vous tiriez le filet à vous ; la peau nerveuse reste et votre filet se trouve détaché et paré à la fois ; s'il restait encore de la peau, vous l'ôteriez légèrement en parant votre filet ; vous le piquez de lard fin ; vous lui donnez la forme que vous voulez, soit longue, soit ronde ou autrement ; vous mettez des bardes de lard dans une casserole, quelques tranches de veau, quelques tranches de carottes, d'oignons, un peu de thym, de laurier ; vous mettez vos filets sur cet assaisonnement : trois quarts-d'heure suffisent pour les cuire ; vous mettez plein une petite cuillère à pot de consommé ou de bouillon, un rond de papier beurré ; vous les posez sur un feu doux, mettez-en aussi sur le couvercle pour que vos filets glacent : au moment de servir, vous les égouttez et les glacez. On peut servir dessous des concombres à la crême, un sauté de champignons au fumé de gibier, une purée de champignons, une poivrade ou sauce picarde. (*Voyez* l'article que vous préférez.)

Filets de Lièvre marinés sautés.

Vous levez, parez et piquez vos filets comme les

précédens.; vous les mettez dans une terrine avec du sel, du poivre, deux feuilles de laurier, du thym, du persil en branches, de la ciboule entière, un grand verre de vinaigre ; vous pouvez les laisser jusqu'à huit jours dans la marinade : le jour que vous voulez les servir, vous les en ôtez ; vous les appropriez, les égouttez ; vous leur donnez la forme que vous voulez ; mettez-les dans votre sautoir ; vous les arrosez de beurre tiède, de manière qu'ils baignent dedans : au moment du service, vous mettez votre sautoir sur un feu ardent, afin que vos filets ne suent pas ; quand ils seront roidis d'un côté, vous les retournerez ; lorsque vous sentirez que vos filets sont fermes sous le doigt, vous les retirerez ; égouttez-les et dressez-les sur votre plat ; vous mettez une poivrade dessous : (*Voyez* Poivrade.) si vous n'avez pas de sauce, vous faites chauffer votre beurre jusqu'à ce que ce qui est dans le sautoir s'attache ; vous ôtez les trois quarts du beurre ; vous y mettez une petite cuillère à bouche de farine, que vous remuez avec votre beurre ; ajoutez-y une partie des herbes qui sont dans votre marinade, plein une cuillère à pot de bouillon, la moitié du vinaigre qui a mariné vos filets, assez de poivre pour qu'il domine ; vous faites réduire votre sauce à moitié, ou plus si elle se trouve trop longue ; vous la passez à l'étamine dans une autre casserole : voyez si elle est de bon sel ; mettez-la sous vos filets.

Lièvre à la Saint - Denis.

Quand vous avez dépouillé votre lièvre, videz-le et faites-lui un trou au ventre le plus petit possible ; vous lui coupez la tête ; vous assaisonnez des moyens lardons pour piquer les filets et les cuisses ; vous le mettrez mariner pendant deux ou trois jours avec du sel, du poivre fin, du persil en branches, du thym, du laurier, des ciboules entières, deux oignons coupés en tranches : quand vous voulez vous en servir, vous hacherez le foie bien fin ; mettez aussi gros que le foie de lard gras, que vous hacherez ensemble ; joignez-y un peu de sel, un peu d'aromates pilés, un peu de gros poivre ; vous mettrez cette farce avec deux fois autant de farce à quenelle, que vous mêlerez avec celle de foie ; ajoutez trois jaunes d'œufs, le tout bien mêlé ; vous le mettrez dans le corps du lièvre ; vous coudrez les peaux du ventre, afin que la farce n'en sorte pas ; vous placerez des bardes de lard dans une braisière, et votre lièvre par-dessus ; vous le couvrirez de bardes de lard ; vous mettrez à l'entour quelques tranches de veau, deux carottes coupées en tranches, trois oignons, un bouquet de persil et de ciboules, du thym, du laurier, deux clous de girofle, une bouteille de bon vin blanc, un peu de sel ; vous ferez mijoter votre lièvre pendant deux heures ou plus s'il est dur : au moment de servir, vous l'égoutterez ; vous le glacerez ; vous ferez réduire le mouillement dans lequel a cuit votre lièvre : quand il sera presque à glace, vous y mettrez plein deux cuillères à dégraisser d'espagnole; (*Voyez* Espagnole.) vous mettrez votre lièvre sur un plat, et votre sauce dessous : en cas qu'elle soit trop assaisonnée, vous y mettriez gros comme un œuf de beurre et un jus de citron ; si vous n'avez pas d'espagnole, vous ferez un roux léger, que vous tremperez avec le mouillement dans lequel aura cuit votre lièvre : il faut que votre sauce soit fort longue, afin de pouvoir la faire réduire à plus de moitié : au moment de la servir, vous la passerez à l'étamine ; voyez si elle est d'un bon

sel; vous pouvez envelopper ce lièvre de bardes de
lard, de papier beurré, et le mettre à la broche;
vous servirez dessous une poivrade. (*Voyez* Poivrade.)

Lièvre en daube.

Quand votre lièvre sera dépouillé, vidé, vous le
piquerez de moyens lardons bien assaisonnés d'aromates pilés, de sel, de poivre; lorsque les cuisses
et les filets sont bien piqués, vous mettez dans une
braisière ou daubière quelques bardes de lard, votre
lièvre dessus, un jarret de veau coupé en morceaux,
que vous placerez à l'entour; vous le couvrirez de
bardes de lard; vous y mettrez un bouquet de persil et de ciboules, trois feuilles de laurier, un bouquet de thym, trois carottes, quatre oignons, trois
clous de girofle; vous le mouillerez avec du bouillon; si vous n'en avez pas, vous emploierez de l'eau,
du sel, du poivre; vous le ferez mijoter pendant
deux heures selon la qualité du lièvre : au moment
de servir, vous l'égoutterez, le glacerez, et ferez
réduire le mouillement dans lequel il aura cuit aux
trois quarts; vous le passez au tamis de soie; servez-le dessous.

Boudin de Lièvre.

Vous levez seulement vos filets; vous en ôtez les
nerfs; vous pilez votre viande; après cela vous la
passez au tamis à quenelle; ensuite ramassez-la bien;
faites-en une boule : vous aurez une tetine de veau
cuite que vous hacherez, que vous pilerez, et passerez au tamis à quenelle; vous mettrez de la mie
de pain tendre trempée dans du bouillon, que vous

presserez bien dans un linge neuf pour en extraire le bouillon; pilez-la, et passez-la au tamis à quenelle; mettez votre mie, votre tetine et votre chair, toutes trois à part : vous prendrez autant de mie de pain que de chair de filet et autant de tetine que de ces deux; faute de tetine, vous mettrez du beurre autant que de mie de pain et de chair, c'est à dire deux fois autant que de chair; vous pilerez le tout ensemble; quand votre farce sera bien pilée, vous y mettrez un peu d'aromates en poudre, un peu des quatre épices, du sel, du gros poivre, de l'échalote hachée bien fine, un peu de persil bien haché; vous pilerez bien votre farce; vous y mettrez trois ou quatre jaunes d'œufs et un blanc, selon la quantité de farce que vous avez, et jusqu'à ce qu'elle soit un peu molle, de manière à être maniable : votre farce finie, vous pouvez, en mettant de la farine sur la table, prendre de votre farce, la rouler comme un bout de boudin, et la faire pocher dans l'eau de sel bouillante comme des quenelles; (*Voyez* Quenelles.) trempez-la dans du beurre ; panez-la : un quart-d'heure avant de servir, vous le mettez sur le gril à un feu doux, en posant un four de campagne bien chaud par-dessus pour lui faire prendre couleur : vous le servez sur votre plat à sec; vous pouvez le servir sortant d'être poché, en le glaçant avec un fumé de gibier dessous.

Pain de Lièvre.

Vous préparez une farce comme la précédente; vous pilez bien votre foie; vous le passez au tamis à quenelle; quand il est bien passé, vous le ramassez sans en perdre; vous le mettez dans votre farce; vous en mettez presque plein le moule de la grandeur que

vous voulez que soit votre pain ; vous mettez dans
le fond et à l'entour de votre moule des bardes de
lard bien minces, puis votre farce dedans ; vous avez
de l'eau bouillante dans une casserole ; vous y mettez
votre moule : tâchez que l'eau n'aille pas par-dessus,
qu'il s'en faille d'un doigt ; vous ferez mijoter votre
eau ; mettez des bardes de lard sur votre pain de
lièvre , et un couvercle à votre casserole avec du
feu dessus ; vous tâterez votre pain au bout d'une
heure ; vous verrez s'il est cuit : au moment de servir, vous le sortez du moule ; glacez-le ; mettez un
fumé de gibier pour sauce ; si vous voulez, vous
faites un trou dans le milieu du pain pour y placer
des rognons de lièvre sautés avec du vin de Champagne, ou des filets mignons : cela ne peut se faire
que dans un grand emploi de gibier.

Lièvre à la broche.

Quand votre lièvre sera dépouillé et vidé , vous
le ferez revenir sur un fourneau ardent : il faut que
les chairs soient un peu fermes pour que la lardoire
entre avec plus de facilité ; quand vous l'ôterez de
dessus le fourneau, vous tremperez votre main dans
son sang, et vous la passerez sur le dos et les cuisses ;
vous le piquez depuis le cou jusqu'au bout des cuisses ;
vous laisserez une distance d'un pouce entre les reins
et les cuisses : une heure de broche suffit pour cuire
votre levreau. Assez ordinairement on sert avec une
sauce dans une saucière. Pilez le foie à cru avec le
dos de votre couteau ; passez avec un petit morceau
de beurre, un peu d'échalotes, du persil en branches, un peu de thym, de laurier ; vous mettez les
trois quarts d'une cuillère à bouche de farine que
vous faites revenir avec votre assaisonnement ; ajou-

tez un verre de vin blanc et deux verres de bouillon ;
vous tournez votre sauce jusqu'à ce qu'elle bouille ;
mettez du sel, du poivre, assez pour qu'il domine :
vous ferez réduire votre sauce à plus de moitié ;
quand elle sera réduite, vous la passerez à l'étamine
en la foulant légèrement : vous servirez votre sauce
dans une saucière à côté de votre plat de rôt. On peut
aussi mettre un levreau à la broche sans le piquer ;
vous le barderez depuis le cou jusqu'aux cuisses.

Du Lapin.

Il y a deux sortes de lapins, le domestique et le
sauvage, que l'on appelle lapin de garenne. Il est
meilleur sur les hauteurs, surtout dans les endroits
où il croît du genièvre, du serpolet, du thym et
autres aromates ; les chairs ont un meilleur parfum
et sont plus délicates ; l'autre a la chair assez bonne ;
mais il faut éviter de forcer sa nourriture en choux.
Ce dernier lapin n'est pas très-bon fraîchement tué ;
il le faut un peu mortifier, et aromatiser sa cuisson.

Lapin en gibelotte.

Quand votre lapin est dépouillé et vidé, vous le
coupez en morceaux de la même grosseur, pour que
les uns ne soient pas plus durs à cuire que les autres :
vous mettrez un quarteron de beurre dans une casserole, plein deux cuillères à bouche de farine ; vous
ferez un roux ; quand il sera bien blond, vous y
mettrez les morceaux de votre lapin revenir ; ajoutez-
y une demi-bouteille de vin blanc, environ une bouteille de bouillon ; vous remuerez bien votre ragoût
jusqu'à ce qu'il bouille ; mettez-y des champignons,
du petit lard que vous ferez revenir à part dans une
casserole, un bouquet de persil et ciboules, dans

lequel il y aura un peu de thym, une feuille de laurier; vous ferez aller votre ragoût à grand feu, pour
que votre mouillement réduise; mettez-y très-peu
de sel, un peu de gros poivre; quand il sera aux trois
quarts cuit, vous ajouterez, si vous voulez, des tronçons
d'anguilles, des petits oignons bien épluchés, au nombre de trente, que vous sauterez dans du beurre sur un
fourneau un peu ardent; quand ils seront bien blonds,
vous les mettrez en même tems que l'anguille : ayez
soin de dégraisser votre ragoût; que votre sauce ne
soit ni trop ni trop peu liée : voyez si c'est d'un bon
sel; retirez votre bouquet et servez votre ragoût.

Lapereau au blanc.

Dépouillez votre lapereau, et videz-le; vous le
couperez en morceaux comme le précédent; vous
en ôterez le foie, le mou; vous essuierez bien les
morceaux pour qu'il n'y ait pas de sang, autrement
il faudrait le faire blanchir, et cela lui fait perdre de
son goût; vous mettrez un quarteron de beurre dans
une casserole; faites-le tiédir, et mettez votre lapereau dedans; vous le ferez revenir au feu ardent :
quand vous verrez que tous vos morceaux seront
roidis, vous y verserez plein deux cuillères à bouche
de farine, que vous mêlerez avec votre beurre et
votre lapin; ajoutez plein quatre cuillères à pot de
bouillon; vous remuerez bien votre ragoût jusqu'à
ce qu'il bouille; vous y mettez des champignons, que
vous avez sautés dans de l'eau et du citron, un bouquet de persil et ciboules, une feuille de laurier, un peu
de thym, un peu de gros poivre, environ une demi-
livre de lard que vous couperez en petits morceaux,
et que vous ferez blanchir : faites aller votre ragoût
à grand feu pour que le mouillement réduise; quand

il sera aux trois quarts cuit, dégraissez-le, et mettez-y vingt - quatre petits oignons bien épluchés, et de la même grosseur : quand votre ragoût est cuit et réduit, dégraissez-le et mettez-y une liaison de trois ou quatre jaunes d'œufs, selon la grandeur de votre ragoût ; vous pouvez le mouiller avec de l'eau ; alors vous y mettrez du sel : servez-le bien chaud.

Lapereau à la minute.

Après avoir dépouillé et vidé votre lapereau, vous le couperez en morceaux ; vous aurez soin d'ôter le mou ; vous les essuierez bien pour qu'il n'y reste point de sang ; mettez environ un quarteron de beurre dans votre casserole ; quand il sera un peu chaud, vous y mettrez votre lapereau avec un peu d'aromates pilés, du sel, du gros poivre, un peu de muscade rapée ; vous le ferez aller à grand feu ; quand vos morceaux seront bien roidis, vous y mettrez un peu de persil et échalotes hachés bien fins ; vous le laisserez encore trois ou quatre minutes sur le feu ; vous pouvez le servir sortant de la casserole : voyez s'il est de bon sel : dix minutes ou au plus un quart - d'heure suffisent pour cuire votre lapereau.

Lapereau sauté au vin de Champagne.

Vous préparez et faites cuire votre lapereau comme le précédent ; vous y mettez le même assaisonnement ; vous y versez une petite cuillère à bouche de farine, que vous mêlez avec votre lapereau sans le poser sur le feu ; mettez aussi plein un verre de vin de Champagne ; posez ensuite votre casserole sur le feu ; vous la remuez pour que votre ragoût se lie sans bouillir : quand vous verrez votre sauce liée, vous servirez votre ragoût : il ne faut le faire qu'au moment de servir ; voyez s'il est de bon sel.

Cuisses de Lapin à la purée de lentilles.

Vous prenez des cuisses de lapin ; huit suffisent pour une entrée ; vous les désossez, c'est à dire vous retirez l'os jusqu'au joint de l'avant-cuisse ; tâchez de ne point couper le dessus ; vous piquerez l'intérieur de vos cuisses avec de moyens lardons assaisonnés d'aromates, de sel et de poivre : comme la cuisse, en général, est fort sèche, il faut y mettre beaucoup de lardons ; quand elles seront bien piquées, vous les jeterez deux minutes dans l'eau bouillante ; vous les retirerez, vous les parerez, et vous mettrez des bardes de lard dans une casserole, quelques tranches de veau, deux carottes, deux oignons, une feuille de laurier, un peu de thym ; vous les mettrez sur cet assaisonnement ; vous les couvrirez de bardes de lard, d'un rond de papier beurré ; versez plein une petite cuillère à pot de bouillon avec un peu de derrière de marmite ; vous les ferez mijoter pendant deux heures, plus ou moins, selon que votre lapin est tendre : au moment de servir, vous les égoutterez ; vous les dresserez sur votre plat, et vous les masquerez avec une purée de lentilles. (*Voyez* Purée de lentilles.) On peut servir ces cuisses dans une terrine.

Cuisses de Lapereau en chipolata.

Vous désosserez vos cuisses comme les précédentes ; vous les jeterez dans l'eau bouillante pendant deux minutes ; ensuite retirez-les, et parez-les ; mettez un quarteron de beurre dans une casserole ; placez-y vos cuisses ; vous les faites revenir pendant dix minutes; vous versez ensuite une cuillerée et demie de farine, que vous mêlez avec votre beurre; ajoutez plein deux cuillères à pot de bouillon passé au tamis de soie; vous tournez votre ragoût jusqu'à ce qu'il bouille; mettez-y des champignons sautés dans de l'eau, et du jus de citron pour éviter qu'ils noircissent, une feuille de laurier, un bouquet de persil et de ciboules; vous ferez aller votre ragoût à grand feu, afin qu'il réduise; vous y mettrez du petit lard que vous aurez fait blanchir; quand votre ragoût sera aux trois quarts cuit, vous ajouterez vingt petits oignons, que vous ferez blanchir; vous pouvez aussi y mettre quinze marrons qui ne soient pas de Lyon; vous joignez six saucisses, que vous lierez par le milieu avec une ficelle pour qu'elles ne soient pas trop longues; mettez-les dans l'eau bouillante pendant cinq minutes; après les avoir rafraîchies, vous les mettrez dans votre ragoût; ayez soin de bien le dégraisser; quand il sera cuit, vous y mettrez une liaison de quatre jaunes d'œufs; dressez ensuite vos cuisses sur votre plat, et vos ingrédiens par-dessus; que votre ragoût soit d'un bon sel : vous pouvez servir ce ragoût dans une terrine pour servir de flan.

Cuisses de Lapereau au soleil.

Après avoir désossé vos cuisses, vous les lardez de très-près de moyens lardons assaisonnés de sel, de poivre et d'aromates pilés; mettez du beurre dans une casserole; faites-le tiédir, et mettez vos cuisses dedans; vous les posez sur un fourneau ardent; vous les sauterez pendant dix minutes; vous y mettrez plein une cuillère à bouche de farine, et une cuillère à pot de bouillon, deux à dégraisser de velouté, une feuille de laurier, quelques champignons, une demi-bouteille de bon vin blanc, un bouquet de persil et de ciboules; vous ferez aller à grand feu pour faire réduire votre mouillement : ayez soin de dégraisser votre ragoût; quand il sera cuit et réduit, vous y mettrez une liaison de cinq jaunes d'œufs, et un petit morceau de beurre fin; vous posez vos douze cuisses sur un plafond pour refroidir; vous les arrosez de leur sauce; quand elles seront froides, vous parerez l'os de l'avant - cuisse, vous les imbiberez bien de leur sauce, et vous les mettrez dans la mie de pain les uns après les autres; vous les placerez sur un plafond : vous casserez cinq œufs entiers; jetez dedans un peu de sel fin, un peu de gros poivre; vous battrez vos œufs comme pour une omelette; trempez vos cuisses dedans; tâchez qu'elles en prennent partout; roulez-les dans la mie de pain; vous leur donnez une forme agréable; vous les mettez sur un plafond : au moment de servir, vous faites chauffer votre friture; quand elle est chaude, vous mettez vos cuisses dedans; dès qu'elles ont une belle couleur, vous les retirez, et les mettez égoutter sur un linge blanc; ensuite faites frire votre persil, dressez vos cuisses en couronnes, et vous mettrez votre persil frit dans le milieu.

Cuisses de Lapereau en papillotes.

Vous désossez vos cuisses jusqu'au joint de l'avant-cuisse; vous les piquez de moyens lardons assaisonnés d'aromates pilés, de sel, de poivre; vous mettez dix cuisses dans une casserole avec un quarteron de beurre; laissez-les sur le feu pendant une bonne demi-heure; vous y mettrez du sel, du gros poivre, des fines herbes préparées; (*Voyez* fines

Herbes à papillotes.) vous ferez mijoter le tout ensemble pendant dix minutes : vous poserez vos cuisses sur un plat avec leur assaisonnement par-dessus ; vous les laisserez refroidir ; préparez du papier pour vos papillotes ; (*Voyez* Côtelettes de Veau en papillotes.) mettez une mince barde de lard dessus et dessous votre cuisse avec de son assaisonnement ; vous plierez le papier de manière à ce que votre beurre ne sorte pas ; vous en ficellerez le bout : une demi-heure avant de servir, vous les mettrez sur le gril à un feu bien doux ; ayez soin de les retourner lorsqu'un côté aura de la couleur : au moment de servir, vous les dresserez en couronnes sur votre plat avec un jus clair dessous, ou sans sauce.

Cuisses de Lapereau à la chicorée.

Vous désossez vos cuisses jusqu'au joint comme les précédentes ; piquez-les de lard fin ; assaisonnez-les en dedans ; vous mettrez un morceau de petit lard à la place de l'os ; avec une aiguille et du fil, vous rapprochez les chairs et les assujettissez : vous mettez dans une casserole des bardes de lard, quelques tran-ches de veau, deux carottes, trois oignons, deux feuilles de laurier, un peu de thym, vos cuisses par-dessus l'assaisonnement ; vous les couvrirez d'un rond de papier beurré ; versez-y plein une cuillère à pot de bouillon : faites-les mijoter une heure et demie, ou plus selon la qualité de votre lapin ; vous aurez soin de mettre du feu sur votre couvercle : au mo-ment de servir, vous égoutterez vos cuisses ; débri-dez-les et glacez-les : vous poserez votre chicorée sur votre plat et vos cuisses par-dessus ; vous pouvez servir dessous des concombres à la crème, un sauté de champignons, une sauce tomate, un fumé de gibier, ou une sauce à glace.

Filets de Lapereau en couronnes.

Il faut douze filets pour faire une entrée; vous leverez vos filets de la même manière qu'il est expliqué aux filets de lièvre : vous les piquerez de lard fin; quand ils seront piqués, vous les replierez sur eux en formant le rond, pour qu'ils se tiennent dans leurs formes; vous mettrez dans le milieu de chaque filet un oignon de la grosseur nécessaire pour remplir le vide de votre filet; vous l'assujettirez avec des petites brochettes; mettez des bardes de lard dans une casserole, quelques tranches de veau, deux carottes coupées en tranches, trois oignons, un peu de thym et de laurier; vous posez vos filets sur cet assaisonnement; ajoutez plein une petite cuillère à pot de bouillon; couvrez-les d'un rond de papier beurré; vous les ferez mijoter feu dessus et dessous pendant trois quarts-d'heure : au moment de servir, vous les égoutterez et les glacerez; dressez-les ensuite en couronnes, et vous servirez une sauce à glace dessous : vous pouvez, faute de lard ou de veau, mettre plein quatre cuillères à dégraisser de gelée, et vous ferez vos filets avec feu dessus et dessous un peu ardent; faites tomber ensuite votre mouillement à glace : vous vous en servirez pour glacer vos filets.

Filets de Lapereau aux concombres.

Vous préparez et faites cuire vos filets comme les précédens; vous les égouttez et les glacez; dressez-les en couronnes; vous mettez vos concombres à la créme dans le milieu; vous pouvez aussi y ajouter de la chicorée, une purée de cardes, une purée de champignons, un sauté de champignons ou une sauce tomate. (*Voyez* à l'article qui vous convient le mieux.)

Filets de Lapereau à la Polignac.

Vous lavez, parez et piquez six filets; vous les faites cuire comme les précédens; vous en avez six autres bien parés que vous ciselez à distance égale, c'est à dire qu'avec le tranchant d'un couteau vous faites une incision dans votre filet; vous y mettez un demi-croissant de truffes; il faut en garnir ainsi tout le long du filet : vous préparez vos six filets de même; vous leur donnez la forme des autres; ceux piqués doivent être glacés; ceux aux truffes, vous les sauterez dans du beurre : au moment du service, vous les égoutterez; vous les dressez ensuite en couronnes, un croûton glacé et un rond entre; vous placez dans le milieu un sauté de truffes dans un fumé de gibier. (*Voyez* le Sauté *et* le Fumé.)

Sauté de filets de Lapereau aux truffes.

Vous levez dix ou douze filets de lapereau; vous en ôtez la peau nerveuse; coupez-les en tranches rondes, toutes à peu près égales; avec la lame du couteau, vous applatissez ces tranches; vous en coupez les angles en leur donnant une forme ronde ou ovale; vous placez ensuite un morceau dans votre sautoir ou tourtière, ainsi de suite pour tous vos filets : quand ils sont tous parés, arrangés, vous avez des truffes que vous épluchez et parez; vous les coupez en tranches aussi égales; vous les mettez sur les filets jusqu'à ce qu'ils en soient couverts; vous faites tiédir trois quarterons de beurre que vous versez dessus : au moment de servir, vous mettez votre sauté sur un feu ardent; quand vos morceaux sont roidis d'un côté, vous les retournez légèrement avec une cuillère; vous mettez votre sautoir de manière que votre beurre se sépare du sauté; quand il est égoutté, vous le mettez dans un velouté réduit à l'instant de servir, et vous le dressez sur le plat; vous mettrez aussi un tour de croûton. (*Voyez* Tour de croûton.)

Sauté de filets de Lapereau à la Périgueux.

Levez et parez dix filets; vous en ôterez la peau nerveuse; vous couperez vos morceaux d'un pouce et demi de long; vous ferez une incision à distance égale, dans laquelle vous mettrez un demi-cercle de truffes, mettez six morceaux de truffes dans chacun de vos morceaux de filets : il faut faire attention qu'elles entrent un peu avant dans la chair; quand vos dix filets seront ainsi apprêtés, vous mettrez vos morceaux préparés dans votre sautoir; vous les assaisonnerez de sel et de gros poivre; vous ferez tiédir trois quarterons de beurre, dans lequel vous raperez un peu de muscade, et vous le verserez sur vos filets : au moment du service, vous mettrez votre sautoir sur un fourneau ardent : lorsque vos filets sont roidis d'un côté, vous les retournez de l'autre; ne les laissez qu'un instant. Voyez en posant le doigt dessus; si votre morceau résiste, il est cuit; vous épancherez votre sautoir pour que le beurre aille dans la pente avec une cuillère; vous mettrez vos filets sur le haut; qnand ils seront égouttés, vous les poserez dans une casserole; versez-y un velouté travaillé avec du fumé de lapin : liez votre sauce avec deux jaunes d'œufs, et gros comme la moitié d'un œuf de beurre que vous ferez fondre en liant votre sauce ; vous la passerez à l'étamine sur vos filets ; vous les remuerez et les dresserez tout de suite sur votre plat, pour que votre sauce ne lâche pas : voyez si elle est de bon sel, et mettez des croûtons à l'entour du plat.

Sauté de Lapereau à la Reine.

Vous levez et parez vos filets ; ayez soin d'ôter la peau nerveuse ; vous les couperez en morceaux d'un pouce et demi, tous de la même longueur ; vous les arrangerez dans votre sautoir ; joignez-y du sel, du gros poivre ; poudrez-y du persil haché bien fin et de la ciboule qui ait été lavée après avoir été hachée ; ensuite faites tiédir du beurre que vous verserez par-dessus vos morceaux de filets : au moment de servir, vous mettrez votre sautoir sur un feu ardent ; quand vos filets sont cuits d'un côté, vous les retournez de l'autre ; vous posez le doigt dessus ; s'ils ne sont point mous, vos filets sont cuits ; vous avez un velouté travaillé à l'essence de gibier, dans lequel vous mettez vos filets au moment de servir, avec gros comme la moitié d'un œuf de beurre ; vous agitez le tout ensemble, et le servez sur votre plat avec des croûtons à l'entour. (*Voyez* Velouté *et* Fumé de gibier.)

Filets de Lapereau en cartouche.

Levez et parez vos filets ; mettez ensuite dans une casserole gros comme un œuf de lard rapé, gros comme deux œufs de beurre, plein quatre cuillères à bouche de bonne huile ; vous ferez chauffer le tout, et vous y verserez plein trois cuillères à bouche de champignons hachés bien fins et bien pressés dans un linge ; vous les ferez revenir pendant quinze minutes dans le lard , le beurre et l'huile ; vous y mettrez ensuite plein une cuillère d'échalotes aussi bien hachées et lavées pour en éviter l'âcreté ; faites-les revenir un instant , après vous y mettrez plein une cuillère de persil bien fin et lavé; vous remuerez sur le feu le tout ensemble; vous couperez vos filets en deux , et vous les mettrez dans cet assaisonnement avec du sel, du gros poivre, un peu d'aromates pilés ; vous les laisserez roidir , après vous les mettrez sur un plat refroidir ; coupez des papiers de manière qu'ils puissent chacun envelopper en entier un morceau de filet; vous mettrez un peu d'huile sur chaque morceau de papier, et vous l'étendrez : ayez une barde de lard bien fine que vous mettrez dessus , puis un morceau de filet avec son assaisonnement; vous l'envelop- perez dans votre papier, de manière que cela forme une cartouche; ensuite vous fermerez bien votre papier par les deux bouts pour éviter que l'assai- sonnement n'en sorte : un moment avant de servir, vous les poserez sur le gril , à feu un peu chaud ; ne les quittez pas , de crainte qu'ils ne prennent trop couleur; il faut les retourner souvent : vous les dresserez comme un paquet de cartouches; servez-les à sec ou un jus clair dessous.

Sauté de filets de Lapereau aux champignons.

Vous levez et parez vos filets; vous les émincez et les parez comme il est dit ; *(Voyez* Sauté de filets aux truffes.) arrangez-les dans votre sautoir ; saupou- drez avec un peu de sel, un peu de gros poivre, un peu de persil haché bien fin et lavé; mettez-y environ trois quarterons de beurre que vous ferez tiédir ; vous tournez des champignons que vous émin-

cez; vous les sautez dans du beurre; vous les mettez
dans du velouté travaillé à l'essence de gibier : si
vous n'en avez pas, vous verserez plein une cuillère
à bouche de farine dans votre beurre et vos champignons; vous remuerez le tout ensemble; ajoutez
plein une cuillère à pot de bouillon passé au tamis
de soie, une feuille de laurier; vous ferez réduire
votre sauce : au moment de servir, vous mettez votre
sautoir sur un feu ardent; vous faites roidir vos filets;
vous les retournez en ne les laissant qu'un instant
sur le feu ; vous les mettez avec votre sauté de champignons; ajoutez-y une liaison de deux jaunes d'œufs :
il ne faut pas que votre sauce soit trop épaisse ni
trop claire.

Quenelle de Lapin.

Vous levez les filets de vos lapins, et vous prenez
les cuisses ; vous énervez les chairs, c'est à dire vous
séparez les chairs des nerfs avec la pointe de votre
couteau; vous pilez bien votre chair, ensuite vous la
passez au tamis à quenelle; vous la rassemblez pour
en faire un tas ; vous mettez de la mie de pain tendre
trempée dans du lait ou du bouillon ou de l'eau;
quand elle est bien trempée, vous la mettez dans un
linge blanc et neuf; vous la pressez le plus fort possible, afin qu'il ne reste pas de liquide dans votre
mie; pilez-la bien, et vous la passerez au tamis de
même que votre viande; assemblez et mettez votre
tas à part; si votre beurre est trop ferme, vous le
pilerez, afin qu'il ne fasse pas de grumeaux; vous
arrangerez les trois portions égales, c'est à dire
vous mettrez autant de pain que de viande et de
beurre; vous pilerez vos trois corps ensemble; ensuite vous y mettrez du sel, du gros poivre, un peu

de muscade rapée, une petite pincée d'aromates pilés;
vous pilerez encore votre farce, car elle ne saurait
trop l'être; vous y mettrez de tems en tems un jaune
d'œuf jusqu'à la concurrence de cinq; vous en mettrez seulement deux entiers, et des trois autres les
blancs à part : si votre farce était encore trop épaisse,
vous y ajouteriez la moitié d'un œuf ou un œuf
entier : lorsqu'elle sera à son point, vous ferez une
boulette que vous mettrez dans la marmite pour voir
si elle est d'un bon goût; vous fouetterez vos blancs
d'œufs jusqu'à ce qu'ils se tiennent debout, c'est à
dire comme un fromage à la crême fouettée; vous
les mettrez dans votre farce, et vous les mêlerez
avec une cuillère de bois sans vous servir du pilon;
alors vous l'ôterez de votre mortier, et vous vous en
servirez au besoin.

Quenelles de Lapin à l'essence de gibier.

Vous avez une cuillère à bouche que vous remplissez de farce; vous trempez votre couteau dans
l'eau bouillante; unissez votre farce avec la lame de
votre couteau en lui donnant une forme bombée;
avec une autre cuillère que vous trempez aussi dans
l'eau bouillante, vous enlevez la farce qui est dans
la première cuillère, et vous la mettez dans une grande
casserole beurrée successivement; préparez-en autant
que vous en avez besoin : lorsque le fond de votre
casserole est plein, vous mettez un rond de papier
beurré par-dessus vos quenelles : trois quarts-d'heure
avant de servir, vous versez doucement une eau de
sel bouillante dans votre casserole; faites-la bouillir
tout doucement, afin que vos quenelles pochent, mais
ne crèvent pas : au moment de servir, vous les égouttez sur un linge blanc; vous les glacez si vous voulez,

mais c'est inutile, puisque vous les masquez avec votre fumé de gibier : si vous n'avez pas de fumé de fait, vous en marquerez un avec les débris de lapin ; vous mettrez plein quatre cuillères à dégraisser d'espagnole dans une casserole, six cuillerées de fumé de gibier, un demi-verre de vin blanc ; vous ferez réduire le tout à un tiers ; écumez bien votre sauce ; passez-la à l'étamine ; saucez et masquez vos quenelles avec : vous pouvez, au lieu de coucher vos quenelles à la cuillère, si vous le préférez, prendre un peu de farine dont vous poudrerez la table ; vous mettrez de votre farce dessus ; vous saupoudrerez de farine votre farce ; roulez-la en ovale un peu long ; vous mettrez vos quenelles, comme il est dit, dans la casserole, et vous les ferez pocher de même.

Boudin de Lapin à la Sainte-Menehould.

Vous répandrez de la farine sur une table bien propre ; vous y mettrez de la farce de quenelle de lapin, (*Voyez* Farce à quenelle) un volume assez gros pour que cela puisse représenter un bout de boudin ; vous la roulerez dans la farine, et vous la mettrez dans le fond d'une casserole beurrée ; vous en ferez autant de morceaux que vous jugerez à propos, mais trois ou quatre suffisent ; vous les ferez pocher de même que les quenelles précédentes ; quand ils seront pochés, vous les laisserez refroidir ; vous les parerez ; donnez-leur une forme carrée, longue et plate, épaisse de quinze lignes ; vous les barbouillerez d'une sauce à atelet, si vous en avez, ou d'une autre qui soit liée ; vous les tremperez dans la mie de pain, et puis après dans le beurre tiède ; vous les panerez une seconde fois ; il faut leur donner une forme agréable : une demi-heure avant de servir, vous les mettrez sur le gril à un feu bien doux ; vous poserez un four de campagne bien chaud par-dessus pour leur faire prendre couleur : au moment de servir, vous les dressez sur le plat, et vous les saucez avec un velouté réduit, du fumé de gibier, ou une espagnole ; si vous voulez faire du boudin, voyez l'article *Boudin de Cochon.*

Pain de Lapin à la Saint-Ursin.

Vous mettrez de la farce à quenelle plein un moule évidé que vous beurrerez ; vous le met-trez dans un bain-marie que vous ferez mijoter ; quand la farce qui est dans votre moule sera cuite, au moment de servir, vous la renverserez sur votre plat ; vous aurez bien soin qu'il n'y ait point d'eau ; vous mettrez dans le vide de votre pain des cervelles de lapins, des filets mignons et rognons de lapins sautés ; vous aurez une sauce espagnole travaillée avec du fumé de gibier et un demi-verre de vin de Champagne ; quand votre sauce sera bien réduite, vous la verserez sur les garnitures qui sont dans votre pain, et vous en glacerez l'extérieur ; on peut aussi mettre dedans une autre garniture, comme des petites noix de veau, des crêtes, etc.

Croquettes de quenelles de Lapin.

Vous faites vos quenelles, et les pochez comme il est dit à l'article des quenelles de lapin ; vous les mettrez sur un plat ; vous les laisserez égoutter ; vous ferez réduire du velouté avec du fumé de gibier ; quand il sera bien réduit, vous y mettrez une liaison de trois jaunes d'œufs ; vous verserez votre sauce sur vos quenelles ; vous les laisserez refroidir ; barbouillez-les bien de sauce ; placez-les dans la mie de pain ;

vous casserez quatre œufs dans lesquels vous mettrez
un peu de sel, un peu de gros poivre; vous les battrez comme pour faire une omelette; vous tremperez
vos quenelles dedans; tâchez qu'il y ait de l'œuf
partout; vous les mettrez dans la mie de pain; donnez-
leur une forme agréable : une demi-heure avant de
servir, vous mettrez votre friture sur le feu; quand
elle sera bien chaude, vous y placerez vos croquettes;
lorsqu'elles auront belle couleur, vous les retirerez;
vous les égoutterez sur un linge blanc; faites frire
du persil en feuilles que vous mettrez par-dessus
vos croquettes.

Terrine de quenelles de Lapin à la Lareynière.

Vous ferez votre farce un peu plus serrée que la
précédente, c'est à dire que vous mettrez un sixième
de beurre de moins dans la farce; vous les pocherez
comme à la cuillère de même que les précédentes;
égouttez-les; coupez en petits lardons huit ou dix
truffes; vous les mettez dans vos quenelles à pareille
distance et de même grosseur; vous en placerez
quatre rangs sur chaque quenelle; lorsqu'elles seront
toutes piquées, vous les mettrez dans une casserole
avec des rognons et des crêtes de coqs, des petites
noix de veau, des ris d'agneau, des truffes; versez
ensuite plein deux cuillères à pot de velouté dans
une casserole, une pareille cuillerée de fumé de gibier, une demi-bouteille de vin de Madère sec, un
maniveau de champignons tournés et sautés dans
un jus de citron et de l'eau; vous ferez réduire votre
sauce à moitié, et vous ôterez vos champignons
pour les mettre avec vos garnitures; vous ferez une
liaison de quatre jaunes d'œufs et gros comme un
œuf de bon beurre; vous la tournerez ensuite sur le

feu pour la lier ; ne la laissez pas bouillir de crainte qu'elle ne tourne ; vous la passerez à l'étamine par-dessus vos garnitures ; il est nécessaire qu'elles soient bien chaudes ; servez ce ragoût dans une terrine ; vous pouvez employer une espagnole en place de velouté : vous travaillerez de même votre sauce ; vous ferez cuire vos truffes dans votre sauce : voyez si elle est d'un bon sel.

Croquettes de Lapereau.

Vous mettez trois lapereaux à la broche ; vous en levez les filets et le gros des cuisses ; coupez en-suite vos chairs en petits dés : vous ôterez les nerfs et les peaux de dessus ; vous les mettez dans une casserole : ayez plein une petite cuillère à pot de bécha-melle que vous faites réduire à presque moitié ; après cela, vous y mettez gros comme un œuf de bon beurre que vous faites fondre dans votre sauce sans la poser sur le feu ; vous la passerez à l'étamine sur votre chair de lapin ; ajoutez-y un peu de gros poivre, peu de sel, un peu de muscade rapée ; vous mêlerez bien votre viande avec la sauce : cela doit être un peu épais ; lorsque ce sera froid, vous ferez avec une cuillère à bouche des petits tas un peu moins gros qu'un œuf ; vous donnerez à vos cro-quettes la forme que vous voudrez, soit d'œuf, soit de poire, ou de bâton arrondi par les deux bouts ; vous les roulerez dans la mie de pain ; après vous les mettrez dans des œufs battus avec un peu de sel, de gros poivre ; vous mettrez bien de l'œuf partout vos croquettes ; vous les remettrez dans la mie de pain ; ayez bien soin qu'elles en prennent partout, afin qu'elles ne viennent pas à crever : au moment de servir, vous les mettrez dans une friture un peu chaude ; quand elles ont belle couleur, retirez-les, égouttez-les sur un linge blanc; faites frire une poignée de persil que vous mettez par-dessus vos croquettes ou à l'entour ; si vous n'avez pas de béchamelle, vous ferez réduire du velouté dans lequel vous mettrez une liaison de trois œufs.

Hachis de Lapereau.

Mettez quatre lapereaux à la broche ; quand ils sont cuits et froids, vous levez les filets et le gros des cuisses ; vous en ôtez les nerfs et les peaux ; vous hachez toute votre viande ni trop fine ni trop grosse ; ensuite vous la mettrez dans une casserole avec deux ou trois cuillères à dégraisser de béchamelle chaude, que vous mêlerez avec votre hachis : il ne faut pas qu'il soit trop clair ; vous le tiendrez chaud au bain-marie ; vous collerez des croûtons autour du plat : au moment de servir, vous mettez votre hachis dedans ; vous pouvez placer des œufs pochés à l'entour, et des petits filets piqués, glacés, entre vos œufs : si vous n'avez pas de béchamelle, vous ferez réduire du velouté, dans lequel vous mettrez une liaison de trois jaunes d'œufs.

Kari de Lapereau.

Vous coupez deux lapereaux en morceaux égaux; vous mettez dans une casserole trois quarterons de beurre, une livre de petit lard coupé en petits morceaux carrés - plats, que vous faites revenir dans le beurre, deux cuillères à café de safran d'Inde ou *curcuma*, dix gousses de petits piments enragés que vous pilerez avec un peu de sel, deux feuilles de laurier, deux clous de girofle : quand tout cet assaisonnement sera bien revenu dans votre beurre, vous y mettrez vos morceaux de lapereaux, que vous essuierez bien pour qu'il n'y ait pas de sang ; ôtez les poumons : vous ferez bien revenir votre lapereau ; lorsque vos morceaux seront fermes, vous y mettrez trois cuillères à bouche de farine, que vous mêlerez bien avec votre ragoût ; arrosez-le avec du bouillon ou bien de l'eau ; alors vous mettriez du sel : il faut qu'il y ait beaucoup de mouillement pour qu'il aille à grand feu, et qu'il réduise ; vous y mettrez des champignons ; quand il sera aux trois quarts cuit, vous y ajouterez des petits oignons, des culs d'artichauts, si vous en avez, des aubergines. Dans l'Iude on y met toutes sortes de légumes, haricots verts, choufleurs, tomates, concombres, etc. Quand votre kari est cuit, il faut qu'il baigne dans la sauce et dans le gras ; par conséquent il ne faut pas le dégraisser : on peut le servir dans cet état ; si vous voulez, vous retirez votre viande et vos garnitures, que vous mettez dans le vase creux où vous devez le servir ; vous mettez une liaison de cinq ou six œufs dans votre sauce ; vous la remuerez sur le feu sans la laisser bouillir, parce qu'elle tournerait : lorsqu'elle sera liée, vous la passerez à l'étamine sur votre ragoût ; voyez si elle est bien pimentée et assez assaisonnée ; vous servirez un pain de riz à l'eau (*Voy.* Kari de Veau.) à côté du vase où est votre kari, parce que la même personne qui sert du ragoût met du pain de riz sur l'assiette.

Lapin en galantine.

Vous désossez votre lapin, excepté la tête ; vous ôtez le gros de la chair des cuisses afin de pouvoir y mettre de la farce ; piquez les chairs de moyens lardons assaisonnés ; vous hachez les chairs des cuisses et les

filets de deux autres lapins ; vous mettez autant de
lard que de chair ; hachez le tout ensemble ; ajoutez
du sel, du gros poivre , un peu d'aromates pilés , des
truffes hachées ; votre farce faite, vous étendez votre
lapin, vous l'assaisonnez ; mettez - y un lit de farce ,
et dessus des lardons de langue à l'écarlate, des morceaux de truffes , des lardons ; vous mettez encore un
lit de farce, et ainsi de suite : votre lapin bien rempli, vous lui donnerez sa forme première ; vous le
couvrirez de bardes de lard , vous le ficelerez, et le
mettrez dans un linge blanc, que vous ficelerez encore ; placez des bardes de lard dans une braisière ;
vous y mettrez votre lapin , un jarret de veau coupé
en morceaux avec les débris de vos lapins, deux carottes, trois oignons, dont un piqué de deux clous
de girofle, deux feuilles de laurier, un peu de thym,
un bouquet de persil et de ciboules , une demi - bouteille de vin blanc, plein une cuillère à pot de bouillon, un peu de sel ; vous ferez mijoter votre lapin
pendant deux heures à très-petit feu ; quand il sera
cuit, vous retirerez votre braisière du feu ; une demi-
heure après vous ôterez aussi votre lapin : prenez
bien garde de ne pas le rompre ; vous le laisserez
refroidir dans son linge : servez-le glacé ou à la chapelure. Si vous avez besoin de gelée pour le décorer ,
vous passerez le fond de votre cuisson à travers une
serviette ; vous le clarifierez comme l'aspic ; (*Voyez*
Aspic.) vous laisserez refroidir votre gelée ; servez-la
avec votre lapin. Quelques personnes mettent dans
leur galantine des amandes , des pistaches , des carottes, des verts d'épinards ; ce n'est pas la méthode
reçue.

Lapereau à la broche.

On peut piquer le lapereau, ou le barder ; cela tient au goût.

Lapereau en caisse.

Vous ne vous servez que de petits lapereaux pour mettre en caisse ; la chair est extraordinairement tendre : il ne faut qu'un coup de feu pour le cuire ; dépouillez-le ; videz-le et coupez-le en morceaux égaux ; vous mettez dans une casserole gros comme un œuf de lard rapé, deux fois autant de beurre, deux cuillerées d'huile ; vous essuierez bien vos morceaux de lapin pour en ôter le sang ; faites fondre ensuite votre beurre, et mettez votre lapin dedans ; vous le faites bien revenir ; vous ajoutez des champignons hachés, de l'échalote, du persil haché bien fin, du sel, du gros poivre, un peu d'aromates pilés, un peu de muscade rapée ; vous remuerez le tout ensemble sur le feu : quand votre lapereau a resté dix minutes sur le feu, vous prenez une caisse de papier fort et double que vous barbouillez d'huile ; vous mettez dans le fond une barde de lard bien mince, et vous mettez vos morceaux de lapereaux avec tout son assaisonnement, une mince barde par-dessus : au moment de servir, vous mettez votre caisse sur le gril, à un feu doux ; vous posez un four de campagne chaud par-dessus : lorsque vous la servez, mettez un peu d'italienne dedans votre caisse, ou bien avant de la mettre au feu, vous la masquerez de mie de pain, à laquelle vous ferez prendre couleur avec le four.

Du Faisan.

Le faisan est un animal gros comme un coq, dont

la chair est excellente et bien saine ; pour le bonifier il faut le laisser mortifier quelques jours pour qu'il prenne un bon fumé.

Faisan étouffé.

Votre faisan plumé, vidé, vous le flambez ; vous faites rentrer les cuisses en dedans ; bridez-le ; piquez-le de moyens lardons que vous assaisonnez de sel et de gros poivre, un peu des quatre épices ; vous en lardez l'estomac et les cuisses ; vous le couvrez d'une barde de lard et le ficelez : mettez dans votre casserole des bardes de lard et votre faisan dessus ; vous masquerez une poêle, que vous mouillerez avec moitié vin blanc, moitié bouillon ; vous le ferez mijoter pendant deux heures : au moment de servir, vous l'égoutterez ; débridez-le, et dressez-le sur votre plat ; vous servirez dessous une essence de gibier. (*Voyez* Poêle *et* Essence de gibier.)

Faisan aux choux.

Vous préparerez votre faisan comme le précédent ; vous mettrez des bardes de lard dans une casserole avec votre faisan, une livre de petit lard, un cervelas de moyenne grosseur, quatre carottes, quatre oignons, deux clous de girofle, deux feuilles de laurier, quelques tranches de veau ; vous mettrez vos choux blanchir : il faut les ficeler et les mettre cuire avec votre faisan ; vous le mouillerez avec du bouillon ; ajoutez un peu de gros poivre, et point de sel à cause du bouillon et du lard ; vous le ferez mijoter pendant deux heures : au moment de servir, vous égoutterez vos choux ; vous mettrez votre faisan dans le milieu de votre plat, vos choux, votre petit lard et votre cervelas à l'entour ; vous y verserez une sauce

au fumé de gibier par-dessus et à l'entour : on pourrait mettre le faisan cuire à part, mais il ne serait
pas aux choux, et les choux n'auraient pas le goût de
faisan.

Faisan à la purée de lentilles.

Videz, troussez et lardez votre faisan comme celui
dit étouffé; vous le ferez cuire de même : au moment
de servir, vous l'égoutterez, le débriderez et le dresserez sur votre plat; masquez-le d'une purée de lentilles; (*Voyez* Purée de lentilles.) vous passerez le
mouillement dans lequel aura cuit votre faisan, et
vous le mettrez dans votre purée : faites-la réduire pour qu'elle ait le goût du fumé de faisan.

Filets de Faisan à la Chevalier.

Vous levez huit filets de faisan; vous mettez à part les
filets mignons que vous sauterez, et que vous arrangerez
dans le milieu; parez vos filets et piquez-les de lard fin :
vous mettrez dans une casserole des bardes de lard,
les débris de vos faisans, quelques tranches de veau,
deux carottes, quatre oignons, deux feuilles de laurier, deux clous de girofle; vous arrangerez bien vos
filets pour qu'ils conservent une belle forme; vous
mettrez par-dessus un rond de papier beurré, un
verre de vin blanc et deux verres de consommé, un
peu de sel : il ne faut pas qu'il y ait du mouillement
par-dessus vos filets, mais bien jusqu'à la piqûre;
mettez-les au feu une heure avant de servir; quand
ils bouilliront, vous les poserez sur un feu doux, et
beaucoup de feu sur le couvercle pour qu'ils se glacent : au moment de servir, vous les égouttez; glacez-
les; passez au tamis de soie le mouillement dans
lequel ils ont cuit : faites-le réduire presqu'à glace;

versez dessus plein trois cuillères à dégraisser d'espagnole que vous faites bouillir avec votre réduction;
vous la passez à l'étamine, et vous dressez vos filets
à plat sur des croûtons passés au beurre et épais de
trois lignes; versez votre sauce dessous; vous pouvez
aussi mettre des bardes de lard sur une tourtière, et
vos filets avec un verre de vin blanc, du sel, un peu
de gros poivre, un peu d'aromates, un rond de papier
beurré, et les mettre au four, ou sous le four de
campagne. (*Voyez* Sauce espagnole.)

Filets de Faisan aux truffes.

Vous leverez, vous parerez et piquerez vos filets :
faites-les cuire comme les précédens; ôtez le nerf du
filet mignon; vous couperez un rond mince de truffe
que vous partagerez en deux : vous ferez six incisions
dans votre petit filet à égale distance, et vous y mettrez
votre demi-cercle de truffes; lorsque vos filets mignons seront tous garnis, vous leur ferez prendre
une forme demi-ronde; vous les mettrez sur une
tourtière entre deux bardes de lard, avec un peu de
sel et de gros poivre : au moment de servir, vous les
poserez sur un fourneau, et le four de campagne bien
chaud par-dessus, ou vous les sauterez au beurre;
égouttez vos grands filets; glacez-les; mettez sur votre
plat un sauté de truffes (*Voyez* Sauté de truffes.) et
vos filets par-dessus; dans le milieu, vous arrangez
vos petits filets garnis de truffes.

Sauté de filets de Faisan.

Vous levez huit filets de faisan que vous parez,
c'est à dire que si le côté sur lequel était la peau est
encore couvert d'une peau nerveuse, vous mettrez
ce côté là sur la table, et vous glisserez votre cou-

teau entre cette peau et la chair, de manière qu'il n'en reste pas : vous parerez le tour de vos filets, afin qu'il soit correct ; vous les mettrez dans votre sautoir avec un peu de sel, de gros poivre ; vous ôterez les nerfs des filets mignons, et vous les mettrez de même ; vous ferez tiédir environ trois quarterons de beurre que vous verserez dessus : au moment de servir, vous mettrez vos filets sur un feu ardent ; lorsqu'ils seront roidis d'un côté, vous les retournerez de l'autre ; vous ne les laissez qu'un instant ; vous mettez le doigt dessus ; si la chair résiste, vous les retirerez ; dressez - les en couronnes, un filet, un croûton glacé, ainsi de suite : vous placerez vos filets mignons dans le milieu ; vous mettrez pour sauce une espagnole travaillée avec un fumé de gibier ; si vous n'en avez pas, vous ôterez le beurre qui est dans votre sautoir ; vous y laisserez le jus qu'auront donné vos filets, et vous y mettrez votre sauce dedans : faites jeter cinq ou six bouillons ; versez-la ensuite sous vos filets : vous pouvez mettre un sauté de truffes dans le milieu par-dessus vos filets mignons.

Sauté de filets de Faisan aux truffes.

Vous levez vos filets, vous ôtez la peau nerveuse ; vous coupez votre filet en deux dans sa longueur ; vous émincez vos morceaux épais de deux lignes ; vous leur donnez une forme agréable ; mettez - les dans votre sautoir où tourtière, avec du sel, du gros poivre, un peu de muscade rapée : vous faites tiédir du beurre, et vous le versez par-dessus ; ôtez le nerf des filets mignons, et mettez-les avec votre sauté ; vous épluchez ensuite vos truffes ; vous les coupez en ronds de l'épaisseur d'une ligne et demie ; arrangez vos ronds de truffes sur vos filets : au moment de servir, vous mettez votre sauté sur le feu ; vous retournez vos filets ; lorsqu'ils sont roidis d'un côté vous les retournez de l'autre ; laissez-les encore un instant au feu ; penchez votre sautoir, et mettez votre sauté sur la hauteur, pour que le beurre se sépare de votre sauté : prenez du velouté réduit avec un fumé de gibier ; vous mettrez une liaison de deux jaunes d'œufs ; si vous voulez vous sauterez votre sauté dans votre sauce, et vous le dresserez tout de suite pour que votre sauce ne se lâche pas ; vous mettrez des croûtons à l'entour de votre plat.

Cuisses de Faisan à la purée de lentilles.

Après avoir tiré les filets d'un faisan, il faut employer les cuisses ; vous les leverez dessus les reins ; vous prendrez de la peau le plus possible ; désossez-les jusqu'à la jointure ; vous y mettrez gros comme la moitié d'un œuf de petit lard pilé que vous assaisonnez de sel, de gros poivre, un peu d'aromates pilés ; vous rassemblerez les chairs avec une aiguille et du fil ; vous les coudrez de manière que vos cuisses forment le rond par le gros bout ; vous mettrez des bardes de lard dans une casserole ; vous y placerez vos cuisses, des bardes de lard par-dessus, deux carottes, quatre oignons coupés en tranches, deux feuilles de laurier, deux clous de girofle, quelques tranches de veau, plein une cuillère à pot de bouillon ; vous ferez mijoter vos cuisses pendant une heure et demie : au moment de servir, égouttez-les ; débridez-les, et vous les dresserez en couronnes, une cuisse, un croûton glacé à peu près de la grandeur de la cuisse ; vous mettrez votre purée dans le milieu ; si vous voulez les arranger autrement, vous les masquerez avec votre purée : (*Voyez* Purée de lentilles.)

vous pouvez les mettre cuire entre deux bardes de lard et l'assaisonnement; vous les mouillerez avec du bouillon.

Faisan à la Périgueux.

Vous viderez et flamberez votre faisan; vous casserez les deux os de l'estomac : il faut qu'il soit vidé par la poche, pour ne point endommager le croupion de votre faisan : vous aurez une livre et demie de truffes que vous nettoierez et que vous éplucherez, c'est à dire en enlevant légèrement le dessus de vos truffes que vous mettrez à part; vous les hacherez bien fines; placez ensuite une demi-livre de lard rapé dans une casserole, un quarteron de beurre, un quarteron d'huile que vous ferez chauffer; vous y mettrez vos truffes coupées en morceaux gros comme une forte noix; vous les ferez revenir; ajoutez un peu de sel, un peu de gros poivre, un peu des quatre épices : quand les truffes auront bouilli dans votre lard pendant cinq minutes, vous y mettrez vos parures hachées; vous les laisserez refroidir, et vous mettrez le tout par la poche dans le corps du faisan; arrangez une barde de lard bien mince dessus l'endroit par où sont entrées vos truffes, et remettez la peau pardessus : vous trousserez les pattes comme à une poularde poélée; vous les briderez bien; assujettissez la peau de la poche pour que les truffes ne sortent pas en cuisant; vous mettez ensuite des bardes de lard dans une casserole, votre faisan par-dessus; vous le couvrirez bien de bardes; vous marquerez une poéle sans citron que vous mettrez dessus; couvrez-le d'un rond de papier beurré; vous le ferez mijoter une heure : au moment de servir, vous égoutterez votre faisan; vous le débriderez : ayez bien soin de ne pas le crever; vous le dresserez sur votre plat; vous hacherez deux truffes que vous passerez dans du beurre; vous y verserez plein trois cuillères à dé- graisser d'espagnole, trois de fumé de gibier, ou bien du mouillement dans lequel a cuit votre faisan : vous ferez réduire votre sauce à moitié ; dégraissez-la et versez-la sous votre faisan. (*Voyez* Poêle.)

Quenelles de Faisan.

Vous levez les chairs de l'estomac du faisan, et vous faites vos quenelles comme celles dites de vo- laille. (*Voyez* Quenelles.)

De la Perdrix.

La perdrix rouge est plus estimée et meilleure que la grise; l'une habite plus volontiers les mon- tagnes, et l'autre la plaine : la première a un très- beau plumage, et la chair d'un blanc jaune ; l'autre a la chair d'un gris noir, selon son âge. La différence qu'il y a entre le perdreau et la perdrix, c'est que la dernière grande plume de l'aile du perdreau est pointue, et que celle de la perdrix est ronde.

Perdrix étouffées.

Vous avez trois vieilles perdrix que vous plumez et videz; vous les flambez légèrement; piquez-les de moyens lardons que vous assaisonnez de sel, de gros poivre, d'aromates pilés; vous troussez les pattes comme celles d'une poularde poêlée; donnez-leur une belle forme, bridez-les; vous mettez ensuite des bardes de lard dans une casserole; vous y mettez vos perdrix, quelques tranches de veau, deux ca- rottes, deux oignons, deux clous de girofle, un bouquet de persil et ciboules, une feuille de lau-

rier, un peu de thym; vous les couvrirez de bardes
de lard; vous mettrez un rond de papier beurré,
un verre de vin blanc, un verre de bouillon, un
peu de sel; *vous ferez mijoter vos perdrix pen-*
dant une heure et demie, selon comme elles seront
dures : au moment de servir, égouttez-les, bridez-
les ; vous mettrez plein trois cuillères à dégraisser
d'espagnole, trois cuillères de fumé de gibier; vous
ferez réduire le tout à moitié, et vous saucerez vos
perdrix : si vous n'avez pas de sauce, vous ferez un
roux léger que vous arroserez avec le mouillement
dans lequel vos perdrix ont cuit ; vous le passerez
au tamis de soie; vous ferez réduire votre sauce à
moitié, afin qu'elle prenne du goût; dégraissez-la
et passez-la à l'étamine; vous la verserez sous vos
perdrix.

Perdrix aux Choux.

Vous préparez vos perdrix comme celles dites
étouffées ; vous mettez des bardes de lard dans une
casserole avec vos perdrix, une livre de petit lard
que vous aurez fait blanchir et bien nettoyer, un
gros cervelas, ou un morceau de jambon, quelques
tranches de veau; vous couvrez vos perdrix de bardes
de lard; vous mettez quatre carottes, quatre oignons,
deux clous de girofle, deux feuilles de laurier; vous
ferez blanchir vos choux; ficelez-les; vous les presserez; mettez-les par-dessus vos perdrix; vous les
couvrirez de bardes de lard, un rond de papier
beurré, plein deux cuillères à pot de bouillon; vous
les ferez mijoter pendant deux heures : au moment
de servir, égouttez-les, débridez-les; vous les dressez
ensuite sur votre plat; égouttez vos choux, pressez-
les pour les sécher; vous les dressez à l'entour de

vos perdrix ; vous coupez votre lard en morceaux,
et vous les posez de distance à autre sur vos choux
avec votre cervelas ; vous mettez dessus une sauce
espagnole.

Perdreaux aux Truffes.

Vous prenez trois forts perdreaux que vous videz
par l'estomac ; vous les flambez légèrement ; prenez
bien garde de les endommager ; rapez ou pilez une
livre de lard que vous placerez dans une casserole ;
mettez-y des moyennes truffes coupées en quatre ;
vous avez soin d'arrondir vos morceaux que vous
hachez et que vous passez au feu ; jetez-y un peu
de sel, un peu de gros poivre, des quatre épices :
au moment où vous les faites mijoter avec votre
lard dix minutes, vous y mettez vos hachures de
truffes ; retirez-les de dessus le feu, et laissez-les
refroidir ; ensuite vous les mettez dans vos perdreaux ;
bridez-les, en leur donnant une forme bien ronde ;
arrangez des bardes de lard dans une casserole, et
vos perdreaux par-dessus ; vous les couvrez de bardes ;
vous faites une poêle où vous n'employez pas de
citron ; vous la mettez sur vos perdreaux ; faites-les
mijoter pendant une heure et demie : au moment
de servir, vous les égouttez, les débridez, et les
dressez sur le plat ; hachez ensuite deux truffes ; vous
les passez dans un peu de beurre ; vous mettez plein
trois cuillères à dégraisser d'espagnole, trois cuillères
de fumé de gibier ; vous ferez réduire votre sauce
à moitié : dégraissez-la, et servez-la sous vos perdreaux ; si vous n'avez pas de sauce, vous passerez
vos truffes hachées ; vous y mettrez une demi-cuillère
à bouche de farine ; vous passerez le mouillement
dans lequel auront cuit vos perdrix au tamis de

soie; vous ferez réduire votre sauce à moitié : dégraissez-la, et servez-la sous vos perdreaux. On peut aussi les mettre à la broche.

Perdreaux à l'espagnole.

Plumez et videz trois perdreaux qui soient de même grosseur : vous les flamberez légèrement ; vous les trousserez et les briderez de même qu'une poularde poêlée ; vous mettrez un quarteron de beurre dans une casserole, le jus d'un citron, un peu de gros poivre, une tranche de jambon ; vous poserez vos perdreaux sur un feu un peu chaud ; vous les ferez revenir tout doucement pour qu'ils ne prennent pas couleur ; quand ils seront bien revenus, vous mettrez plein six cuillères à dégraisser d'espagnole, une demi-bouteille de vin blanc, une feuille de laurier, un bouquet de persil et de ciboules, un clou de girofle ; vous ferez mijoter pendant trois quarts-d'heure vos perdreaux ; vous les retirerez quand ils seront cuits ; vous les placerez dans une casserole ; dégraissez la sauce, et faites-la réduire à moitié ; vous la passerez à l'étamine sur vos perdreaux : au moment de servir, débridez-les, et dressez-les sur votre plat ; servez la sauce dessous ; si vous n'avez pas d'espagnole, vous laisserez vos perdreaux dans leur beurre ; vous ferez un roux léger que vous mouillerez avec le vin blanc, et une demi-bouteille de bouillon que vous verserez sur vos perdreaux avec l'assaisonnement ; quand vous ferez réduire votre sauce, dégraissez-la le plus possible ; faites-la réduire jusqu'à ce qu'elle soit assez liée pour servir de sauce ; voyez si elle est d'un bon sel. On peut servir un petit ragoût avec ces perdreaux, c'est à dire mettre des garnitures avec sa sauce.

Perdreaux poélés.

Vous aurez trois perdreaux bien frais, de même grosseur, qui ne soient point écorchés sur l'estomac, ni meurtris : vous les viderez par la poche, c'est à dire qu'il faut faire sortir par-là les boyaux, le gésier et le foie pour éviter de faire des incisions ailleurs; vous les flamberez légèrement quand ils seront bien épluchés; vous manierez trois quarterons de beurre avec un peu de sel, le jus d'un citron, un peu de gros poivre, un peu d'aromates pilés, le tout bien mêlé; vous remplissez vos perdreaux de ce beurre; vous les bridez et les troussez comme une poularde poélée; vous placez ensuite des bardes de lard dans une casserole, vos perdreaux par-dessus; vous les couvrez de tranches de citron et de bardes de lard; vous versez une poêle par-dessus; (*Voyez* Poêle.) vous les faites mijoter une bonne demi-heure; vous les égouttez : au moment de servir, débridez-les, dressez-les sur votre plat; vous mettez une belle écrevisse entre chaque perdreau, plein trois cuillères à dégraisser d'espagnole, et trois d'essence de gibier que vous ferez réduire à moitié, et que vous verserez sous vos perdreaux; si vous n'avez pas de sauce, ni de fumé de gibier, vous ferez un roux léger; vous passerez au tamis de soie le mouillement où auront cuit vos perdreaux; vous l'arroserez; vous y mettrez un demi-verre de vin blanc; si votre sauce est bien longue, faites-la réduire jusqu'à ce qu'elle soit assez liée pour saucer vos perdreaux; ayez soin de la dégraisser et de la passer à l'étamine : voyez si elle est de bon sel.

Filets de Perdreaux aux bigarades.

Vous mettrez buit perdreaux à la broche trois quarts-d'heure avant de servir; quand ils seront cuits, un peu verts, c'est à dire dans leur jus, vous les ôtez de la broche; vous levez correctement les filets; vous dressez sur le plat un croûton glacé qui ait à peu près la même forme de vos filets, mais plate; vous mettez dans une casserole plein quatre cuillères à dégraisser d'espagnole travaillée, un peu de gros poivre, le jus d'une bigarade, avec un peu de zest de l'écorce; vous ferez jeter un bouillon à votre sauce, et vous la verserez sous vos filets; si vous n'avez pas de sauce, vous ferez un roux léger; vous concasserez quelques reins de vos perdreaux; vous les mettrez dans votre roux; mouillez-les avec du bouillon, un demi-verre de vin blanc, une feuille de laurier; vous la ferez réduire à moitié; vous la dégraisserez, et la passerez à l'étamine; vous y presserez votre biga-rade comme il est expliqué.

Sauté de filets de Perdreaux.

Vous aurez six perdreaux de même grosseur; vous en levez les filets; vous les parez; ôtez - en la peau nerveuse; vous les mettez du côté de la peau sur la table; vous glissez la lame de votre couteau entre cette peau et la chair d'une extrémité à l'autre, toujours votre tranchant enclin du côté de la peau pour ne pas trop enlever de chair; mettez ensuite vos filets dans votre sautoir ou tourtière; vous les assaisonnez de sel et de gros poivre; vous faites tiédir trois quarterons de beurre que vous versez dessus : dix minutes avant de servir, vous les mettez sur un feu ardent; quand ils sont roidis d'un côté, vous les

retournez de l'autre ; ne les laissez qu'un instant :
vous penchez votre sautoir pour que votre beurre se
sépare de vos filets ; dressez-les en couronnes sur votre
plat , un croûton glacé entre chaque filet ; vous employez pour sauce une espagnole travaillée à l'essence de gibier ; si vous n'avez pas de sauce ni de
fumé , vous ferez attacher le jus qu'auront jeté vos
filets dans votre sautoir ; quand le fond sera blond ,
vous ôterez la moitié du beurre ; vous y verserez plein
une cuillère à bouche de farine , que vous mêlerez
avec ; ajoutez - y un verre de bouillon, un peu de
jus, un demi - verre de vin blanc ; vous ferez jeter
quelques bouillons à votre sauce ; vous la passerez à
l'étamine ; joignez-y un peu de gros poivre , un jus
de citron : voyez si elle est d'un bon sel ; mettez-la
sous vos filets.

Sauté de filets de Perdreaux aux truffes.

Vous préparez vos filets comme les précédens ; quand
ils sont arrangés dans le sautoir , vous épluchez vos
truffes ; vous les coupez en forme ronde épaisse d'une
ligne et demie ; vous les arrangez sur vos filets avec
un peu de sel, un peu de gros poivre : au moment
du service , vous les sautez sur un feu ardent ; égouttez-les , dressez-les en couronnes , un croûton glacé
entre chaque filet ; vous mettez vos truffes dans la
même sauce que la précédente ; vous les sautez dedans, et vous les mettez dans le milieu de vos filets.

Perdreaux à la Monglas.

Après avoir vidé et flambé vos perdreaux, vous
les trousserez comme une poularde poêlée ; vous les
mettrez à la broche ; quand ils seront cuits, vous les
laisserez refroidir ; vous en leverez les estomacs de

manière que le reste du corps forme un puits ovale ;
vous couperez vos chairs en petits dés, que vous
mettrez dans une casserole ; vous partagerez deux ou
trois truffes aussi en petits dés ; vous aurez une vingtaine de champignons, que vous couperez en petit ;
vous les mêlerez avec vos truffes et votre viande de
perdreaux ; vous verserez plein six cuillères à dégraisser d'espagnole, six cuillères de fumé de gibier ;
vous ferez réduire le tout à un tiers ; vous la passerez à l'étamine par-dessus votre petit ragoût ; tenez
vos perdreaux chauds dans une casserole : au moment
de servir, vous les débriderez ; vous mettrez votre ragoût dans vos perdreaux, une espagnole travaillée
dessous. (*Voyez* Sauce espagnole.) Si vous n'avez
pas de sauce, vous concasserez vos débris de perdreaux ; vous ferez un roux léger ; vous les mettrez
dedans avec un demi-verre de vin blanc, deux verres
de bouillon, une feuille de laurier, un peu de gros
poivre ; vous la ferez réduire jusqu'à ce qu'elle soit
assez liée pour votre ragoût : voyez si elle est d'un
bon sel ; vous la passerez à l'étamine.

Salmi de Perdreaux.

Vous mettrez quatre perdreaux à la broche ; vous
les laisserez refroidir si vous avez le tems ; vous
leverez les membres le mieux possible ; mettez - les
dans une casserole ; vous concassez les débris avec
le couteau ; vous mettez dans une casserole plein six
cuillères à dégraisser d'espagnole, vos débris de perdreaux, six échalotes, un verre de vin blanc, une
pincée de feuilles de persil, une feuille de laurier,
une bonne pincée de gros poivre, très - peu de sel,
un verre de bouillon ; vous ferez aller à grand feu
votre sauce ; quand elle sera réduite à plus de moi-

lié , vous la passerez à l'étamine par-dessus vos membres de perdreaux ; vous les tiendrez chauds dans leur sauce sans les faire bouillir : au moment du service , dressez vos membres de perdreaux avec des croûtons dessus , que vous tremperez dans la sauce. Si vous n'avez pas d'espagnole , vous ferez un roux léger ; vous passerez vos débris ; mettez des échalotes et du persil dedans ; vous y verserez un verre de vin blanc , deux de bouillon , du sel , du gros poivre , une feuille de laurier ; vous ferez réduire votre sauce à moitié ; vous la passerez à l'étamine par - dessus vos membres de perdreaux : au moment de servir , vous y mettrez le jus d'un citron entier : voyez si elle est d'un bon sel.

Salmi de table à l'esprit-de-vin.

A table , lorsqu'on veut manger un salmi , vous dépecez vos perdreaux ; vous les mettez sur un plat d'argent que vous posez sur un réchaud à l'esprit-de-vin ; vous ajoutez du sel , du gros poivre , un verre de vin blanc , le jus de deux citrons , avec un peu de zest de l'écorce , un peu d'échalotes hachées qu'on fait venir de la cuisine , un peu d'ail pilé si on l'aime , un peu de croûte de pain rapée que vous semez sur votre salmi ; vous le laissez mijoter dix minutes , et vous en servez : il faut que le sel et le gros poivre y dominent.

Manselle de Perdreaux.

Vous mettez à la broche quatre perdreaux, et vous les dépecez comme pour le salmi de perdreaux : vous placez vos débris dans un mortier, avec six échalotes, une pincée de feuilles de persil, du gros poivre, une feuille de laurier ; vous pilez le tout ensemble ;

vous versez plein quatre cuillères à dégraisser d'espagnole dans une casserole, un demi-verre de vin
blanc, vos débris pilés, un peu de muscade rapée,
un demi-verre de bouillon : vous ferez réduire le
tout à moitié ; vous passerez votre sauce en la foulant dans l'étamine ; vous la mettrez dessus vos membres de perdreaux que vous tiendrez chauds sans les
faire bouillir : si vous n'avez point de sauce, vous
ferez un roux ; vous y ajouterez vos débris pilés, un
verre de vin blanc, deux verres de bouillon, un clou
de girofle ; vous ferez réduire votre sauce ; vous la
dégraisserez, et là passerez à l'étamine : voyez si
elle est d'un bon sel.

Hachis de Perdreaux.

Vous mettrez huit perdreaux à la broche ; quand
ils sont cuits, vous les laissez refroidir ; vous levez
les filets ; vous les hachez ; mettez-les dans une casserole : vous faites un roux léger ; vous y mettez les
foies et les poumons de vos perdreaux, une feuille
de laurier, un clou de girofle, trois échalotes, un
peu de sauge ; vous faites revenir le tout avec votre
roux ; vous y mettez deux grands verres de bouillon ;
vous laissez réduire votre sauce à moitié ; passez-la
à l'étamine sans la fouler ; vous en mettrez dans votre
hachis jusqu'à ce qu'il soit épais et lié ; vous le tiendrez chaud sans le faire bouillir : au moment de
servir, arrangez des croûtons à l'entour de votre plat,
et mettez-y votre hachis ; vous ajouterez autour des
œufs à cinq minutes, ou des œufs pochés ; entre chaque
œuf, vous mettrez un croûton rond frit dans l'huile.
(*Voyez* Œufs pochés.)

Perdreaux à la Saint-Laurent.

Videz vos perdreaux et flambez-les ; coupez les

pattes, et troussez les cuisses en dedans, sans faire un grand trou près le croupion ; vous le fendez par le dos depuis le cou jusqu'au croupion : vous écartez votre perdreau et le battez sur l'estomac, de manière que votre perdreau ait une plus grande surface; vous le poudrez de sel, de gros poivre ; vous mettez le côté de l'estomac dans une casserole où il y a de l'huile; vous le mettez sur le feu pour le faire revenir ; vous le retournez de l'autre côté pour qu'il revienne de même : une demi-heure avant de servir, vous le mettez sur le gril à un feu un peu chaud; vous prenez plein deux cuillères à dégraisser d'espagnole, le jus d'un citron et demi, vous zestez un peu d'écorce que vous mettez dans votre sauce, un peu de sel, du gros poivre ; vous ne faites jeter qu'un bouillon à votre sauce; mettez ensuite votre perdreau sur le plat et votre sauce par-dessus : si vous n'avez ni sauce ni citron, vous chapelerez très-fin un peu de croûte brune du pain; vous hacherez sept ou huit échalotes, un peu de poivre, du sel, un demi-verre d'eau, plein six cuillères à bouche de vinaigre, plein quatre autres d'huile; vous ferez jeter deux ou trois bouillons à votre sauce, et vous la mettrez sur votre perdreau.

Perdreau à la tartare.

Vous viderez, flamberez, trousserez et fendrez votre perdreau comme le précédent ; vous ferez tiédir du beurre dans une casserole ; vous y tremperez votre perdreau de manière qu'il ait du beurre partout; vous le poudrerez de sel, de gros poivre ; vous le mettrez dans la mie de pain pour qu'il soit bien pané partout : une bonne demi-heure avant de servir, vous mettrez votre perdreau sur le gril à un feu doux;

et lorsque vous servirez, mettez-y une rémoulade, ou sauce à la tartare dessus votre plat, et votre perdreau par-dessus. Si on veut, on peut servir un jus clair dessous, ou une sauce piquante.

Perdreau sauté.

Vous préparez votre perdreau comme celui à la tartare; vous mettez un bon morceau de beurre dans une casserole; vous y posez votre perdreau du côté de l'estomac : vingt minutes avant de servir, vous le faites aller à un feu ardent; vous y mettez du sel, du poivre; vous le retournez, quand vous sentez qu'il est ferme sous votre doigt; vous le retirez du feu et le mettez sur le plat avec une sauce espagnole réduite, dans laquelle vous pressez une moitié de citron : si vous n'avez ni sauce ni citron, vous ôtez les trois quarts de beurre de votre casserole; vous y ajoutez un peu de farine, un demi-verre de vin blanc, autant de bouillon, du sel, du poivre; vous ferez jeter quelques bouillons à votre sauce, et vous la mettrez sous votre perdreau.

Perdreau en papillotes.

Lorsque votre perdreau est vidé, flambé, vous le coupez en deux du cou au croupion, et vous séparez les morceaux; vous mettez du beurre dans une casserole; laissez vos morceaux de perdreau revenir pendant sept ou huit minutes, qu'ils soient presque cuits; vous les mettrez refroidir sur un plat; ajoutez des fines herbes à papillotes par-dessus : (*Voyez* fines Herbes à papillotes.) quand vos perdreaux seront froids, vous couperez un carré de papier assez grand pour qu'il puisse contenir la moitié de votre perdreau; vous étendrez de l'huile dessus votre papier;

vous y mettrez une barde de lard bien mince, votre moitié par-dessus avec de vos fines herbes, et une barde bien mince pour la couvrir; vous pliez votre papier par-dessus ; plissez-le en forme de papillote : une demi-heure avant de servir, vous mettez vos papillotes sur le gril à un feu très-doux : vous les dressez en couronnes sur votre plat avec un jus clair dessous.

Purée de Perdreaux.

Vous ferez cuire huit ou dix perdreaux à la broche, selon la quantité de purée dont vous aurez besoin ; vous les laisserez refroidir : quand ils sont cuits, vous enlevez les chairs de l'estomac ; pilez-les dans un mortier ; après ce procédé, vous aurez une sauce veloutée travaillée au fumé de gibier; vous en mettrez plein six ou huit cuillères à dégraisser dans votre mortier pour rendre votre purée liquide; vous la passerez ensuite à l'étamine sans la mettre sur le feu ; vous la foulerez bien avec une cuillère de bois : quand votre purée sera bien passée, vous la tiendrez chaude sans la faire bouillir; vous y ajouterez du sel, du poivre, gros comme un œuf de beurre, et vous l'emploierez comme vous voudrez, soit dans le potage, dans des croûtons, en pain, etc.

Pain de purée de Perdreaux.

Vous ferez une purée comme la précédente; vous ajouterez dans le mortier dix à douze jaunes d'œufs cruds; vous passez votre purée à l'étamine ; quand elle sera passée, vous aurez un moule qui sera vide dans le milieu : si vous voulez y mettre un petit ragoût, vous le beurrerez, et vous mettrez votre purée dedans; vous poserez votre moule dans un bain-marie; vous le laisserez mijoter pendant trois quarts-d'heure : au moment de servir, vous renverserez votre pain sur votre plat; vous le mouillerez avec une sauce blonde de fumé de gibier bien corsé.

De la Caille.

La caille est un excellent oiseau; elle est plus grosse et plus charnue que la grive; les plus grasses sont celles que l'on prend sur la fin de l'été et dans l'automne. Elle quitte notre pays dès que le froid vient; on en tient en cage pour les engraisser; mais leur qualité est moins bonne, excepté pour le rôti : plus la caille est fraîche, meilleure elle est.

Cailles au fumé de gibier.

Vous ôtez les os de l'estomac de votre caille par l'intérieur sans endommager l'extérieur; après l'avoir vidée par la poche, vous la flambez légèrement; vous levez les filets d'autres cailles que vous assaisonnez d'un peu de sel, de gros poivre, un peu de persil haché bien fin, un quarteron de beurre, le jus d'un citron; vous en mettez deux dans chaque caille; il en faut huit pour une entrée; vous les troussez et les potelez le mieux possible ; vous les bridez, afin qu'elles conservent leur forme en cuisant; vous mettrez dans une casserole un bon morceau de beurre, le jus d'un citron, une feuille de laurier; vous les ferez rôidir un instant dans votre beurre; vous mettrez des bardes de lard dans une casserole, vos cailles par-dessus; vous les couvrez encore de bardes; vous mettez une poêle mouillée avec du vin blanc par-dessus vos cailles; vous les mettrez au feu une bonne demi-heure : avant de servir, et au moment de le faire, vous les égouttez, les débridez et les dressez sur

votre plat; vous mettrez une sauce espagnole travaillée avec du fumé de gibier : (*Voyez* Poêle espagnole *et* Fumé de gibier.) Si vous n'avez point de
sauce, faites un roux léger; vous passerez au tamis
de soie le mouillement où auront cuit vos cailles;
vous en arroserez votre roux; ajoutez-y plein une
cuillère à dégraisser de jus; vous ferez réduire votre
sauce à moitié; vous la dégraissez et la passez à
l'étamine; puis vous la mettez sous vos cailles : si
votre sauce avait trop de sel, vous y joindriez le jus
de la moitié d'un citron, et gros comme une noix de
beurre frais que vous feriez fondre en le tournant
dans votre sauce sans la mettre dessus le feu : si les
filets sont trop difficiles à avoir pour mettre dans
l'intérieur de vos cailles, vous en hacherez les foies
que vous joindrez avec un peu de farce.

Cailles à l'Espagnole.

Vous aurez huit cailles bien fraîches que vous videz
par la poche, pour éviter une grande incision près
le croupion; vous maniez un morceau de beurre dans
lequel vous mettez un jus de citron, du sel, du gros
poivre; vous en mettez dans vos cailles autant qu'il
en peut tenir dans le corps : vous assujettissez les
cuisses avec une aiguille et du gros fil; vous laissez
les pattes libres; vous leur donnez une forme agréable
en les bridant; vous mettez des bardes de lard dans
une casserole, vos cailles par-dessus; couvrez-les
aussi de bardes, et mettez une poêle mouillée avec
moitié vin blanc, moitié bouillon : une bonne demi-
heure avant de servir, vous les mettrez au feu; en
les retirant, vous les égouttez, et vous les débridez;
ayez des croûtons de la grandeur de vos cailles, et
vous les posez dessus; vous mettez une sauce espa-

gnole un peu claire, dessous laquelle vous jetez gros comme la moitié d'une noix de glace.

Cailles au chasseur.

Videz et flambez vos cailles ; mettez un morceau de beurre dans une casserole , vos cailles dedans, une feuille de laurier, du sel, du poivre, un peu de fines herbes, si vous en avez ; placez vos cailles sur un feu ardent ; vous les sautez à chaque instant ; lorsqu'elles vous résistent sous le doigt, vous prenez plein une cuillère à bouche de farine que vous mêlez avec vos cailles, un demi-verre de vin blanc, un peu de bouillon ; quand votre sauce sera liée, retirez vos cailles du feu : il ne faut pas qu'elles bouillent ; vous les dressez ensuite sur le plat ; voyez si elles sont de bon sel.

Cailles aux truffes.

Videz vos cailles par la poche ; vous les flambez légèrement ; épluchez vos truffes, coupez-les en gros dés, rapez un peu de lard que vous mettez dans une casserole avec autant de beurre, du sel, du poivre, des quatre épices, un peu de persil ; vous hachez une truffe que vous mêlez avec le reste ; vous les passez sur le feu pendant sept ou huit minutes ; laissez-les refroidir ; vous les mettez dans le corps de vos cailles ; quand elles seront bien remplies, vous les trousserez et les briderez ; vous leur donnerez une forme agréable ; vous mettrez des bardes de lard dans une cassserole, et vos cailles dessus ; vous les couvrirez de bardes de lard ; vous couperez des petits morceaux de veau en dés, une carotte, sept ou huit petits oignons, un clou de girofle, la moitié d'une feuille de laurier ; ajoutez-y vos épluchures de truffes, un bon morceau de beurre ; vous mettrez le tout dans une casserole ; passez votre assaisonnement pendant un bon quart-d'heure à un feu modéré ; lorsque votre assaisonnement sera bien revenu, vous y mettrez un verre de vin blanc, autant de bouillon ; vous ferez jeter deux ou trois bouillons, et lorsque vous mettrez vos cailles au feu, vous verserez par-dessus cet assaisonnement ; une bonne demi-heure suffit pour les cuire : au moment de servir, vous les égouttez, les débridez, et les dressez sur le plat : dans le milieu, vous y mettez un sauté de truffes que vous arrangerez dans une espagnole réduite. (*Voyez* Sauce espagnole réduite.)

Cailles au gratin.

Vous désosserez dix cailles bien fraîches ; vous mettrez les foies à part, et vous les pilerez avec le dos du couteau ; vous aurez une farce cuite (*Voyez* Farce cuite) dans laquelle vous mettrez vos foies pilés avec un peu de gros poivre, très-peu de sel, un peu d'aromates pilés ; vous mêlerez le tout ensemble ; vous remplirez vos cailles de cette farce ; vous leur donnerez leur forme première ; vous les assujettirez avec une aiguille et du fil ; vous verserez plein une cuillère à dégraisser de velouté dans le reste de votre farce que vous mêlerez bien avec ; vous l'étendrez sur votre plat ; posez-le un instant sur le feu ; ensuite vous arrangerez vos dix cailles ; vous les couvrirez de bardes de lard ; une bonne demi-heure avant de servir, vous les mettrez sur une chevrette avec un feu ardent dessous ; vous les couvrirez d'un four de campagne bien chaud : au moment de servir, vous en ôtez la graisse, et vous les saucez avec une italienne. (*Voyez* Sauce italienne.)

Si vous avez un grand four chaud, elles cuiront encore mieux : l'on peut aussi les mettre au gratin sans les désosser.

Sauté de filets de Cailles.

Vous prenez les filets de douze cailles que vous parez et arrangez dans un sautoir ; vous faites tiédir un morceau de beurre que vous versez sur vos filets : au moment de servir, vous les mettez sur un feu ardent ; quatre ou cinq minutes suffisent pour les cuire ; égouttez-les, et dressez-les en couronnes sur votre plat avec un croûton glacé entre chaque filet ; vous en faites le tour du plat, puis dans l'intérieur ; si vous les servez pour hors-d'œuvre, six cailles suffisent ; vous les saucez avec une espagnole claire, dans laquelle vous mettez gros comme la moitié d'une noix de glace. (*Voyez* Sauce espagnole.)

De la Bécasse.

La bécasse est un gibier volatil très-estimé : la fin de l'hiver est le tems où elles sont le plus grasses, et les meilleures sont dans les tems des brouillards. Il y en a de plusieurs espèces : la bécasse, la bécassine, la moyenne bécassine et le bécasseau ; il faut cuire ce gibier un peu vert, c'est à dire qu'il soit rouge.

Salmi de Bécasse.

Vous mettez trois bécasses à la broche : quand elles sont froides, vous levez les membres le plus correctement possible ; vous les parez et les mettez dans une casserole ; concassez vos débris dans un mortier, et mettez-y une pincée de persil en feuilles, six échalotes, un peu de laurier, une gousse d'ail, si vous l'aimez, du gros poivre ; vous donnez quelques coups de pilon sur ces débris ; vous mettez un morceau de beurre dans une casserole, et la posez sur le feu ; vous y mettez vos débris pilés ; faites-les revenir pendant dix minutes ; versez-y un verre de vin blanc, six cuillères à dégraisser d'espagnole, trois cuillerées de consommé ; vous ferez réduire le tout à presque moitié : ayez soin que votre sauce soit bien liée ; vous la passerez à l'étamine en la foulant, puis vous la mettrez sur vos membres de bécasse que vous tiendrez chauds sans les faire bouillir : au moment de servir, vous dressez vos membres, et vous arrangez des croûtes entre, dessous ou dessus, à votre volonté ; si vous n'avez point de sauce, vous ferez un roux léger, et vous y mettrez vos débris pilés que vous passerez dedans ; vous y versez un verre de vin blanc, deux verres de bouillon, un clou de girofle, du sel ; vous ferez réduire votre sauce à moitié, et vous la passerez comme il est dit ci-dessus.

Salmi de table à l'esprit-de-vin.

Lorsque vos bécasses sont sur la table, vous les dépecez et les laissez sur le plat que vous mettez sur un réchaud à l'esprit-de-vin ; ajoutez du sel, du gros poivre, plein une cuillère à bouche d'échalotes hachées, les trois quarts d'un verre de vin blanc, le jus de trois citrons, du beurre gros comme la moitié d'un œuf ; vous saupoudrez votre salmi de chapelure de pain ; vous le laissez mijoter dix minutes en le retournant de tems en tems : voyez si votre sauce est de bon sel, et distribuez vos morceaux.

Salmi de chasseur.

Vous mettez vos bécasses à la broche ; vous les

dépecez ; vous placez les membres dans une casserole ; hachez le foie et l'intérieur de la bécasse que vous mettez avec vos membres, de la ciboule ou de l'échalote hachée, deux verres de vin blanc, du sel, du poivre fin, quelques croûtes de pain ; vous faites jeter deux ou trois bouillons à votre salmi, et vous vous mettez à table.

Petite Bécassine.

Troussez vos bécassines, flambez - les ; vous les épluchez ; ensuite vous mettez un bon morceau de beurre dans une casserole avec vos bécassines, des échalotes hachées, un peu de muscade rapée, du sel, du gros poivre ; vous les mettrez sur un feu ardent : quand vous les avez sautées sept ou huit minutes, vous y mettez le jus de deux citrons, un demi - verre de vin blanc, un peu de chapelure de pain ; vous les laissez sur le feu jusqu'à ce que votre sauce ait jeté un bouillon ; après cela vous les retirez de dessus le feu, et vous les servez. Ayez de l'espagnole, vous en mettrez plein six cuillères à dégraisser, et sans chapelure ni vin blanc ; seulement vous y mettrez un peu de zest.

Sauté de filets de Bécasses.

Vous levez les filets de quatre bécasses, vous les parez, et vous les mettez dans votre sautoir ou tourtière ; vous faites tiédir un bon morceau de beurre, et vous le versez dessus ; vous y mettez du sel, du gros poivre, un peu de romarin en poudre : au moment de servir, vous mettez vos filets sur un feu ardent ; lorsqu'ils sont roidis d'un côté, vous les retournez ; ne les laissez qu'un instant au feu : il ne faut pas qu'ils soient trop cuits ; vous les égouttez

et vous les dressez en couronnes , un croûton entre ;
faites suer les débris de vos bécasses avec un demi-
verre de vin blanc , une feuille de laurier, un clou
de girofle , et laissez tomber votre suage à glace ;
lorsqu'il est réduit, vous y mettez un demi - verre
de vin blanc , un verre de bouillon, plein six cuillères à dégraisser d'espagnole ; vous faites réduire le
tout à moitié. Passez votre sauce à l'étamine , et
mettez-la sous vos filets : si vous n'avez pas de sauce ,
vous mettrez avec votre suage un verre de vin blanc ,
trois verres de bouillon ; vous laisserez mijoter votre
suage , et vous ferez un roux léger, que vous mouillerez avec votre suage ; ajoutez-y du sel , du gros poivre ;
vous ferez réduire votre sauce , vous la dégraisserez ,
et la passerez à l'étamine ; lorsque vous la servirez ,
vous y mettrez le jus d'un citron : voyez si elle est
de bon sel.

Filets de Bécasses en canapé.

Vous levez les filets de quatre bécasses , vous les
parez ; arrangez - les dans votre sautoir ; vous les
assaisonnez de sel et de poivre ; vous faites tiédir un
morceau de beurre ; vous le versez sur vos filets ;
vous prenez l'intérieur de vos bécasses , excepté le
gésier ; vous mettez gros comme un œuf de lard
cuit , un peu de persil et d'échalotes bien hachées ,
un peu d'aromates pilés , du sel , du gros poivre ;
vous hacherez le tout ensemble avec votre couteau.
Quand votre farce sera finie , vous ferez des croûtons un peu plus grands , et de la forme de vos filets ;
il seront épais d'un demi-pouce : avant de les passer ou les faire jaunir dans le beurre , vous ferez une
incision à une ligne du bord , en dedans, tout à
l'entour ; quand votre croûton sera passé , vous le

creuserez de manière qu'il puisse contenir de la farce ;
alors dans chaque croûton vous y en mettrez aussi à
comble, afin que vous puissiez y placer votre filet ;
tous vos croûtons remplis, un bon quart - d'heure
avant de servir, vous les mettrez dans le four, ou
sur un gril à feu doux, et un four de campagne assez chaud pour pouvoir cuire vos canapés ; alors vous
sauterez vos filets, vous dresserez à plat vos croûtons,
et vous poserez un filet sur chaque croûton : vous y
mettrez la même sauce que la précédente ; vous y
ajouterez gros comme une noix de glace. Au défaut
de la première, servez-vous de celle qui suit.

Sauté de filets de Bécasses à la provençale.

Préparez vos filets comme les précédens ; vous les
assaisonnez de sel, de poivre, des quatre épices ; vous
les couvrez d'huile ; vous y mettez une gousse d'ail
pilé ; versez de l'huile dans une casserole ; vous y
mettez vos débris de bécasses ; vous les faites revenir dedans avec une pincée de persil en feuilles, une
gousse d'ail, deux clous de girofle, six échalotes,
une feuille de laurier ; quand vos débris seront bien
revenus, vous y mettrez plein une cuillère à bouche
de farine ; vous les mouillerez avec un verre de vin
blanc, trois verres de bouillon ; vous ferez réduire
votre sauce à moitié ; dégraissez - la et passez - la à
l'étamine : au moment de servir, vous sauterez vos
filets, et vous les dresserez en couronnes, un croûton
glacé entre chaque ; vous mettrez le jus d'un citron
dans votre sauce, avec un peu de zest ; vous la verserez sous vos filets.

Croûtons de purée de Bécasses.

Vous mettrez trois ou quatre bécasses à la broche ;

quand elles seront cuites, vous les laisserez refroidir;
vous enleverez les chairs et l'intérieur de vos bécasses;
vous les mettrez dans le mortier avec du lard gras
cuit de la grosseur d'un œuf et demi, un peu d'aromates pilés; vous mettrez vos débris dans une casserole avec un verre de vin blanc, un peu de persil
en feuilles, une feuille de laurier, un clou de girofle, deux verres de bouillon, plein six cuillères à
bouche de velouté; vous ferez réduire cette sauce à
moitié; vous la passerez à l'étamine en la foulant
un peu : lorsqu'elle sera froide, vous pilerez les
chairs de vos bécasses, et vous y mettrez cette sauce.
Si votre purée passait difficilement, vous la mouilleriez avec un peu de consommé; vous la mettrez
ensuite dans une casserole; ayez attention de la tenir
chaude sans bouillir, ou au bain-marie : vous ferez
des croûtons ovales-pointus, épais d'un bon pouce
et demi; avant que de leur donner couleur dans le
beurre, vous ferez une incision à une ligne du bord
en dedans, et tout à l'entour; vous mettrez vos croûtons dans le beurre; quand ils auront couleur, vous
les égoutterez, et les viderez, c'est à dire vous ôterez
la mie de l'intérieur de votre croûton : au moment de
servir, vous mettrez votre purée dedans.

De la Sarcelle.

La sarcelle est plus petite que le canard, et lui res-
semble; sa chair est plus délicate. Il ne faut pas la
confondre avec le Rouge, oiseau de rivière qui a la
plume de la gorge-rouge : il est plus gros.

Sarcelles en entrée de broche.

Vous plumez et videz vos sarcelles; vous les flambez légèrement; nettoyez-les avec attention pour qu'il

n'y reste pas de duvet ni de tuyaux ; vous les troussez et les fixez avec une aiguille à brider et de la ficelle; vous hachez un peu d'écorce de citron , que vous mêlez avec un morceau de beurre, du sel, du gros poivre et le jus d'un citron ; vous mettez ce beurre assaisonné dans le corps de vos deux sarcelles; vous leur donnez une forme agréable ; vous les mettez à la broche ; couvrez-les de tranches de citron ; vous y mettez des bardes de lard , et les enveloppez de papier beurré, sur lequel vous saupoudrez du sel; vous ficelez bien votre papier pour qu'il puisse contenir votre assaisonnement ; lorsqu'ils seront en broche , trois quarts-d'heure avant de servir , vous les mettrez au feu : au moment de servir , débridez-les, égouttez-les , c'est à dire faire sortir le beurre qu'elles ont dans le corps , et ôtez les tranches de citron qui sont dessus; vous les dresserez sur votre plat ; vous verserez plein trois cuillères à dégraisser d'espagnole travaillée , une cuillerée de consommé , gros comme une noix de glace , le zest du quart d'un citron , un peu de gros poivre ; vous ferez jeter un bouillon à votre sauce, et vous la mettrez sous vos sarcelles. (*Voyez* Espagnole travaillée.)

Sauté de filets à la Viard.

Prenez les filets de cinq sarcelles ; vous en ôtez les nerfs qui se trouvent sur le côté de la peau ; vous les coupez en aiguillettes, c'est à dire vous coupez le filet en quatre ou cinq dans son long, toutes de la même grosseur ; vous les placez dans un sautoir ; vous l'assaisonnez de sel, de gros poivre, une petite pincée d'aromates pilés : faites tiédir ensuite un morceau de beurre, et vous le versez dessus; vous ferez suer de vos débris avec un verre de vin blanc : quand ils

seront tombés à glace, vous y mettrez plein une cuillère à pot de consommé; vous ferez mijoter pendant
une heure, et vous passez votre suage au tamis de
soie ; vous mettrez dans une casserole plein quatre
cuillères à dégraisser d'espagnole; vous y mettrez
votre suage, et vous la laisserez réduire à moitié ;
vous la passez à l'étamine ; vous y ajouterez un peu
de zest de bigarade et le jus de la bigarade, et gros
comme une noix de glace ; vous ferez bien chauffer
votre sauce sans la faire bouillir : au moment du service, mettez votre sautoir sur un fourneau ardent;
quand vos filets sont roidis de tous côtés, et que vous
les jugez cuits, vous penchez votre sautoir, et mettez
vos filets sur la hauteur, pour que vous ne preniez
pas de beurre avec la cuillère ; vous les mettez sur
le plat en forme de buisson, et vous les arrosez de
votre sauce : si vous n'avez ni sauce ni le tems d'en
faire, vous laissez réduire à glace le jus de vos filets;
vous ôtez les trois quarts du beurre de votre sautoir;
versez plein une cuillère à bouche de farine que vous
mêlez avec votre beurre; vous mettez un verre de
bouillon, un peu de sel, un peu de gros poivre; faites
ensuite jeter quelques bouillons à votre sauce; vous
la passez à l'étamine; vous pressez un citron : si vous
n'avez pas de bigarade, vous y mettez un peu de
zest, et de la glace si vous en avez ; vous tiendrez
votre sauce chaude sans la faire bouillir, et vous la
verserez sur vos aiguillettes.

Sarcelles à la Batellière.

Vous levez les cuisses, les filets et le croupion de
vos sarcelles; vous coupez vos filets en trois dans
leur longueur de la même grosseur; vous mettez un
bon morceau de beurre dans une casserole avec vos

morceaux de sarcelles, des échalotes hachées, du persil, du sel, du gros poivre, un peu de muscade râpée ; vous mettez votre casserole sur un feu ardent ; vous sautez ce qui est dans votre casserole pendant dix à douze minutes ; vous tâtez si vos morceaux sont bien roidis ; ensuite prenez plein une cuillère à bouche de farine que vous mêlez bien avec votre ragoût ; vous y mettez un verre de vin blanc ; remuez un instant votre ragoût jusqu'à ce qu'il ait jeté un bouillon : si votre sauce était trop liée, vous y ajouteriez un demi-verre de vin blanc ; sitôt que votre ragoût aura jeté un bouillon, vous le retirerez du feu pour le manger de suite. Si vous êtes à la ville, quand vos sarcelles seront sautées assez, vous y mettrez la moitié d'une cuillère de farine, le jus de deux citrons, un peu de son zest, et plein trois ou quatre cuillères à dégraisser de bouillon ; vous tournerez votre ragoût sur le feu quand il est lié : voyez s'il est de bon sel et servez-le.

De la Grive.

L'automne est le tems où l'on fait le plus usage de la grive, et celui où elle est meilleure ; elle est à peu près grosse comme un merle : on la mange plus communément à la broche.

Grives en cerises.

Prenez douze grives, ou plus, bien fraîches ; vous les plumez soigneusement pour conserver leur peau entière ; vous les flambez légèrement ; vous les désossez en commençant par le dos ; lorsqu'elles sont bien désossées, vous prenez les foies que vous pilez avec le dos du couteau ; vous les mettez avec de la farce fine, un peu d'aromates pilés, du gros poivre ;

vous mêlez le tout ensemble; vous en remplissez votre grive, mais avant vous faites passer une patte dans le milieu du corps, dont vous avez coupé un gros bout, afin que cela représente la queue d'une cerise : lorsque le corps est rempli de farce, vous rapprochez les chairs avec une aiguille, et vous les assujettissez; mettez ensuite vos grives dans une casserole avec du sel, du gros poivre; vous faites tiédir un morceau de beurre, vous le versez sur vos grives : une demi-heure avant de servir, vous les mettez au feu mijoter dans le beurre; au moment de servir, vous les égouttez; vous en ôtez les fils qui les tiennent; arrangez-les sur le plat comme des cerises dans un compotier; saucez-les avec une italienne : (*Voyez* Sauce italienne.) si vous n'en avez pas, faites attacher le jus que vos grives ont rendu; ôtez les trois quarts du beurre; vous y mettrez un peu de persil, des échalotes hachées que vous passerez un instant dans votre beurre; ajoutez-y plein une demi-cuillère à bouche de farine, la moitié d'un verre de vin blanc, autant de bouillon; vous ferez jeter quelques bouillons à votre sauce; vous la dégraisserez : voyez si elle est assez liée et d'un bon sel; servez-vous-en pour vos grives.

Grives au gratin.

Vous préparerez vos grives comme les précédentes; vous aurez assez de farce pour en mettre sur le fond du plat; versez dans votre farce plein une cuillère à dégraisser de velouté que vous mêlerez bien; vous la mettrez ensuite sur votre plat que vous placerez sur un feu doux pour assujettir votre farce; alors vous y arrangerez vos grives que vous avez roidies dans le beurre sans y mettre de pâte : quand vous aurez ôté le fil qui tenait les chairs, vous les mettrez sur votre farce ; couvrez-les de bardes de lard et d'un rond de papier beurré ; vous les arrangerez dans le gratin : un quart-d'heure avant de servir, si vous n'avez pas de four, vous les mettrez sur un fourneau doux avec un four de campagne bien chaud : au moment de servir, vous ôtez tout le gras qui se trouve dans votre plat avec une mie de pain tendre ; vous les saucez avec une italienne. (*Voyez* Italienne.)

De la Mauviette.

La mauviette est un oiseau des champs très-connu sous le nom d'alouette. Le tems où elles sont meilleures est vers la fin de l'automne et dans l'hiver ; elles sont alors délicates et plus grasses.

Mauviettes aux fines herbes.

Plumez , troussez et flambez vos mauviettes ; vous mettez un bon morceau de beurre dans une casserole avec quinze ou dix-huit mauviettes , du sel, du gros poivre, un peu d'aromates pilés ; vous les posez sur un feu ardent : lorsque vous les avez sautées dans votre beurre pendant sept ou huit minutes, vous y mettez plein une cuillère à bouche de persil haché bien fin, autant d'échalotes hachées de même , des champignons aussi hachés ; vous les sautez avec des fines herbes pendant sept ou huit minutes ; versez-y plein deux cuillères à dégraisser d'espagnole, uue cuillère de bouillon ; vous les remuerez dans leur sauce sur le feu ; au premier bouillon , retirez-les et servez-les : si vous n'avez pas de sauce , vous y mettrez une cuillère à bouche de farine, que vous mêlerez bien avec vos oiseaux ; vous y mettrez un demi-verre de vin blanc, autant de bouillon ; faites jeter un bouillon seulement à votre sauce : voyez si votre ragoût est d'un bon sel.

Mauviettes en croustades.

Vous désossez douze mauviettes; vous en prenez l'intérieur, excepté le gésier; vous hachez, et vous mettez ce hachis avec autant de farce cuite, un peu de muscade râpée, un peu de sel et de gros poivre, un peu de fines herbes; vous mettez cette farce sur un plat d'argent, une barde de lard par-dessus; posez-là ensuite sur un fourneau doux, et le four de campagne par-dessus; lorsque votre farce sera cuite, vous la mettrez dans une casserole; versez dedans plein deux cuillères à dégraisser de velouté que vous mêlerez bien avec votre farce; vous en mettrez dans l'intérieur de vos mauviettes; vous leur donnerez la forme d'une petite boule, ou d'un ovale; si vous voulez, vous les coudrez avec du fil pour qu'elles ne perdent pas leur forme; mettez un morceau de beurre dans une casserole; vous le ferez tiédir; vous y mettrez vos mauviettes avec un peu de sel et de gros poivre, un peu des quatre épices; vous les mettrez sur un feu doux pendant sept ou huit minutes; lorsqu'elles seront bien roidies, vous les égoutterez; ayez des croûtons faits avec la mie de pain épais d'un pouce et demi; vous y ferez une incision en dedans de son plat à une ligne du bord; vous les passerez dans le beurre; lorsqu'ils auront belle couleur, vous les retirerez du beurre; laissez-les égoutter sur un linge blanc; vous en ôterez la mie; vous mettrez de votre farce dedans, et votre mauviette, à laquelle vous aurez ôté le fil; vous laisserez un peu de vide par-dessus votre farce pour y mettre un peu de sauce; quinze minutes avant de

servir, vous posez vos croûtons, garnis de mauviettes, sur une tourtière, et les mettez au four,
ou sous un four de campagne qui ne soit pas trop
chaud : au moment de servir, dressez vos croûtons
sur le plat, et dans chaque vous mettrez un peu
de sauce italienne. (*Voyez* Sauce italienne.)

Côtelettes de Mauviettes.

Vous leverez la chair de l'estomac de vos mauviettes ; vous y passerez un bout de patte en lui coupant un gros bout, comme si c'était une côtelette ;
vous aurez soin d'aplatir chaque morceau de l'estomac pour qu'il prenne plus de surface ; arrangez
vos côtelettes sur un plat d'argent ; assaisonnez-les
de sel, de gros poivre ; faites tiédir un morceau de
beurre, et versez-le par-dessus : au moment du service, vous les mettez sur un feu ardent ; sitôt qu'elles
ont reçu un peu de chaleur, vous les retournez ;
après qu'elles ont resté un instant sur le feu, retirez-
les ; vous penchez votre plat, et vous mettez vos
côtelettes sur la hauteur pour que votre beurre se
sépare de vos côtelettes ; vous les dressez en couronnes ; saucez-les avec un peu d'espagnole dans
laquelle vous mettez gros comme la moitié d'une
noix de glace. (*Voyez* Espagnole.)

De l'Oie.

L'oie a la chair moins fine et de moins bon goût
que le canard, quoique d'un assez bon usage. L'oie
sauvage a la chair plus noire, et est plus haute en
goût : on ne s'en sert volontiers que pour la broche.

Oie en daube.

Votre oie plumée, vidée, flambée et épluchée,

vous lui troussez les pattes en dedans; vous la piquez avec des lardons assaisonnés de sel, poivre,
des quatre épices; lorsqu'elle est bien lardée, vous
mettez des bardes de lard dans le fond d'une braisière, votre oie par-dessus; ajoutez quatre carottes,
quatre oignons, trois clous de girofle, un fort bouquet de persil et ciboules, un jarret de veau coupé
en plusieurs morceaux; vous la couvrez de bardes
de lard; vous mettrez un peu de sel, plein trois
cuillères à pot de bouillon; vous la ferez mijoter
deux heures, davantage si elle est vieille : au moment
du service, vous l'égouttez et la débridez; passez ensuite le mouillement dans lequel elle a cuit, au travers d'un tamis de soie; vous le ferez réduire à
moitié : dégraissez et glacez votre oie; versez votre
réduction dessous. On peut servir à l'entour de cette
oie des oignons glacés, une sauce tomate, des choux
ou des navets glacés. (*Voyez* l'article qui vous convient.)

Cuisses d'Oie à la purée.

Vous levez six cuisses d'oie bien grasses; vous
les désossez jusqu'au joint de l'intérieur; vous les assaisonnez de sel, de gros poivre; vous mettez en
place de l'os un peu de lard haché; rassemblez ensuite les chairs, et cousez-les en donnant une belle
forme à vos cuisses; mettez dans une casserole des
bardes de lard; vous y placez vos cuisses; vous les
couvrez de bardes; vous mettez trois carottes, quatre
oignons, deux feuilles de laurier, un peu de thym,
deux clous de girofle, plein une cuillère à pot de
bouillon ; vous les faites mijoter pendant deux
heures: au moment de servir, vous les égouttez;
ôtez le fil qui les contient; vous les dressez sur votre

plat, et vous les masquez avec votre purée; si voüs voulez, vous pouvez y mettre une purée de lentilles, ou de pois verts, d'oignons, et sauce Robert, sauce tomate. (*Voyez* l'article que vous préférez.)

Aiguillettes d'Oie.

Vous mettrez trois oies à la broche; quand elles seront cuites, et au moment de servir, vous couperez vos filets en longs morceaux égaux; vous prendrez le jus qu'auront jeté vos oies; vous ferez réduire de l'espagnole jusqu'à ce qu'elle soit très-épaisse; vous y verserez le jus de vos oies; ajoutez un peu de zest d'orange ou de citron, le jus de l'un ou de l'autre, un peu de gros poivre; vous ferez chauffer votre sauce sans la faire bouillir, et vous la verserez sur vos aiguillettes.

Du Canard.

Il y a plusieurs sortes de canards : celui de basse-cour et le sauvage sont les plus connus et ceux dont on fait le plus d'usage. Le canard que l'on nourrit est employé plus volontiers pour entrée, et le sauvage pour rôti. L'endroit où l'on fait les meilleurs élèves est Rouen : il n'y a rien au-dessus des canne-tons de ce pays.

Canard poélé sauce bigarade.

Quand vous avez plumé, vidé et flambé votre canard, vous lui troussez les pattes en dedans des cuisses; vous les bridez avec de la ficelle; vous lui rentrez le croupion dans le corps pour le racourcir; vous l'assujettissez avec l'aiguille à brider et de la ficelle; vous donnez à votre canard une forme ronde et racourcie; vous lui frottez l'estomac avec un jus de citron ; vous mettez des bardes de lard dans votre casserole, votre canard par-dessus ; vous le couvrez de bardes ; vous mettez une poêle pour le cuire : (*Voyez* Poêle.) une heure avant de servir, vous le mettez au feu ; faites-le mijoter jusqu'au moment de servir ; vous l'égouttez, le débridez, et le dressez ensuite sur le plat ; vous mettrez plein trois cuillères à dégraisser d'espagnole travaillée, un peu de gros poivre, le jus d'une bigarade, avec un peu de son zest ; vous placerez cette sauce au feu ; au premier bouillon vous la verserez sous votre canard : faute de bigarade, servez-vous de citron. (*Voyez* Sauce espagnole travaillée.)

Canard à la purée de lentilles.

Vous préparez votre canard comme celui dit à la poêle ; vous mettez des bardes de lard dans le fond d'une casserole, votre canard par-dessus, quelques tranches de rouelle de veau, deux carottes, trois oignons, deux clous de girofle, une feuille de laurier, un peu de thym, un bouquet de persil et ciboules ; vous couvrez votre canard de bardes ; vous y mettez plein une cuillère à pot de bouillon : si votre canard est tendre, trois quarts-d'heure suffisent pour le cuire ; s'il est dur, laissez-le davantage au feu : au moment de servir, vous l'égouttez, le débridez et le dressez sur votre plat ; vous le masquez, si vous voulez, d'une purée de lentilles : si votre canard est bien blanc et bien potelé, vous mettez la purée dessous. (*Voyez* purée de lentilles) Vous pouvez aussi le servir à la purée de navets ou de pois.

Canard aux navets.

Vous faites cuire votre canard comme le précédent :

vous y mettez cinq ou six navets coupés en tranches dans la cuisson : au moment de servir, vous l'égouttez, le débridez et le dressez; vous mettez votre ragoût de petits navets dessous ou dessus votre canard. (*Voyez* Navets pour entrée.)

Autre Canard aux navets.

Quand votre canard est vidé, flambé, troussé, vous faites un roux; dès qu'il est bien blond, vous mettez votre canard dedans; vous le faites revenir : lorsque les chairs sont fermes partout, vous versez plein deux cuillères à pot de bouillon, si vous en avez; faute de bouillon, mettez de l'eau, du sel, du poivre, une feuille de laurier; tournez votre canard avec son mouillement jusqu'à ce qu'il bouille; vous y ajouterez un bouquet de persil et de ciboules; vous le ferez aller à grand feu : quand votre canard sera aux trois quarts cuit, vous y mettrez des navets, que vous aurez tournés tous de la même grosseur; vous les sauterez dans du beurre; lorsqu'ils sont bien blonds, vous les laissez égoutter; mettez-les avec votre canard; vous le ferez aller à petit feu; vous le dégraisserez; vous y mettrez un petit morceau de sucre : au moment de servir, vous le débridez, et vous versez votre ragoût de navets par-dessus : voyez s'il est de bon sel.

Canard aux olives.

Troussez et faites cuire votre canard comme celui dit à la poêle; vous tournez vos olives, c'est à dire vous enlevez la chair de dessus son noyau en tire-bouchon; vous la conservez entière pour qu'elle reprenne sa première forme; vous leur faites jeter un bouillon dans l'eau, si vous voulez, ou bien vous les mettez dans une casserole; vous mettez plein quatre cuillères à dégraisser d'espagnole, deux fois autant de consommé ou bouillon, un peu de gros poivre; vous ferez cuire vos olives sur un feu ardent : quand la sauce sera réduite à un tiers, vous les retirez du feu; tenez-les chaudes au bain-marie; si vous n'avez pas de sauce, vous ferez un roux léger, que vous arroserez avec le mouillement où aura cuit votre canard; vous le passerez au tamis de soie : en cas que votre sauce ne soit pas assez longue, vous y mettrez du bouillon : au moment de servir, vous égoutterez votre canard; débridez - le, et dressez - le sur votre plat, et mettez ensuite votre ragoût d'olives dessous.

Canard en aiguillettes.

Troussez, bridez et faites cuire votre canard comme celui dit à la poêle : quand il est aux trois quarts cuit, au moment de servir, vous l'égouttez, le débridez; servez - le sur votre plat; faites - lui huit ciselures, quatre de chaque côté sur l'estomac; vous hachez de l'échalote très-fine plein une cuillère à bouche, que vous mettez dans une casserole, avec du blond de veau plein deux cuillères à dégraisser, du gros poivre, un peu de muscade rapée, un peu de sel; vous ferez jeter quelques bouillons à votre échalote; vous la retirerez du feu; pressez le jus de deux citrons dans votre sauce; vous la verserez sur les incisions de votre canard. On peut mettre son canard en entrée de broche, ou tout simplement à la broche.

Du Dindon.

Le dindon a une chair blanche et très - bonne, quand il n'a pas souffert. Il y aurait trop à dire s'il fallait décrire tous les mets qu'on peut faire avec cette volaille : les meilleurs sont les jeunes et les plus gras.

Dindon en daube.

Quand le dindon est vieux, c'est assez l'usage de le manger en daube ; vous le plumez et le videz ; coupez-lui les pattes, et troussez les cuisses en dedans ; vous les assujettissez avec de la ficelle et une aiguille à brider ; vous le flambez et l'épluchez ; assaisonnez des gros lardons de sel, de poivre, des quatre épices et de fines herbes : si vous voulez, vous piquez l'estomac et les cuisses de votre dindon le plus menu possible ; vous mettez des bardes de lard dans une braisière, votre dindon par-dessus, deux jarrets de veau, les pattes du dindon, quatre carottes, six oignons, trois clous de girofle, deux feuilles de laurier, du thym, un bouquet de persil et de ciboules ; vous couvrez votre dindon de bardes, d'un morceau de papier beurré ; mouillez-le avec du bouillon, plein quatre cuillères à pot, plus si le dindon est gros, un peu de sel ; vous les faites mijoter pendant trois heures et demie ; quand il est cuit, vous retirez votre braisière du feu ; n'ôtez votre dindon qu'une demi-heure après, afin qu'il ne se hâle pas ; vous passez votre mouillement à travers une serviette fine ; vous le ferez réduire d'un quart, ou plus s'il est trop long ; cassez ensuite un œuf dans une casserole ; vous le battrez bien, et vous verserez la gelée dessus ; vous la fouetterez bien avec votre œuf : voyez si elle est de bon goût. S'il en manquait, vous y mettrez un peu d'aromates, quelques feuilles de persil, quelques queues de ciboules ; vous la mettrez sur le feu en la mouvant avec force jusqu'à ce qu'elle soit prête à bouillir ; quand elle aura jeté ses premiers bouillons, vous la placerez sur le bord du fourneau avec un couvercle et du feu dessus ; laissez-la mijoter une demi-heure ; après vous la passerez soigneusement à travers une serviette fine, et vous la laisserez refroidir pour la servir à l'entour de la daube ; pour plus d'économie, on met un pied de veau dans sa daube en place de jarret de veau.

Galantine de Dindon.

Vous flamberez votre dindon ; ayez soin qu'il ait une bonne chair et qu'il soit bien nourri ; vous commencerez à le désosser par le dos ; prenez garde de gâter l'estomac ; quand il sera désossé entièrement, et que les nerfs des cuisses seront ôtés, vous leverez une partie des chairs de l'estomac à un demi-pouce près de la peau ; vous ferez de même aux cuisses ; mettez avec les chairs que vous avez coupées du dessus de votre dindon celle de deux ou trois poules, ou simplement de veau ou autre viande ; cela est à volonté. Si vous avez deux livres de viande, vous y mettrez deux livres de lard le plus gras possible ; vous hachez le tout ensemble : joignez-y du sel, du poivre, des quatre épices, des fines herbes ; si vous voulez, lorsque votre farce est hachée bien fine, vous assaisonnez des moyens lardons avec des aromates pilés, du sel, du poivre, et vous lardez les chairs de votre dindon ; vous faites ensuite un lit de farce épais d'un pouce, que vous applanissez bien également ; vous mettez sur ce lit de farce des truffes coupées en long, de la langue à l'écarlate, des lardons de lard, les filets mignons de votre dindon et des volailles, des foies gras si vous en avez ; vous remettez un lit de farce, et, de même qu'au premier lit, des truffes, de la langue, des lardons, etc. ; jusqu'à ce que vous n'ayez plus de farce, vous ferez la même cérémonie : votre farce employée, vous roulez votre dindon, de manière qu'il contienne toute la farce, sans qu'il s'en échappe d'aucun côté; avec une aiguille à brider et de la ficelle, vous cousez les chairs comme elles étaient dans leur forme première; vous donnerez une forme longue à votre galantine; vous la couvrez de bardes de lard, un peu de sel; vous l'enveloppez dans un canevas dans lequel vous mettez quatre ou cinq feuilles de laurier; vous liez vos deux bouts, et vous ficelez votre galantine par-dessus le canevas pour qu'elle conserve sa forme; mettez des bardes de lard dans une braisière, votre galantine par-dessus; ajoutez-y deux jarrets de veau, six carottes, six oignons, un fort bouquet de persil et de ciboules, les débris de votre dindon, quatre feuilles de laurier; un peu de thym, trois clous de girofle, plein trois cuillères à pot de bouillon, plus si votre pièce est forte; vous la mettrez au feu, et la ferez mijoter pendant trois heures; lorsqu'elle sera cuite, vous la retirerez du feu; vous ne retirerez votre galantine qu'une demi-heure après; en la sortant de votre cuisson, vous la presserez pour en extraire le jus et la conserver dans son canevas jusqu'à ce qu'elle soit froide; vous passerez votre mouillement à travers une serviette fine; cassez un œuf entier, ou deux si le jus est long; vous les battrez avec votre gelée : goûtez si elle est de bon goût, et vous la mettrez sur le feu en la remuant toujours jusqu'à ce qu'elle bouille; alors vous la mettrez sur le bord du fourneau; couvrez-la, et mettez un feu ardent sur le couvercle; lorsque votre gelée aura mijoté pendant une demi-heure, vous la passerez à travers une serviette fine; laissez-la refroidir pour en faire l'usage que vous jugerez à propos. Il y a des personnes qui font des omelettes vertes; elles mettent des pistaches, des carottes, etc. dans leur galantine pour varier les couleurs; mais ce n'est pas le goût général, et elle est plus susceptible de se gâter.

Ailerons de Dindons en haricot.

Vous prenez dix ailerons de jeunes dindons; vous les échaudez, les flambez, les parez, les désossez; mettez-les ensuite dans une casserole avec des bardes de lard dessus et dessous; posez une poêle par-dessus, et faites-les mijoter une heure et demie, ou plus si vos ailerons sont vieux : au moment du service, vous les égouttez et les dressez en couronnes; mettez votre ragoût de petits navets (*Voyez* petits Navets pour entrée.) dans le milieu; autrement vous ferez un roux léger; vous sauterez vos ailerons dedans; arrosez-les avec du bouillon à grand mouillement pour les faire aller à grand feu; vous y mettez ensuite un bouquet de persil et ciboules garni : ayez soin d'écumer et de dégraisser votre ragoût; quand vos ailerons seront aux trois quarts cuits, vous y mettrez vos navets que vous aurez tournés en petits bâtons de la même grosseur; faites-les roussir dans le beurre au moment de servir : voyez si votre ragoût est de bon sel.

Ailerons en haricot vierge.

Vous préparerez vos ailerons comme les précédens; vous les ferez cuire dans une poêle, comme il est dit; tournez des navets en petits bâtons, en olives ou autrement, mais tous de la même grandeur et de la même grosseur; vous les sauterez dans du beurre à blanc, c'est à dire de ne pas les laisser prendre couleur : au bout d'un quart-d'heure, vous y verserez plein huit cuillères à dégraisser de velouté : si vous n'en avez pas, vous y mettrez plein une cuillère à bouche de farine que vous mêlerez avec votre beurre et vos navets; ajoutez-y plein une cuillère à pot de bouillon, un peu de gros poivre, une feuille de laurier; vous les ferez aller à grand feu ; vous les écumerez et les dégraisserez; lorsque vos navets seront cuits, vous égoutterez vos ailerons; dressez-les en couronnes; vous mettrez une liaison de deux jaunes d'œufs dans vos navets, et vous les mettez dans le milieu de vos ailerons.

Ailerons à la chicorée.

Echaudez vos ailerons, flambez-les; vous les désossez; vous les piquez de lard fin; (*Voyez* la manière de piquer.) vous mettez des bardes de lard dans le fond d'une casserole, quelques tranches de veau, deux carottes coupées en tranches, deux oignons, un clou de girofle, une feuille de laurier; vous mettrez vos ailerons par-dessus cet assaisonnement, un rond de papier beurré, plein une cuillère à pot de consommé ou de bouillon; vous les ferez mijoter pendant une heure feu dessus et dessous; faites attention que vos ailerons ne prennent pas trop de couleur : au moment de servir, vous les égouttez; glacez-les, et mettez de la chicorée sur le plat, vos ailerons par-dessus, ou bien vous les dressez en couronnes, et votre chicorée dans le milieu. (*Voyez* Chicorée pour entrée.)

Ailerons en chipolata.

Echaudez, flambez et désossez vos ailerons; vous

les parez ; vous mettez un morceau de beurre dans une
casserole avec vos ailerons ; vous les sautez sur le feu
d'un fourneau ardent : lorsqu'ils sont revenus dans
votre beurre, vous y mettez une cuillerée à bouche
de farine, plein deux cuillères à pot de bouillon,
une feuille de laurier, du gros poivre ; vous ferez
aller vos ailerons à grand feu : ayez soin d'écumer ;
vous ferez blanchir du petit lard que vous couperez
en carrés plats pour ajouter à vos ailerons ; joignez-y aussi des champignons les plus blancs possible, un bouquet de persil et ciboules ; lorsque votre
ragoût sera aux trois quarts cuit, vous y mettrez vingt-
quatre petits oignons bien épluchés et de la même
grosseur, des marrons que vous aurez mondés, des
saucisses longues que vous liez par le milieu, et que
vous faites blanchir ; dégraissez votre ragoût, et
mettez ces ingrédiens dedans ; quand il sera cuit et
au moment de servir, dressez vos ailerons sur votre
plat ; ôtez le bouquet et la feuille de laurier de votre
ragoût : voyez s'il est de bon sel, et mettez-y une
liaison de deux jaunes d'œufs; vous le versez par-
dessus vos ailerons.

Ailerons au soleil.

Vous sauterez vos douze ailerons dans le beurre
comme pour la chipolata ; vous y mettrez plein huit
cuillères à dégraisser de velouté, la moitié d'une
cuillère à pot de bouillon, une feuille de laurier, du
gros poivre, un clou de girofle, un bouquet de persil
et ciboules ; vous ferez bouillir vos ailerons ; vous les
écumerez ; aux trois quarts cuits, vous les dégraisserez ; ensuite, lorsqu'ils seront cuits, vous ferez réduire
votre sauce de manière qu'elle soit bien liée ; retirez

le bouquet, la feuille et le clou de girofle; vous mettrez une liaison de trois jaunes d'œufs dans votre
ragoût, avec gros comme la moitié d'un œuf de beurre;
quand il sera lié, vous placerez vos ailerons pour
refroidir sur une tourtière ou un plat, et leur sauce
par-dessus; après cela vous les barbouillerez bien de
leur sauce, et les mettrez dans la mie de pain; après
vous les poserez dans une omelette de cinq œufs crus;
vous les panerez une seconde fois également pour que
la sauce ne coule pas dans la friture; donnez une
belle forme à vos ailerons : au moment de servir,
vous les faites frire; quand ils sont bien blonds,
vous les égouttez sur un linge blanc; vous les dressez
sur le plat; mettez du persil frit dans le milieu.

Blanquette de Dindon.

Lorsque votre dindon est cuit à la broche et qu'il
est froid, vous enlevez les chairs de l'estomac; vous
les émincez, les applatissez avec la lame du couteau;
vous en coupez les angles, et vous parez le mieux
possible votre blanc : ainsi arrangés, vous le mettez
dans une casserole; vous tournez des champignons;
vous les coupez en liards; mettez-les dans de l'eau
et du citron pour les conserver blancs : quand vous
en avez une quantité suffisante pour votre blanquette,
mettez un petit morceau de beurre dans une casserole, un peu de jus de citron et vos champignons
dedans; vous les sautez sur le feu; quand ils n'ont
plus d'eau, et que le beurre est en huile, vous y
mettez plein six cuillères à dégraisser de velouté,
autant de consommé; faites réduire le tout à moitié:
ayez soin d'écumer et de dégraisser votre sauce, et
vous la mettrez sur le blanc de votre dindon qui est

dans une petite casserole : au moment de servir, vous posez votre blanquette sur le feu avec une liaison d'un jaune d'œuf ou deux, selon comme votre blanquette est forte, et gros comme une noix de bon beurre : voyez si elle est de bon sel.

Quenelle de Dindon.

Vous prenez les chairs de l'estomac du dindon, et vous vous servez du même procédé pour faire des quenelles. (*Voyez* Quenelles.)

Croquettes de Dindon.

Quand votre dindon est cuit à la broche, vous le laissez refroidir ; vous enlevez les blancs ; vous les préparez de même que pour les croquettes de volaille. (*Voyez* Croquettes de volaille.)

Cuisses de Dindon sauce Robert.

Levez les cuisses d'un dindon cuit à la broche ; vous les ciselez avec votre couteau ; assaisonnez-les de sel, de poivre ; vous les mettez sur le gril, à un feu doux ; quand ils sont grillés, vous mettez une sauce Robert dessous. (*Voyez* Sauce Robert.)

Poularde et Chapon.

La poularde et le chapon de sept à huit mois sont les meilleurs ; leur chair n'en est que plus succulente. Les poulardes les plus estimées sont celles du Mans et du pays de Caux : plus vieilles d'un an, elles ont souvent pondu ; alors elles ont le derrière rouge et très-fendu. Le chapon a la chair rougeâtre et l'ergot long ; alors ils ne sont plus propres l'un et l'autre qu'à prendre les chairs pour des quenelles et pour faire du bouillon.

Chapon poélé.

Lorsque votre chapon est plumé et flambé très-légèrement, vous l'épluchez et le videz; vous couchez les pattes sur les cuisses; vous le bridez, c'est à dire, vous prenez une aiguille à brider et de la ficelle; vous la passez de travers en travers pour aller joindre l'autre cuisse; vous repassez encore l'aiguille, en mettant la patte et l'os de la cuisse entre votre ficelle; vous serrez par ce moyen bien votre nœud, et vous faites bomber l'estomac; vos pattes se trouvent assujetties et ne se dérangent pas en cuisant; vous mettez des bardes de lard dans une casserole, votre chapon par-dessus; vous le couvrez de tranches bien minces de citron, et vous le recouvrez de bardes de lard et une poéle par - dessus : (*Voyez* Poéle.) une petite heure suffit pour le cuire; si vous n'avez pas de poéle, vous y mettrez quelques carottes, oignons, thym, laurier, un bouquet de persil, et vous la mouillez avec du bouillon; vous servez sous votre chapon pour sauce du consommé, un jus clair, un aspic chaud, un beurre d'écrevisses, une sauce tomate, un suprême, un velouté lié, un sauté de champignons, des rocamboles, un ragoût de crêtes et de rognons. (*Voyez* l'article que vous préferez.)

Poularde à la Saint-Gara.

Quand elle est flambée , vidée , vous avez des lardons de lard gras; vous en faites avec de la langue à l'écarlate; vous les assaisonnez de sel, de poivre, des quatre épices; remuez-les bien dans votre assaisonnement; vous ôtez intérieurement les os de l'estomac de votre poularde; vous lui coupez les pattes, et vous troussez les cuisses en dedans; vous la pi-

quez correctement d'un lardon de lard , d'un lardon
de langue que votre lardoire passe de l'estomac aux
reins; vos lardons doivent former un ovale; mettez-
les à pareilles distances ; vous bridez votre poularde
en faisant bomber l'estomac; donnez-lui une forme
agréable ; mettez ensuite des bardes de lard dans
une casserole, plusieurs tranches de veau, quelques
carottes coupées en tranches, quatre oignons, dont
un piqué de deux clous de girofle, un bouquet de
persil et ciboules, une feuille de laurier, un peu de
thym; vous frotterez de jus de citron plusieurs bardes
dont vous couvrirez votre poularde, et vous la mettrez sur votre assaisonnement avec un rond de papier beurré pour la couvrir; versez aussi plein une
petite cuillère à pot de bouillon et un peu de sel;
vous la mettrez au feu une heure avant de servir,
et qu'elle mijote; vous prendrez gros comme un
œuf du plus rouge de la langue dont vous vous êtes
servi; vous le pilerez jusqu'à ce qu'il soit pulvérisé;
vous y mettrez gros comme la moitié d'un œuf de
beurre, un peu de gros poivre, un peu de muscade
rapée : repilez tout cela ; vous le mettrez dans une
casserole ; délayez-le avec une cuillerée à dégraisser de velouté; vous ferez chauffer votre purée,
sans la faire bouillir, pour qu'elle se délaie; vous
y verserez plein deux cuillères de consommé dans
lequel vous aurez fait fondre gros comme la moitié
d'une noix de glace; quand votre purée sera bien
délayée, vous la passerez à l'étamine en la foulant:
il faut que cette purée représente une sauce, et non
une purée; il faut donc qu'elle soit claire; vous
la tiendrez chaude au bain-marie : au moment de
servir, égouttez votre poularde, débridez-la ; vous
la dressez sur votre plat, et vous mettez votre sauce

dessous : ayez soin qu'elle soit bien rouge et d'un bon sel.

Poularde en petit deuil.

Flambez , épluchez , et videz votre poularde ; vous lui coupez les pattes , et vous troussez les cuisses en dedans ; vous la bridez de manière à lui bien faire sortir l'estomac ; vous la couvrez de tranches de citron et de bardes de lard ; vous mettez des bardes de'lard dans une casserole , votre poularde par-dessus ; ajoutez-y une poêle ; vous la faites cuire aux trois quarts , et vous la retirez du feu ; pour bien faire , il faudrait qu'elle fût froide ; avec un petit morceau de bois , vous lui faites des trous sur l'estomac à distance égale , et dans chaque trou vous y mettez un petit lardon de truffes ; tâchez qu'ils soient bien correctement mis, et que cela forme un ovale de toute la grandeur de l'estomac ; votre pièce piquée, vous la couvrez de lard ; mettez-la dans une casserole, et passez au tamis de soie le fond dans lequel elle a cuit ; une heure avant de servir, vous la mettez mijoter : au moment de servir, vous l'égouttez et la débridez ; dressez-la sur votre plat; vous hachez une truffe : passez-la avec un petit morceau de beurre ; joignez-y du velouté plein trois ou quatre cuillères à dégraisser, une de consommé, très-peu de sel , un peu de gros poivre ; vous faites jeter quelques bouillons à votre sauce : vous la mettrez sous votre poularde.

Poularde aux Moules.

Vous troussez et faites cuire votre poularde comme celle dite poêlée ; vous ratisserez vos moules ; vous

les laverez à plusieurs eaux, et vous les mettrez
dans une casserole sur un feu ardent pour les détacher ; ne les laissez pas bouillir pour qu'elles ne se
racornissent pas ; mettez-les à sec dans une casserole ; passez un peu de persil et ciboules dans un
petit morceau de beurre ; vous y mettrez plein quatre
cuillères à dégraisser de béchamelle ; (*Voyez* Béchamelle.) si vous n'en avez pas, vous mettrez du
velouté, une cuillerée de consommé, un peu de
muscade rapée ; vous ferez jeter quelques bouillons
à votre sauce, et vous la verserez sur vos moules :
au moment de servir, vous égouttez votre poularde ;
vous la débridez ; dressez-la sur votre plat ; ajoutez
dans vos moules une liaison de trois jaunes
d'œufs : si c'est du velouté, vous les mettez sur le
feu pour les lier ; ne les laissez pas bouillir ; vous
masquerez votre poularde autrement, si vous n'avez
pas de velouté ; mettez un peu de farine dans vos
fines herbes et votre beurre ; vous les mouillerez
avec du bouillon, et vous ferez de même qu'il est
marqué ci-dessus.

Poularde au riz.

Après avoir flambé votre poularde, vous la désossez entièrement par le dos ; prenez garde de lui
gâter l'estomac ; vous faites bouillir une demi-livre
de riz bien lavé et bien épluché dans du bouillon
pendant dix minutes ; vous le laissez égoutter sur
un tamis de crin ; mettez un quarteron de beurre
dans une casserole ; vous le faites tiédir ; vous y
mettez votre riz ; vous rapez un peu de muscade,
un peu de sel, un peu de gros poivre, et vous
mêlez le tout ensemble ; ajoutez-y quatre jaunes
d'œufs que vous mélangez bien avec votre riz ; vous

le laissez refroidir; vous en emplissez votre poularde autant qu'elle en peut tenir; vous lui cousez le dos, et lui donnez sa forme première; vous lui frottez ensuite l'estomac avec un jus de citron ; couvrez-le de bardes de lard et ficelez-le ; vous mettrez aussi des bardes de lard dans une casserole avec votre poularde et une poêle dans laquelle il n'y aura pas de citron; vous la poserez sur le feu une heure avant de servir ; vous aurez une demi - livre de riz propre que vous mettrez dans une casserole avec trois fois autant de consommé, c'est à dire que si la demi-livre de riz tient dans un verre, vous en mettrez trois de consommé ou de bon bouillon; faites mijoter votre riz pendant trois quarts - d'heure ; vous l'égoutterez sur un tamis de crin ; prenez plein quatre cuillères à dégraisser d'espagnole bien réduite que vous mêlerez avec votre riz; vous y ajouterez gros comme un œuf de beurre : au moment de servir, vous égoutterez votre poularde ; vous ôterez le fil qui la tient ; posez - la sur le plat , et faites un cordon de votre riz bien chaud, et vous y verserez une espagnole claire dans laquelle vous mettrez gros comme la moitié d'une noix de glace par - dessous votre poularde; si vous n'avez pas de sauce, vous ferez un roux léger ; vous passerez au tamis de soie le mouillement dans lequel a cuit votre poularde, et vous en arroserez votre roux; ensuite faites-le réduire , et vous vous en servirez à la place d'espagnole : voyez si elle est d'un bon sel.

Poularde en campine.

Ayez une belle poularde, flambez - la et videz-la par l'estomac; vous ôtez les os du brechet; vous coupez les pattes , et vous troussez les cuisses en dedans;

coupez-lui les ailes ; vous mettez dans une casserole une demi-livre de lard rapé , autant de beurre , plein quatre cuillères à dégraisser d'huile, et vous mettrez votre poularde sur un feu doux pendant trois quarts-d'heure ; il n'est pas nécessaire qu'elle prenne couleur : vous la retirerez ; ensuite vous mettrez dans votre casserole plein deux cuillères à bouche d'échalotes hachées bien fin , que vous ferez revenir un instant avec six cuillerées de champignons hachés bien fin , deux cuillerées de persil haché, un peu des quatre épices , du sel , du gros poivre : quand le tout sera revenu pendant dix minutes, vous le verserez sur votre poularde en la laissant refroidir; vous huilerez six grandes feuilles de papier ; vous mettrez sur la première , où sera votre poularde , une très - mince barde de lard avec la moitié des fines herbes que vous lui arrangerez dans le corps, et le reste dessous et dessus avec une très-mince barde ; vous envelopperez votre pièce le plus hermétiquement possible , et, successivement les autres feuilles huilées ; tachez que votre campine ait une belle forme ; vous la ficellerez par-dessus le papier ; vous la mettrez au four chaud pendant une heure , ou sur le gril à feu doux, et un four de campagne bien chaud pendant trois quarts-d'heure : au moment de servir, vous la déficellerez ; ôtez la première et la seconde feuilles si elles ont trop de couleur , et servez-la dans le papier.

Poularde aux truffes.

Après avoir flambé et vidé la poularde par l'estomac, vous ôtez les os du brechet ; vous la remplissez de truffes, que vous passez dans un bon morceau de beurre assaisonné de sel , de gros poivre, des quatre épices ; vous arrangerez tout cela dans le corps de votre poularde ; vous la troussez comme pour entrée ; frottez-lui l'estomac d'un jus de citron ; vous le couvrez de bardes de lard ; vous en placez deux ou trois dans une casserole, votre poularde par-dessus ; vous coupez de la rouelle de veau en gros dés environ une livre et demie, quatre oignons, trois carottes coupées en morceaux, deux feuilles de laurier, deux clous de girofle, une demi-livre de beurre, toutes les parures de vos truffes : vous mettez tout dans une casserole sur un feu ardent ; vous le passez pendant dix minutes ; vous y versez plein une cuillère à pot de bouillon ; vous mettez cet assaisonnement sur votre poularde : une heure avant de servir, vous la mettrez au feu, avec du feu sur le couvercle : au moment de servir, vous l'égouttez et la débridez ; vous la dressez sur votre plat ; pour sauce, vous hachez trois truffes, que vous passez dans du beurre ; vous y ajoutez plein six cuillères à dégraisser d'espagnole, trois cuillères de consommé ; vous mettrez dans votre sauce douze truffes ; faites-la réduire d'un tiers ; dégraissez-la, et mettez-la sous votre poularde : voyez si elle est de bon sel. Si vous n'avez pas d'espagnole, vous ferez un roux léger, que vous arroserez avec du mouillement où aura cuit votre poularde ; vous la ferez réduire, et vous la dégraisserez : servez-vous-en pour sauce ; lorsqu'elle servira pour rôt, vous la préparerez de même. (*Voyez* Dinde aux truffes.)

Poularde à la Reine.

Lorsque votre poularde sera cuite dans une poêle, vous la laisserez refroidir ; vous enleverez les chairs de l'estomac en forme de trou ovale de la longueur de votre pièce ; avec les chairs vous ferez une farce cuite ; (*Voyez* Farce cuite.) vous remplirez votre

poularde, et vous lui donnerez sa forme première ;
enveloppez le tour de votre volaille avec des bardes
de lard, que vous assujettirez avec de petites chevilles de bois ; vous la mettrez sur une tourtière
au four, ou bien vous placerez votre tourtière sur
un feu doux, et le four de campagne un peu chaud
par-dessus pendant une bonne heure : au moment
de servir, vous ôterez les bardes qui entourent
votre poularde ; vous la dresserez sur votre plat ;
vous y ajouterez dessous un velouté réduit, dans lequel vous mettrez une liaison d'un jaune d'œuf, et
gros comme la moitié d'un œuf de beurre, un peu
de gros poivre : voyez si votre sauce est d'un bon sel.

Galantine de Poularde.

Votre poularde désossée, vous vous servirez du
même procédé que celui de la galantine de dindon.
(*Voyez* Dindon en galantine.)

Poularde à la Chevalière.

Vous flambez, videz, et vous ôtez l'os de l'estomac de votre poularde ; maniez du beurre, du
sel, du gros poivre, un peu d'épices ; vous en remplissez votre poularde ; vous la bridez comme pour
entrée ; vous lui faites bomber l'estomac le plus possible ; vous le piquez de lard fin d'une seconde, ou
un bout à bout bien garni ; arrangez des bardes de
lard dans le fond d'une casserole ovale ; vous y mettez votre poularde, et à l'entour quelques tranches
de veau, trois carottes, trois oignons, deux clous
de girofle, une feuille de laurier, un peu de thym,
un bouquet de persil et de ciboules, plein une cuillère à
pot de grand bouillon, une feuille de papier beurrée
par-dessus ; vous la mettrez au feu une heure avant
de servir ; vous poserez un feu ardent sur le cou-

vercle : prenez garde que votre feu ne glace trop votre pièce. Au moment de servir, vous égouttez votre poularde ; débridez-la , et dressez-la sur votre plat ; vous mettez dessous un ragoût de crètes et de rognons de coqs. (*Voyez* ce ragoût.)

Poularde en bigarrure.

Il faut deux belles poulardes, dont l'estomac soit bien en chair, pour faire cette entrée ; vous les flambez légèrement ; vous enlevez les quatre filets avec les ailes le plus correctement possible ; levez les quatre cuisses, en leur conservant presque toute la peau ; vous piquerez vos quatre filets de lard fin ; vous les parez, et vous couvrez vos ailerons de manière que l'on ne les voie pas, afin qu'ils aient de l'apparence, et que vos filets soient plus élevés ; vous les mettrez dans une casserole avec des bardes de lard, des tranches de veau, deux oignons coupés aussi en tranches, deux carottes de même, deux clous de girofle, une feuille de laurier, un peu de thym, un bouquet de persil et ciboules, et vos filets par-dessus cet assaisonnement, une feuille de papier beurrée, plein une petite cuillère à pot de gelée ; vous désosserez vos quatre cuisses entièrement ; vous hacherez quatre truffes que vous passerez dans du beurre, un peu de sel, un peu de gros poivre, un peu des quatre épices ; lorsque vos truffes seront froides, vous en farcirez les quatre cuisses ; rassemblez les chairs avec une aiguille et du fil, de manière que vos cuisses forment un rond plat par le gros bout ; vous couperez une patte aux trois quarts, et vous la mettrez dans la cuisse, de sorte qu'on voie les serres ; prenez ensuite un morceau de beurre, un jus de citron, du sel, du poivre dans une casserole ; mettez-la sur le feu avec vos cuisses dedans ; vous les ferez roidir ensuite ; vous les couvrirez de bardes, et vous placerez une poêle (*Voyez* Poêle.) par-dessus ; laissez-les cuire et refroidir ; vous en piquerez deux d'outre en outre avec des truffes en petits lardons bien égaux et à la même distance ; vous piquerez les deux autres de langues à l'écarlate de même que celles aux truffes ; mettez-les dans une casserole avec le fond passé au tamis de soie dans lequel elles ont cuit ; vous ôterez les nerfs des filets mignons , et vous y mettrez des truffes , comme il est dit aux filets de lapereaux ; (*Voyez* ces filets.) vous les mettrez dans un plat d'argent avec du beurre tiède et une idée de sel : trois quarts-d'heure avant de servir, vous mettrez vos filets de volaille au feu ; placez-en sur le couvercle ; vous tiendrez vos cuisses chaudes : au moment de servir, égouttez vos filets ; glacez-les ; égouttez aussi vos cuisses que vous laissez bien blanches ; vous sautez vos filets mignons ; vous placez sur votre plat une cuisse entre chaque filet , et dans le milieu vos filets mignons arrangés en rosettes ; vous employez pour sauce une espagnole travaillée à l'essence de volaille ; vous pouvez y mettre une sauce tomate , dans laquelle vous ajoutez gros comme une noix de glace.

Blanquette de Poularde.

Vous mettez deux poulardes à la broche ; quand elles sont cuites et froides , vous enlevez les blancs, et vous les émincez comme il est dit à la blanquette de dindon ; vous vous servez du même procédé. (*Voyez* Blanquette de dindon.)

Croquettes de Poularde.

Vous mettez deux poulardes à la broche ; lors-

qu'elles sont cuites et froides, voûs enlevez les chairs;
vous les coupez en petits dés; vous vous servez du
même procédé que pour les croquettes de lapereau.
(*Voyez* Croquettes de lapereau.)

Hachis de Poularde à la turque.

Faites cuire deux poulardes à la broche; quand
elles sont froides, vous enlevez les chairs; vous
les hachez bien menu; placez-les dans une casserole, et mettez plein quatre cuillères à dégraisser de
béchamelle, une cuillère de crème dans une autre
casserole : quand elle a jeté quelques bouillons, vous la
mettez dans votre hachis, avec gros comme un œuf de
beurre, un peu de sel, un peu de gros poivre, un peu de
muscade rapée; tenez-la chaude sans la faire bouillir:
au moment du service, vous la mettrez dans votre
plat, et des œufs pochés dessus; entre chaque œuf, un
filet mignon piqué glacé, ou un croûton.

Cuisses de Poularde au sauté de champignons.

Levez dix cuisses de poularde que vous désossez
jusqu'au joint de l'intérieur de la cuisse; vous les
assaisonnez d'un peu de sel, de gros poivre; prenez
gros comme trois œufs de farce cuite; vous mettez
autant de purée de champignons; vous en remplissez
l'intérieur de vos cuisses; cousez-les de manière que
la farce n'en sorte pas; vous coupez le gros bout du
côté de la patte; vous placez des bardes de lard dans
le fond d'une casserole, vos cuisses par-dessus; vous
les couvrez de bardes; ajoutez une poêle pour les
faire cuire; vous les mettez au feu une heure; il faut
qu'elles mijotent toujours : au moment de servir,
vous les égouttez; ôtez le fil qui est après; vous les
dressez à l'entour du plat, et vous mettez un sauté

de champignons dans le milieu ; vous pouvez employer une sauce tomate, une italienne, une espagnole travaillée, des concombres à la crême, de la chicorée à la crême, etc. (*Voyez* l'article que vous préférez.)

Filets de Poularde au suprême.

Vous levez les filets de cinq poulardes ; vous les parez ; vous enlevez la peau nerveuse ; mettez ce côté sur la table, et vous glissez la lame de votre couteau entre cette peau et la chair, sans trop mordre sur la viande ; vous les arrangez sur votre sautoir ; assaisonnez-les de sel, gros poivre ; saupoudrez-les de persil haché bien fin, et qu'il soit lavé après, pour que vos blancs ne prennent ni âcreté ni une couleur verdâtre : au moment du service, vous les mettez sur un feu ardent ; laissez-les roidir d'un côté, retournez-les ensuite de l'autre ; ne les laissez pas long-tems sur le feu ; penchez votre sautoir, et mettez vos filets sur la hauteur pour que le beurre s'en sépare ; vous mettez plein quatre cuillères à dégraisser de béchamelle, une de consommé; quand elle aura jeté trois ou quatre bouillons, vous y mettrez de même du persil haché, gros comme la moitié d'un œuf de très-bon beurre; remuez-le dans votre sauce ; vous y tremperez vos filets et les dresserez en couronnes, un croûton glacé entre sur votre plat : vous pouvez vous servir de velouté faute de béchamelle. (*Voyez* Béchamelle *ou* Velouté.)

Débris de Volaille en kari.

Coupez les reins en deux; parez les ailerons et les cuisses : vous vous servez du même procédé que pour le kari de lapin; (*Voyez* Kari de lapin.) surtout point de safran en feuilles dans ce ragoût.

Filets de Volaille piqués.

Vous levez les filets avec le bout de l'aileron de trois poulardes; vous les parez et les piquez; assujetissez le bout de l'aileron dessous votre filet pour le faire bomber et lui donner de la grâce; vous beurrez votre casserole; mettez de la gelée plein trois cuillères à dégraisser; vous arrangez vos filets par-dessus avec un rond de papier beurré : une heure avant de servir, vous les mettez au feu; il faut qu'ils bouillent ni trop vite ni trop doucement; placez un bon feu sur le couvercle; vous prendrez garde au-dessus de vos filets : au bout de trois quarts-d'heure, si votre gelée n'était pas assez réduite, vous mettriez votre casserole sur un feu plus ardent, et vous la feriez tomber à glace : au moment de servir, vous tremperez le côté piqué dans votre glace; vous dresserez vos filets sur votre plat; vous mettrez dessous une espagnole travaillée dans laquelle vous ajouterez la glace de vos filets.

Purée de Volaille.

Vous mettrez trois poulardes à la broche; lorsqu'elles seront cuites et froides, vous leverez les blancs; vous les pilerez bien dans un mortier; vous y mettrez gros comme un œuf de tetine de veau cuite, un peu de sel, de gros poivre, un peu de muscade rapée; vous pilerez de nouveau pour que le tout se mêle bien ensemble; vous ferez fondre plein deux cuillères à dégraisser de gelée blanche, ou bien de consommé, trois cuillerées de béchamelle, (*Voyez* Béchamelle.) ou du velouté; les cinq cuillerées mises dans une casserole sur le feu, ajoutez-y vos blancs pilés que vous délayerez; vous ne les laisserez pas bouillir;

passez le tout à l'étamine ; quand votre purée sera dans une casserole, vous la tiendrez chaude au bain-marie : au moment de servir, vous mettez dedans des croûtons, comme ils sont décrits à la purée de gibier. (*Voyez* Purée de gibier.)

Du Poulet.

Les poulets de trois ou quatre mois, quand ils sont gras, conviennent mieux à l'emploi de la cuisine ; il faut qu'ils aient une chair blanche et une peau fine et sans défaut. Les poulets à la reine, qui sont des petits poulets, sont rarement gras, parce qu'on ne leur donne pas le tems de prendre de la graisse ; mais l'art doit y suppléer. Le poulet court, gras et charnu est le meilleur pour les entrées.

Poulets poélés.

Lorsque vos deux poulets sont plumés, vous les flambez légèrement, vous les épluchez, et les videz par la poche pour éviter de leur faire un trou au croupion ; ôtez les os de l'estomac ; vous mettez un bon morceau de beurre dans une casserole, du sel, du gros poivre et le jus d'un citron ; vous mêlez cet assaisonnement avec votre beurre ; vous en remplissez vos poulets ; vous leur coupez le cou près des reins ; bridez-les avec une aiguille à brider et de la ficelle que vous passez ainsi d'une cuisse à l'autre, en mettant une patte entre votre ficelle, et en l'assujettissant sur la cuisse ; vous faites bomber l'estomac, et vous donnez toute la grâce possible à votre poulet ; arrangez la peau de la poche pour que le beurre ne sorte pas ; mettez des bardes de lard dans une casserole ; coupez des tranches de citron bien minces ; vous les mettez sur l'estomac de vos poulets; vous les placez dans votre casserole ; vous les couvrez de lard, et vous mettez une poêle par-dessus pour les faire cuire; trois quarts-d'heure avant de servir, vous les mettrez au feu ; ayez soin qu'ils bouillent toujours ; au moment de servir, vous les égouttez et les débridez ; cernez-leur le trou près du croupion ; dressez-les sur le plat ; vous mettrez pour sauce un aspic chaud, un velouté lié, une sauce tomate, un sauté de champignons, un ragoût de crêtes et de rognons de coq s, etc. (*Voyez* ce que vous préférerez.)

Poulet au riz.

Lorsque votre poulet sera flambé et vidé, coupez les pattes, et troussez les cuisses en dedans; vous désossez l'intérieur de l'estomac de votre poulet sans endommager l'extérieur ; mettez dedans un ragoût de crêtes et de rognons de coqs, de champignons, et vous ajouterez une forte liaison dans votre ragoût; quand il sera froid, vous le mettrez dans votre poulet; vous aurez soin de bien envelopper les extrémités de bardes de lard pour que votre ragoût ne sorte pas; quand votre poulet cuira, vous verserez un jus de citron sur son estomac; vous le couvrirez de bardes; vous en mettrez aussi dans le fond de votre casserole et quelques tranches de rouelle de veau, deux carottes coupées en tranches, trois oignons, deux clous de girofle, une feuille de laurier, un peu de thym, deux cuillères à pot de consommé; vous poserez votre filet sur cet assaisonnement; vous le mettrez au feu : trois quarts-d'heure suffisent pour le cuire s'il est jeune; vous passerez ensuite au tamis de soie le mouillement dans lequel votre poulet a cuit; vous y ajouterez une livre de riz bien épluché et bien lavé; vous mettrez du bon bouillon en cas qu'il n'y en ait pas assez; vous ferez bouillir votre riz pendant un quart-d'heure; vous le laisserez égoutter sur un tamis de crin; beurrez une casserole assez grande pour le contenir; vous mettrez un rond de pâte dans le milieu, votre riz par-dessus; vous placerez votre poulet de manière qu'on ne le voie pas; vous comblerez votre casserole de riz; une heure avant de servir, vous lui ferez prendre couleur comme à un gâteau au riz; vous poserez du feu sur le couvercle : au moment de servir, vous renverserez votre pain de riz; ôtez-en le rond de pâte, et vous dégarnirez l'intérieur de votre pain sans endommager les bords ni le fond; vous verserez plein une cuillère à pot de velouté réduit, des champignons, le reste du ragoût de votre poulet, du gros poivre, une liaison de trois œufs, gros comme un œuf de beurre bien fin; vous les mettrez dans l'intérieur de votre pain de riz; assurez-vous si votre sauce est d'un bon sel. (*Voyez* Velouté.)

Poulets à la Monglat.

Vous ferez cuire deux poulets comme ceux dits à la poêle; vous les laisserez refroidir; enlevez les chairs de l'estomac en formant un trou ovale de la longueur du poulet; vous couperez les chairs en petits dés; vous y mettrez des champignons coupés de même, gros comme un œuf de tetine de veau cuite préparée de même; vous mettrez le tout dans une casserole; versez-y plein quatre cuillères à dégraisser de béchamelle, un peu de gros poivre que vous ferez fondre; vous le verserez sur votre petit ragoût que vous tiendrez chaud au bain-marie; ensuite faites chauffer vos poulets dans une casserole avec un peu de leur fond : au moment de servir, vous les égouttez; dressez-les sur votre plat, et mettez ce ragoût dans l'intérieur de vos poulets : prenez garde qu'il ne soit pas trop liquide ; vous mettrez une béchamelle un peu claire sous vos poulets; en cas que vous n'en ayez pas, servez-vous de velouté lié. (*Voyez* Béchamelle *ou* Velouté.)

Poulets à la Montmorency.

Prenez deux poulets gras bien blancs et d'égale forme, sans taches; vous les flambez et les videz; ôtez l'os du brechet; vous mettez un bon morceau de beurre dans une casserole, du sel, du gros poivre, un peu de muscade rapée, un jus de citron; vous mêlerez l'assaisonnement avec votre beurre; vous en remplirez vos deux poulets; vous les briderez comme pour entrée ; piquez-les de lard fin sur l'estomac ; vous mettrez des bardes dans le fond d'une casserole; vous y placerez vos deux poulets, des bardes à l'entour, des tranches de veau pour remplir les vides, deux carottes, trois oignons, deux clous de girofle, une feuille de laurier, un bouquet de persil et ciboules, un rond de papier beurré, plein une cuillère à pot de grand bouillon; vous les mettrez au feu trois quarts-d'heure avant de servir, et du feu aussi sur le couvercle : au moment de servir, vous les égouttez, les débridez, les glacez, et les dressez sur le plat; vous mettrez une sauce espagnole claire dans laquelle vous joindrez gros comme la moitié d'une noix de glace : on peut servir dessous un aspic, une sauce tomate, un sauté de truffes, un petit ragoût mêlé, un sauté de champignons. (*Voyez* l'article que vous préférez.)

Poulets en entrée de broche.

Vous prenez deux poulets gras bien blancs et d'égale

grosseur ; vous les flambez , et vous les videz par
la poche ; ôtez l'os du brechet ; mettez un bon morceau de beurre dans une casserole, du sel , du gros
poivre , un jus de citron ; vous mêlerez l'assaisonnement avec votre beurre ; vous en remplirez vos
poulets ; vous les trousserez et les briderez comme
pour entrée ; vous arrangerez des tranches minces
de citrons dessus l'estomac de vos poulets ; couvrez-
les de bardes de lard ; vous les embrocherez et les
envelopperez de papier beurré ; trois quarts-d'heure
avant de servir , vous les mettrez au feu : prenez
garde qu'ils ne prennent couleur : au moment de
servir , vous les ôterez de la broche et les débriderez ;
ôtez le lard et le citron qui pourraient être après ;
cernez-leur le trou proche du croupion ; dressez-les
sur votre plat, et mettez dessous un aspic chaud ,
un velouté lié , une sauce tomate, un sauté de champignons en suprême, un beurre d'écrevisses. (*Voyez*
l'article que vous préférez.)

Poulets à la reine.

Vous prenez trois petits poulets à la reine ; vous
les flambez ; videz-les par la poche , troussez-les,
garnissez-les de beurre , et vous les faites cuire
comme les poulets dits poêlés : au moment de servir,
égouttez-les, débridez-les , et dressez-les sur votre
plat avec une sauce hollandaise, et une grosse écrevisse dans chaque poulet ; (*Voyez* Sauce hollandaise.)
vous pouvez servir dessous un aspic chaud , une
sauce tomate , un beurre d'écrevisses, un ragoût mêlé.
(*Voyez* ce que vous préférez.)

Fricassée de Poulet.

Ayez un bon poulet gras bien en chair ; vous le
flambez et le dépecez le plus correctement possible,

c'est à dire que vous levez les membres sans les hacher ni les écorcher : il faut qu'ils conservent une
belle forme : lorsqu'ils seront dépecés, vous coupez le
bout de la cuisse du côté de la patte ; cassez et ôtez
l'os jusqu'au joint, afin que votre cuisse ait une
belle forme. Votre poulet dépecé et paré, vous mettez
environ un quarteron de beurre tiédir dans une casserole ; vous arrangez les cuisses, ensuite les ailes,
l'estomac, les reins et le reste par-dessus ; vous mettez
votre fricassée sur le feu ; faites roidir les membres
de votre poulet qui se trouvent dans le fond de votre
casserole ; quand ils ont resté un instant au feu, vous
les sautez ; lorsque vous voyez qu'ils sont tous roidis,
vous versez plein une cuillère à bouche de farine que
vous mêlerez avec votre poulet et votre beurre ;
ajoutez-y une cuillère à pot de bouillon ; si vous n'en
avez pas, mouillez-la avec de l'eau ; alors vous y
mettriez du sel, du gros poivre, une feuille de laurier, un bouquet de persil et ciboules, des champignons ; vous la ferez bouillir en la remuant toujours ;
alors vous l'écumerez, et vous la ferez aller à grand
feu : une heure suffit pour cuire votre fricassée, à
moins que votre poulet ne soit dur ; quand elle sera
aux trois quarts cuite, vous la dégraisserez ; vous y
mettrez des petits oignons tous égaux et bien épluchés, ce que vous jugerez à propos ; dès que votre
fricassée est cuite, ôtez le bouquet et la feuille de
laurier ; vous y mettrez une liaison de trois jaunes
d'œufs ; prenez garde qu'elle ne bouille ; ajoutez un
jus de citron si vous voulez.

Fricassée de Poulets à la Chevalière.

Ayez deux poulets gras bien charnus ; vous les flambez légèrement ; levez les blancs en entier, piquez-les

de lard fin, et faites-les cuire à part dans une casserole pour les glacer ; (*Voyez* Filets piqués glacés.) vous levez les autres membres le plus correctement possible ; cassez les os des cuisses jusqu'au joint, et coupez le gros bout du côté de la patte ; parez bien les reins, les ailerons ; en un mot que vos morceaux soient proprement coupés : mettez un morceau de beurre tiédir dans une casserole ; vous y arrangez les membres de manière qu'ils prennent une belle forme ; vous posez votre casserole sur le feu ; laissez un instant votre fricassée sans la sauter, pour que vos cuisses prennent une forme qu'elles puissent conserver en cuisant ; sautez-les jusqu'à ce qu'elles soient roidies ; vous y ajouterez ensuite un peu de farine, que vous mêlez avec vos poulets et votre beurre ; mouillez votre fricassée avec du bouillon bien chaud ; joignez-y quatre cuillères à dégraisser de velouté, une feuille de laurier, un bouquet de persil et de ciboules, du gros poivre ; vous la ferez aller à grand feu ; aux trois quarts cuite, mettez-y vos petits oignons égaux, et bien épluchés ; vous dégraissez votre fricassée : quand elle sera cuite, au moment de servir, vous ôterez le bouquet et la feuille de laurier ; vous la changerez de casserole ; passez la sauce à l'étamine par-dessus ; ajoutez une liaison de trois jaunes d'œufs ; dressez-la sur votre plat entre vos quatre cuisses ; vous mettrez les quatre filets piqués glacés et la garniture dans le milieu.

Fricassée de Poulet à la minute.

Flambez votre poulet ; mettez un morceau de beurre dans une casserole ; vous y placez vos membres de poulet, du sel, du poivre, une feuille de laurier, vos champignons ; mettez votre casserole sur un grand

21

feu ; sautez votre poulet ; dès que vos membres sont bien atteints , vous mettez un peu de farine , que vous mêlez avec votre poulet, un verre de bouillon ou de l'eau ; prenez garde au sel. Si vous mettez du bouillon, vous le remuerez sur le feu ; au premier bouillon , retirez votre fricassée : vous pouvez y mettre une liaison, si vous voulez, et un jus de citron.

Sauté de filets de Poulets au suprême.

Prenez les filets de cinq poulets gras; vous les parez comme il est dit aux filets de poularde ; vous les arrangez dans le sautoir ou sur une tourtière ; assaisonnez-les de sel , de gros poivre, du persil haché bien fin et lavé; vous ferez tiédir un bon morceau de beurre que vous verserez dessus : au moment de servir, vous les mettrez sur un feu ardent ; lorsqu'ils seront roidis d'un côté, tournez-les de l'autre ; retirez-les un instant après ; vous les séparez du beurre ; vous les dressez en couronnes sur un plat, un croûton glacé entre chaque filet : ayez du velouté réduit, dans lequel vous tremperez votre filet ; avant de le dresser, mettez-y le fond de votre sauté ; après en avoir ôté le beurre, jetez-y gros comme la moitié d'un œuf de beurre frais, que vous ferez fondre dans votre velouté chaud.

Horly de Poulets.

Ayez deux poulets gras, que vous flambez et dépecez comme pour une fricassée ; vous mettez vos membres dans un vase ; assaisonnez-les de sel , de gros poivre, d'une pincée de feuilles de persil, quelques ciboules rompues, deux feuilles de laurier, le jus de deux citrons ; vous remuez vos membres dans cet assaisonnement ; vous épluchez une douzaine de gros oignons d'égale grosseur; vous les coupez par tranches de même épaisseur, de manière à faire des anneaux; vous tâcherez qu'ils soient à peu près d'égale grandeur; par cette raison vous n'y mettrez point le cœur : une demi-heure avant de servir, vous égoutterez vos membres de poulets, vous les saupoudrerez de farine; remuez-les dans un linge; vous les secouerez; vous les mettrez dans une friture qui ne soit pas trop chaude : lorsqu'ils auront une belle couleur, et que vous les jugerez cuits, vous les égoutterez sur un linge blanc; vous ferez bien chauffer votre friture; saupoudrez de farine vos anneaux d'oignons; vous les remuerez dans un linge, et les mettrez dans la friture très-chaude; quand ils auront une belle couleur, vous les égoutterez sur un linge blanc; vous dresserez vos membres de poulets en buisson sur un plat; vous mettrez vos oignons par-dessus, et un aspic chaud dessous. (*Voyez* Aspic.)

Cuisses de Poulets au soleil.

Vous aurez douze cuisses de bons poulets; vous cassez l'os jusqu'au joint de l'intérieur de la cuisse; coupez le gros bout du côté de la patte; vous mettez un bon morceau de beurre que vous faites tiédir dans une casserole; vous y arrangez les cuisses pour qu'elles prennent une belle forme; vous y mettez un peu de sel, du gros poivre, une feuille de laurier, un oignon piqué d'un clou de girofle, un bouquet de persil et ciboules; vous les posez sur un feu ardent; sautez-les jusqu'à ce qu'elles soient bien roidies; vous y mettrez plein une cuillère à bouche de farine, plein une cuillère à pot de bouillon chaud, des champignons; vous les ferez bouillir pendant trois quarts-d'heure; vous dégraisserez votre ragoût avant le tems expiré : au moment de retirer vos cuisses, il faut que votre sauce soit réduite aux trois quarts; vous ôterez le bouquet, l'oignon et la feuille de laurier ; vous mettrez une liaison de trois jaunes d'œufs; votre ragoût lié, vous arrangerez vos cuisses sur un plat, et la sauce par-dessus ; quand elles seront froides, vous les barbouillerez bien de leur sauce ; vous les mettrez dans la mie de pain ; puis vous les tremperez dans des œufs battus et assaisonnés ; vous les panerez encore ; tâchez qu'elles le soient bien partout : au moment de servir, vous les mettez dans la friture; quand elles ont une belle couleur, vous les égouttez sur un linge blanc; dressez-les en couronnes; faites frire une bonne poignée de persil que vous mettrez dans le milieu.

Cuisses de Poulets à la Périgueux.

Vous préparerez douze cuisses de beaux poulets gras, comme celles de poularde pour bigarrure ; (*Voyez* Bigarrure de poularde.) vous hacherez huit truffes épluchées ; rapez une demi-livre de lard que vous mettrez dans une casserole avec trois cuillerées à bouche de bonne huile ; vous y ajoutez vos truffes hachées, un peu des quatre épices, un peu de sel et de gros poivre ; vous les passerez un instant au feu; laissez - les refroidir ensuite ; vous en farcirez vos cuisses de poulets; vous les coudrez avec une aiguille et du fil pour que vos truffes ne sortent pas; et pour leur donner une forme agréable, vous y mettrez une patte que vous ferez entrer par le petit bout de la cuisse ; vous mettrez des bardes de lard dans une casserole, vos cuisses par-dessus; couvrez-les de lard, et mettez vos épluchures de truffes avec une poêle pour les cuire : (*Voyez* Poêle.) trois quarts-d'heure avant de servir, vous mettrez vos cuisses au feu, et au moment même vous les égouttez ; ôtez le fil qui est après, et dressez-les en couronnes ; mettez un sauté de truffes dans le milieu. (*Voyez Sauté de truffes.*)

Aspic de blanc de Poulets.

Sautez huit blancs de poulets ; (*Voyez Sauté de filets de poulets.*) vous les assaisonnez de sel, de gros poivre ; vous les laissez refroidir sur un plat ; vous versez dans une casserole plein quatre cuillères à dégraisser de velouté, quatre cuillerées de gelée ; vous faites réduire le tout à moitié ; vous y mettez une liaison d'un jaune d'œuf, un peu de persil haché et lavé, gros comme la moitié d'un œuf de beurre que vous mettrez après que votre sauce sera liée ; amalgamez-le bien avec votre sauce ; vous la verserez sur vos filets ; vous la laisserez bien refroidir ; il faut qu'elle soit bien congelée : lorsque vous mettrez vos filets dans l'aspic, vous arrangerez de l'aspic dans votre moule l'épaisseur d'un bon demi-pouce ; vous la mettrez à froid ; quand elle sera sera bien congelee, vous la décorerez, et vous y mettrez vos filets symétriquement dont la forme doit être correcte, et le dessus bien uni en raison de la sauce qui les a masqués ; vous arrangez par-dessus vos filets un petit ragoût froid de crêtes et de rognons avec les filets mignons que vous aurez mis dans une pareille sauce ; ensuite vous ferez fondre de l'aspic de quoi remplir votre moule, et vous le mettrez quand il sera froid ; vous laisserez bien congeler votre aspic : au moment de servir, vous le renverserez et le détacherez comme il est dit à l'aspic.

Poulets en Mayonnaise.

Vous dépecerez deux poulets froids qui auront été cuits dans une poéle le plus correctement possible; vous mettrez les membres dans une casserole avec du velouté, plein huit cuillères à dégraisser, plein quatre de gelée, et deux cuillères à bouche de vinaigre d'estragon, un peu de gros poivre; vous ferez réduire le tout d'un tiers; en cas que votre sauce soit un peu brune, vous y mettriez une liaison d'un œuf; lorsqu'elle sera réduite à son point, vous y ajouterez un peu de persil et d'estragon bien haché; vous leur ferez ensuite jeter deux bouillons dans votre sauce : voyez si elle est de bon sel, et mettez-la sur vos membres de poulets froids; après laissez-la refroidir; vous la dressez sur votre plat, et vous versez votre sauce, qui sera presque congelée, sur vos poulets; vous décorez cette entrée avec de la gelée et des croûtons.

Poulet à la tartare.

Vous flambez légèrement votre poulet; vous coupez les pattes, et troussez les cuisses en dedans; vous ôtez la poche de votre poulet et le cou; fendez-le par le dos depuis le cou jusqu'au croupion; vous le videz; vous l'applatissez sans le meurtrir : faites tiédir un bon morceau de beurre; vous assaisonnez de sel et de gros poivre votre poulet, et le trempez dans le beurre; qu'il y en ait par-tout; vous le mettez dans la mie de pain, et lui en faites prendre le plus possible : trois quarts-d'heure avant de servir, vous le posez sur le gril, à un feu doux; au moment de servir, vous le dressez sur le plat, et vous mettez une sauce à la tartare. (*Voyez* cette sauce.) On peut s'éviter de le paner; vous y mettrez un jus clair, une espagnole réduite, une sauce tomate, une sauce piquante. (*Voyez* l'article que vous préférez.)

Poulet à la broche.

Vous videz votre poulet; flambez-le un peu ferme; bridez-le, et piquez-le de lard fin, ou bien vous le bardez; vous attachez les pattes sur la broche : le poulet a besoin d'être bien cuit, mais sans excès.

Poulet gras aux truffes.

Vous flamberez votre poulet légèrement; épluchez-le et videz-le par l'estomac; vous arrangerez votre poulet comme la poularde aux truffes; mettez une petite barde de lard entre la peau de la poche et les truffes, de crainte que la peau ne vienne à crever; vous attacherez les pattes sur la broche, et vous l'envelopperez de papier huilé.

Du Pigeon.

Le pigeon dont on se sert le plus ordinairement est celui de volière et le biset; le ramier n'est pas commun; on l'emploie, quand il est jeune, plus souvent pour broche qu'autrement, parce que sa chair est noire, et que son goût sauvage convient mal pour entrée; celui à la cuillère, et qu'on nomme à la Gautier, est de grande ressource pour garniture et pour entrée : on ne sert du pigeon biset qu'à défaut de celui de volière.

Pigeons à la broche.

Vous videz et flambez vos pigeons un peu fermes; vous les épluchez et vous les bridez; mettez-leur une feuille de vigne, si vous en avez, sous la barde : une demi-heure suffit pour les cuire.

Pigeons à la Saint-Laurent.

Vous aurez quatre pigeons de volière que vous flambez légèrement; vous troussez les pattes en dedans du corps; vous les fendez par le dos depuis le cou jusqu'au croupion; videz-les et battez-les sur l'estomac, que votre pigeon soit plat; vous l'assaisonnez de gros poivre, de sel; mettez un morceau de beurre tiédir dans une casserole; vous les trempez dedans, puis vous les mettez dans la mie de pain : quand ils sont bien panés, une demi-heure avant de servir, vous les mettez du côté de l'estomac, sur le gril, à un feu doux; vous les retournez à propos; dressez-les sur le plat; mettez un jus clair dessous ou une sauce à l'échalote; ajoutez un demi-verre de bouillon ou d'eau, du sel, du poivre fin, plein deux cuillères à bouche d'échalotes bien hachées, trois cuillères de bon vinaigre, une cuillerée de chapelure de pain; vous ferez jeter deux ou trois bouillons; versez votre sauce sous vos pigeons : voyez si elle est de bon goût.

Pigeons à la casserole.

Vous préparez vos pigeons comme les précédens; vous mettez un bon morceau de beurre dans votre casserole; vous le faites tiédir; vous les assaisonnez de sel, de gros poivre, un peu d'aromates pilés; vous les mettez du côté de l'estomac dans votre casserole; placez-les sur un feu un peu ardent; vous les retournez lorsqu'ils ont resté dix minutes d'un côté; une demi-heure suffit pour les cuire : vous les dressez sur votre plat; ôtez les trois quarts du beurre qui reste dans votre casserole; jetez-y une pincée de farine que vous mêlez avec votre fond, le jus d'un citron, ou deux cuillerées de vinaigre, un demi-verre de bouillon ou de l'eau; alors vous ajouteriez du sel ; faites jeter deux bouillons à votre sauce, et masquez vos pigeons avec : voyez si elle est de bon goût.

Pigeons en compote.

Vous videz, flambez et troussez les pattes en dedans de vos trois pigeons ; vous les bridez pour qu'ils conservent une forme plus agréable ; jetez un morceau de beurre dans une casserole ; faites-le tiédir, et mettez-y plein une cuillère à bouche de farine ; vous faites un roux ; vous coupez des tranches de petit lard, que vous faites revenir dedans ; vous y placez vos pigeons, que vous faites bien roidir ; ensuite vous versez plein une cuillère et demie à pot de bouillon ou d'eau avec vos pigeons ; vous les remuez bien jusqu'à ce qu'ils bouillent. Si vous les mouillez avec de l'eau, vous y mettrez du sel, un bouquet de persil et de ciboules, une feuille de laurier, du gros poivre, des champignons ; vous écumerez votre ragoût : lorsque vos pigeons seront aux trois quarts cuits, vous y mettrez des petits oignons bien épluchés, et tous de la même grosseur ; vous les passerez dans le beurre ; dès qu'ils sont bien blonds, égouttez-les, et mettez-les dans votre ragoût, que vous dégraisserez : avant de servir, vous dressez vos pigeons sur votre plat, et vos garnitures par-dessus.

Pigeons aux petites racines.

Vous viderez vos pigeons ; vous les flamberez ; troussez-les et bridez-les ; vous mettrez des bardes dans une casserole avec vos pigeons ; vous les couvrez de bardes ; vous mettrez à l'entour quelques tranches de veau, deux carottes, trois oignons, deux feuilles de laurier, un clou de girofle, un bouquet de persil et ciboules, un peu de thym, plein une cuillère à pot de bouillon ; vous les ferez mijoter pendant une heure : au moment du service, vous égouttez ; débridez-les et dressez-les sur votre plat ; vous mettrez un cordon de laitues glacées à l'entour, et des petites racines dans le milieu. (*Voyez* Laitues et petites Racines pour entrée.)

Côtelettes de Pigeons sautées.

Levez les chairs de l'estomac de vos six pigeons ; vous les parez ; vous y passez un os que vous prenez dans la pointe de l'aileron du filet ; vous les arrangez dans votre sautoir ; vous les assaisonnez de sel, de gros poivre ; vous y saupoudrez un peu d'aromates pilés : faites tiédir un bon morceau de beurre, que vous versez sur vos côtelettes : au moment de servir, vous les mettez sur un feu ardent ; aussitôt qu'elles sont roidies d'un côté, vous les retournez de l'autre ; ne les laissez qu'un instant ; égouttez-les et dressez-les en couronnes, un croûton glacé entre chacune ; vous employez pour sauce une espagnole claire, dans laquelle vous mettez gros comme la moitié d'une noix de glace.

Pigeons en chipolata.

Vous faites cuire vos pigeons comme ceux dits aux petites racines : au moment de servir, vous les égouttez et les débridez ; dressez-les sur votre plat, et masquez-les d'une chipolata. (*Voyez* Chipolata.)

Pigeons en papillotes.

Quand vous avez vidé et flambé vos pigeons, vous leur coupez les pattes, et leur troussez les cuisses en dedans ; vous les coupez par le dos comme un poulet à la tartare ; vous les applatissez ; vous les assaisonnez de sel, de gros poivre, un peu d'aromates pilés ; vous mettez un bon morceau de beurre dans une casserole , un quarteron de lard gras rapé, plein quatre cuillères à bouche d'huile; posez votre casserole sur le feu avec vos pigeons dedans; vous les passerez pendant un bon quart-d'heure ; vous les placerez sur un plat; vous passerez dans votre beurre plein trois cuillères à bouche de champignons hachés bien fin , une cuillerée d'échalotes, autant de persil; le tout bien haché ; un peu de sel et d'épices : lorsqu'elles seront revenues dans le beurre , vous les mettrez sur vos pigeons ; laissez-les refroidir ; vous préparez des carrés de papier , que vous huilez ; vous renfermez vos pigeons comme il est dit aux articles papillotes : une demi - heure avant de servir, vous mettrez vos pigeons sur le gril, à un feu doux, et au moment du service, vous les dressez sur le plat avec un jus clair dessous.

Pigeons à la cuillère.

Vous avez six pigeons à la Gautier, que vous flambez légèrement ; quand ils sont épluchés et parés , vous mettez un bon morceau de beurre dans une casserole, le jus d'un citron, un peu de sel et du gros poivre; vous faites roidir vos pigeons dans cet assaisonnement ; vous les mettez dans une casserole entre des bardes de lard, et le beurre dans lequel vous les avez fait roidir ; vous y ajoutez de la poêle pour les faire cuire : (*Voyez* Poêle.) un bon quart-d'heure avant de servir, vous les mettez au feu, et au moment du service vous les égouttez, et les dressez sur votre plat; vous placez une écrevisse entre chaque pigeon ; vous versez dessous une sauce hollandaise verte. (*Voy.* Sauce hollandaise verte.)

Pigeons Gautier à la financière.

Prenez six pigeons que vous préparez et faites cuire comme les précédens : au moment de servir, vous les égoutterez et les dresserez à l'entour du plat ; vous mettrez un ragoût de crêtes et de rognons de coqs, de foies gras et de truffes dans le milieu de vos pigeons. (*Voyez* Ragoût mélé.)

Pigeons Gautier à l'aurore.

Flambez légèrement six pigeons à la cuillère ; vous mettrez un morceau de beurre dans une casserole, du sel, du gros poivre, un peu de muscade rapée, le jus d'un citron, une feuille de laurier ; vous y mettrez vos pigeons, et vous les poserez sur le feu ; quand ils seront bien roidis, vous prendrez plein une demi - cuillère à bouche de farine, que vous mêlerez avec votre beurre ; vous mettrez plein une cuillère à pot de consommé, et vous les ferez bouillir à grand feu : ajoutez des champignons, un oignon piqué d'un clou de girofle ; au bout d'un quart-d'heure vous retirerez vos pigeons de la sauce ; si elle n'est pas assez réduite, vous la laisserez sur le feu jusqu'à ce qu'il n'en reste environ que plein quatre cuillères à dégraisser ; vous y mettrez une liaison de deux œufs ; vous ôterez la feuille de laurier et l'oignon ; vous verserez votre sauce sur vos pigeons ; laissez-les refroidir ; vous hacherez les champignons, que vous mêlerez avec la sauce ; vous en farcirez vos petits pigeons ; arrosez - les bien de sauce, et vous les mettrez dans la mie de pain, puis dans des œufs battus et assaisonnés ; vous les panerez une seconde fois : au moment de servir, faites - les frire ; lorsqu'ils ont une belle couleur, vous les dressez sur votre plat, et dans le milieu du persil frit ; dès que vos pigeons sont cuits et froids , vous pouvez les couper en deux, les farcir et les paner de même ; puis les faire frire.

Ortolans.

Vous les bardez en les embrochant sur des petits atelets d'argent ; on les met à un feu ardent ; sept ou huit minutes suffisent pour les cuire.

Rouges-Gorges.

Les rouges-gorges se préparent comme les ortolans ; il faut le même tems pour les cuire.

Tous les petits Oiseaux.

Ils se mettent à la broche comme les mauviettes, ou bien ils se sautent dans du beurre et des fines herbes.

Du Poisson.

De l'Esturgeon.

On trouve quelquefois l'esturgeon dans les fleuves, quoique ce poisson soit de mer : il a une chair qui a beaucoup de consistance. Comme ce n'est point un poisson dont l'usage est ordinaire, je ne le détaillerai pas. Pour le faire cuire, videz-le et lavez-le ; s'il est entier, mettez-le dans une poissonnière ; vous marquerez une poêle très-aromatisée que vous mouillerez avec du vin blanc, et vous la mettrez sur votre poisson. (*Voyez* Poêle.) Ce poisson demande beaucoup plus de tems que les autres pour le cuire.

Du Thon.

On trouve le thon sur les côtes de Provence, d'Espagne et d'Italie : c'est un gros poisson. A Paris, on le mange presque toujours mariné : on en sert dans de l'huile pour hors-d'œuvre.

Du Turbot.

Le turbot nous vient de l'Océan : il est large et plat ; le meilleur est celui qui est blanc et épais ; il le faut prendre le plus frais possible, et sans tache : il se sert pour le premier service avec une sauce dans une saucière, et pour le second sans sauce.

Turbot au court-bouillon.

Après avoir bien lavé votre turbot, vous lui ôterez les ouïes et les boyaux que sa poche contient, sans l'endommager ; vous lui ferez une incision du côté noir sur la raie qui est près la tête ; vous la découvrirez pour en ôter un morceau de trois joints, pour donner du souple à votre turbot, afin qu'en cuisant il ne soit pas susceptible de se fendre ; avec une aiguille à brider et de la ficelle, vous assujettirez le gros de la tête avec l'os qui tient à la poche ; versez ensuite de l'eau plein un chaudron, une livre de sel, vingt feuilles de laurier, une poignée de thym, une grosse poignée de persil en branches, vingt ciboules, dix oignons coupés en tranches ; vous ferez bouillir votre court-bouillon pendant un quart-d'heure ; vous le passerez au tamis, et vous le laisserez reposer ; lorsqu'il sera bien clair, vous mettrez votre turbot dans un turbotier ; vous le frotterez bien de jus de citron du côté blanc ; si vous n'y mettez pas de citron, vous emploierez deux pintes de lait, et vous verserez le court-bouillon par-dessus ; posez-le sur le feu ; laissez-le mijoter, sans qu'il bouille, pendant une heure, ou plus si votre turbot est très-gros ; dix minutes avant de le servir, vous le retirez avec sa feuille, et le laissez égoutter ; arrangez une serviette sur un plat, et glissez votre turbot dessus ;

en cas qu'il y ait quelques crevasses, vous les remplirez avec du persil en feuilles, et placez-en aussi à l'entour : ayez soin de le débrider. L'on peut aussi le faire cuire à l'eau de sel.

Cabillaud, ou Morue fraîche.

Vous viderez votre cabillaud et le laverez; vous ferez une eau bien salée, parce que le poisson n'en prend pas plus qu'il ne faut; quand elle sera claire, vous ficellerez la tête de votre poisson; vous le mettrez dans la poissonnière, et l'eau de sel par-dessus; faites-le cuire à très-petit feu. Si vous le servez pour relevé, vous y ajouterez une sauce à la crème; si c'est pour rôt, vous le servirez à sec sur un plat où il y a une serviette et du persil en feuilles à l'entour; vous pouvez le faire cuire dans un court-bouillon comme le turbot.

Raie à la sauce blanche.

Vous faites cuire votre raie dans un court-bouillon; vous y mettez un verre de vinaigre; quand elle est cuite, vous en ôtez le limon ou la peau de dessus des deux côtés; vous la parez, et la mettez sur le plat; vous la masquez d'une sauce blanche, et des câpres par-dessus, ou bien des cornichons coupés en dés. (*Voyez* Sauce blanche.)

Raie au beurre noir.

Faites cuire votre raie comme la précédente; nettoyez-la et parez-la de même; vous ferez frire du persil en feuilles que vous mettrez à l'entour de votre raie; vous la masquerez de votre beurre noir. (*Voyez* Sauce au beurre noir.)

Barbue.

Vous ôtez les ouïes et les boyaux de votre barbue;

vous la lavez; faites-la cuire à l'eau de sel; ou au court-bouillon pour entrée; vous la masquez avec une sauce au beurre, ou bien vous la servez à la bonne eau. (*Voyez* bonne Eau.)

Carlets à la bonne eau.

Vous videz et nettoyez vos carlets; vous les faites cuire dans une bonne eau, et vous les servez avec.

Carlets grillés.

Videz et lavez vos carlets; essuyez-les; vous les huilez; après vous y ajoutez du sel, du poivre; vous avez des chalumeaux de paille que vous mettez sur le gril, vos carlets par-dessus; vous les grillez à petit feu; ensuite vous les masquez avec une italienne maigre. (*Voyez* Italienne.)

Alose grillée.

Videz et lavez votre alose; ôtez-en les écailles; essuyez-la bien; laissez-la égoutter entre deux linges; vous la mettrez sur un plat avec du sel, du poivre, du persil en branches, des ciboules, plein un verre d'huile; vous la retournerez dans son assaisonnement une heure avant de servir, plus ou moins comme elle sera grosse; vous la placerez ensuite sur le gril, à un feu doux : au moment de servir, vous la dresserez sur le plat, et vous la masquerez d'une sauce au beurre; semez des câpres par-dessus, ou bien mettez-la sur une purée d'oseille. (*Voyez* Sauce au beurre, ou Purée d'oseille.)

Morue à la maître-d'hôtel.

Dès que votre morue est dessalée à propos, vous la ratissez et la nettoyez; mettez-la cuire à l'eau pure;

vous l'égouttez ; ensuite vous mettez un bon morceau de beurre que vous coupez en petits morceaux
dans une casserole; vous y ajoutez du gros poivre,
un peu de muscade rapée, du persil et de la ciboule
hachés bien fin; si vous voulez, vous y mêlez une
pincée de farine; vous remuez votre assaisonnement
ensemble; vous placez votre morue par-dessus, plein
une cuillère à dégraisser d'eau de morue, si elle n'est
pas trop salée : au moment de servir, vous mettez
votre casserole sur le feu sans la quitter; remuez-la
toujours afin que votre beurre ne tourne pas en
huile ; lorsque votre morue sera bien mêlée avec
votre beurre, et bien chaude, si elle est trop liée,
vous y remettriez une cuillerée d'eau ; vous là dresserez sur votre plat ; mettez-y un jus de citron en
la servant.

Morue à la provençale.

Vous préparerez et ferez cuire votre morue comme
la précédente ; vous mettrez un bon morceau de
beurre que vous couperez en petits morceaux dans
votre casserole ; ajoutez du gros poivre, de la muscade rapée, du persil et de la ciboule bien hachés,
plein une cuillère à dégraisser de bonne huile, le
zest de la moitié d'un citron, une gousse d'ail si
vous voulez ; remuez le tout ensemble pour mêler
l'assaisonnement ; vous mettrez votre morue par-
dessus : au moment du service, vous la mettez sur
le feu ; agitez-la toujours pour que votre beurre ne
tourne pas en huile : au moment du service, dressez-la
sur votre plat ; mettez-y un jus de citron en la servant.

Morue à la béchamelle.

Vous préparez et vous faites cuire votre morue

22

comme les précédentes ; vous l'égouttez, et vous ôtez
les arétés ; mettez dans une casserole un bon morceau
de beurre, plein une cuillère à bouche de farine, un
peu de sel, du gros poivre ; un peu de muscade rapée,
du persil haché bien fin, et de la cibbule hachée
et lavée ; vous mêlerez cet assaisonnement avec votre
beurre ; vous y mettrez un verre de crême ; mettez
votre sauce sur le feu ; tournez-la toujours jusqu'à
ce qu'elle ait jeté un bouillon ; si elle est trop liée,
mouillez-la avec de la crême ; il faut qu'elle soit
épaisse comme une bouillie ; vous la versez sur votre
morue, et vous la tenez chaude sans la faire bouillir :
au moment du service, dressez-la en buisson, c'est
à dire qu'elle forme le dôme sur votre plat.

Bonne Morue.

Après avoir fait cuire votre morue comme la précédente, vous la mettrez en petits morceaux, et sans
arêtes, dans une casserole ; vous placerez un bon
morceau de beurre dans une casserole ; ajoutez une
petite cuillère à bouche de farine, un peu de sel,
du gros poivre, un peu de muscade rapée, un peu
de persil haché bien fin et lavé ; vous mêlez à
votre assaisonnement les trois quarts d'un verre de
bonne crême ; vous posez votre sauce sur le feu en
la tournant toujours jusqu'à ce qu'elle jette un bouillon : il faut qu'elle soit plus liée ou plus épaisse que
la précédente ; vous la verserez sur votre morue ;
vous la remuerez avec une cuillère de bois pour
qu'elle se mêle avec la sauce ; ensuite laissez-la refroidir ; vous collerez un rond correct de mie de pain
en croûtons à l'entour de votre plat, et vous y placerez votre morue de manière qu'elle fasse un peu

le dôme ; vous l'unirez avec votre couteau ; ensuite
prenez de la mie de pain dans laquelle vous mettrez
un peu de parmesan, si vous voulez, que vous
mettrez sur votre morue ; ayez un petit plumeau
que vous tremperez dans le beurre tiédi, et que
vous égoutterez sur votre mie de pain, vous la panez
encore une fois ; vous y versez des gouttes de beurre :
un quart-d'heure avant de servir, vous mettez votre
plat sur une chevrette et du feu dessous ; placez un
four de campagne très-chaud dessus pour lui faire
prendre une belle couleur ; lorsque vous servez, vous
ôtez vos croûtons qui sont à l'entour ; vous retirez
aussi le beurre en huile, et vous mettez des croûtons passés au beurre pour remplacer les autres.

Croquettes de Morue.

Quand votre morue est cuite, vous la coupez en
dés ; vous la mettez dans une casserole ; ajoutez gros
comme deux œufs de beurre, plein une petite cuillère à bouche de farine, un peu de sel, du gros
poivre, un peu de muscade rapée, un demi-verre
de crème ; vous mettez votre sauce sur le feu ; vous
la tournez jusqu'à ce qu'elle ait jeté le premier bouillon ; vous la versez sur votre morue que vous mêlez
bien avec votre sauce, et laissez-la refroidir ; ensuite
vous la divisez en quinze ou vingt tas, et vous donnez
à vos croquettes une forme agréable et unie ; vous
les panez ; vous cassez quatre ou cinq œufs ; vous
les assaisonnez ; vous les battez, et vous trempez
vos croquettes dedans ; il faut les paner une seconde
fois : un instant avant de servir, vous posez votre
friture sur le feu ; lorsqu'elle est bien chaude, vous
mettez vos croquettes dedans, et dès qu'elles ont
une belle couleur blonde, vous les retirez ; posez-les

sur un linge blanc; vous les dressez en pyramides; vous mettez dessus du persil frit.

Anguille de mer.

Vous ferez cuire votre anguille dans de l'eau, du sel, de la racine de persil, ou du persil, et trois ou quatre feuilles de laurier; vous la masquerez d'une sauce à la crème, ou d'une sauce brune, dans laquelle vous mettrez gros comme la moitié d'un œuf de beurre d'anchois, ou d'une sauce aux tomates. (*Voyez* la] Sauce que vous préférez.)

Saumon au bleu.

Vous videz votre saumon sans lui couper le ventre; vous le lavez et l'essuyez bien; vous le mettez dans une poissonnière; ajoutez-y huit ou dix bouteilles de vin, sept ou huit carottes, des oignons coupés en tranches, quatre clous de girofle, six feuilles de laurier, un peu de thym, du sel, une poignée de persil en branches : il faut que votre poisson soit baigné dans son court-bouillon; faites-le mijoter deux heures; lorsque vous voulez le servir, vous le laissez égoutter; vous mettez une serviette sur votre plat, et le saumon dessus, du persil à l'entour; si vous le servez pour relevé, vous mettrez dans une casserole un bon morceau de beurre; vous y mêlerez plein trois cuillères à bouche de farine, plein une cuillère à pot du court-bouillon de votre poisson, une cuillère à pot de blond de poisson ou de veau; posez ensuite votre sauce sur le feu en la tournant jusqu'à ce qu'elle bouille; et à ce moment vous y mettrez du gros poivre, et vous la ferez réduire à moitié; vous la passerez à l'étamine dans une casserole; vous couperez en dés des cornichons, huit ou dix anchois, des câpres, des capucines confites que vous mettrez dans votre sauce; vous la tiendrez chaude sans la faire bouillir; vous masquerez votre saumon avec cette sauce : l'on peut aussi, au lieu de cornichons, mettre seulement un beurre d'anchois.

Saumon à la Génoise.

Vous ferez cuire votre saumon comme le précédent; vous le mouillerez avec du vin rouge foncé; vous y ajouterez l'assaisonnement du précédent, sans trop le saler; vous mettrez un bon morceau de beurre dans votre casserole, plein deux cuillères à dégraisser de farine que vous mêlerez avec le beurre; vous passerez le court-bouillon au tamis de soie, et vous le joindrez au beurre; vous le mettrez sur le feu, et vous le tournerez jusqu'à ce que votre sauce bouille; vous la ferez réduire à moitié; vous l'écumerez et la dégraisserez; vous la passerez ensuite à l'étamine; tenez-la chaude sans la faire bouillir : au moment de servir votre poisson, vous l'égouttez et le dressez à nu sur le plat; après masquez-le de votre sauce.

Saumon sauce aux câpres.

Ayez une dalle de saumon; vous la marinez avec de l'huile, du persil, de la ciboule, du sel, du gros poivre : si la dalle est épaisse, il faut une heure pour la cuire; vous la dressez sur votre plat; vous y ajoutez une sauce au beurre par-dessus, avec des câpres que vous semez sur le saumon.

Croquettes de Saumon.

Vous faites cuire votre saumon dans une bonne eau ou un court-bouillon; quand il est froid, vous le préparez comme il est dit aux croquettes de morue; vous faites de même une sauce à la crème. (*Voyez* Croquettes de morue.)

Saumon en bonne morue.

Vous faites cuire votre saumon de la même manière
que le précédent : vous vous servez du même procédé
et de la même sauce que pour celui de la bonne morue.
(*Voyez* bonne Morue.)

Saumon à la Mayonnaise.

Quand votre dalle de saumon est cuite, vous pouvez
la servir entière ou en morceaux; vous les arrangerez
sur votre plat, et vous les masquerez avec une mayonnaise froide; ayez soin d'y mettre de la gelée pour
qu'elle se glace : vous décorerez le tour du plat avec
des croûtons, des câpres, des cornichons. (*Voyez*
Mayonnaise.)

Saumon en salade.

Quand votre saumon est cuit, vous le séparez en
morceaux; vous le mettez dans votre sauce à salade;
vous versez dans une casserole plein quatre cuillères
à bouche de bon vinaigre, deux cuillerées de gelée
fondue, dix cuillerées d'huile, du sel, du gros poivre,
une ravigote hachée; vous sautez votre saumon dans
cette sauce, et vous le dressez sur votre plat; versez
votre sauce par-dessus; vous mettez des cœurs de laitues
coupés en quatre; vous décorez votre salade avec des
croûtons, des cornichons, des câpres, des anchois.

Truite au court-bouillon.

Vous videz la truite sans lui ouvrir le ventre; vous
la lavez et l'essuyez bien ; vous lui ficelez la tête, et
vous la mettez dans une poissonnière ; vous coupez
des oignons en tranches, quatre clous de girofle,
quatre feuilles de laurier, quelques branches de thym,

une poignée de persil en branches, du sel, six bouteilles de vin blanc ; vous la ferez mijoter pendant
une heure, ou plus si elle est grosse : pour rôt, vous
la servez sur une serviette que vous ployez sur un plat ;
vous arrangez du persil à l'entour à la génoise ; vous la
mouillerez avec du vin rouge ; mettez peu de sel,
afin de pouvoir vous servir de sa cuisson que vous
passerez au tamis de soie : vous vous servirez du
même procédé que pour le saumon à la génoise.
(*Voyez* Saumon à la génoise.) On peut faire avec
la truite ce qu'on fait avec le saumon.

Sauté de filets de Truites.

Vous leverez les filets de truites ; vous les parerez ;
enlevez ensuite la peau du côté de l'écaille : vous
couperez vos filets en petites lames de la grandeur
d'un écu de six francs au moins ; vous parerez vos
morceaux ; ils doivent être d'égale grandeur et de même
épaisseur ; arrangez-les dans votre sautoir ; vous y
semerez du persil haché bien fin et lavé, du sel, du
gros poivre, de la muscade râpée ; vous ferez tiédir
un bon morceau de beurre que vous verserez sur les
morceaux : au moment du service, vous mettez votre
sautoir sur un feu ardent ; lorsque le sauté est roidi
d'un côté, vous le retournez ; ne le laissez qu'un
instant au feu ; vous les dressez en miroton à l'entour du plat, et vous placez le reste dans le milieu ;
vous ajoutez une sauce italienne maigre ou bien une
grasse. (*Voyez* Italienne.)

Soles sur le plat.

Vous videz et vous lavez les soles ; vous les essuyez ;
vous leur faites entrer le tranchant du couteau sur le
gros de la raie du dos du côté noir ; faites fondre en-

suite du beurre sur un plat ; mettez-y du persil, des échalotes bien hachées, du sel, du gros poivre, un peu de muscade rapée ; vous mettrez vos soles sur le plat et des fines herbes par-dessus, du sel, du gros poivre, un peu de muscade rapée ; ajoutez un verre de bon vin blanc ; vous les masquerez avec de la mie de pain, arrosée de gouttes de beurre : un quart-d'heure avant de servir, vous mettrez vos soles au four ou sur un fourneau doux, avec le four de campagne très-chaud pour les couvrir : si vous ne vous servez pas de four, vous mettrez en place de mie de pain de la chapelure.

Filets de Soles sautés.

Vous levez les quatre filets de vos soles ainsi que la peau ; vous les parez et les arrangez sur votre sautoir ; vous les poudrez avec un peu de persil haché, lavé, du sel, du gros poivre ; vous ferez tiédir du beurre, et vous le verserez dessus vos filets : au moment de servir, vous les mettez sur le feu ; dès qu'ils sont roidis, retournez-les ; quelques minutes suffisent pour qu'ils soient cuits ; vous les dressez sur votre plat, et vous y ajoutez une italienne et un jus de citron ; (*Voyez* Italienne.) vous pouvez laisser vos filets entiers, ou les couper en deux ou trois morceaux ; alors vous les dresserez en couronnes ; arrangez des croûtons à l'entour du plat.

Filets de Soles en mayonnaise.

Vous ferez frire huit ou dix soles ; quand elles seront froides, vous les mettrez sur le gril, à un feu très-doux, sans les faire chauffer à fond, pour donner seulement la facilité de lever la peau ; vous détacherez les filets de vos soles ; dès qu'elles seront tièdes, vous en enleverez les peaux ; ensuite parez et coupez vos filets en carrés longs de deux pouces ; vous les dresserez correctement dans un moule ou sur votre plat : si c'est dans un moule, vous tremperez vos filets de sole dans votre sauce mayonnaise, et vous les dresserez jusqu'à ce que votre moule soit plein de filets : faites tiédir votre sauce, et remplissez-en votre moule; vous le mettrez à la glace ou au froid, pour que votre sauce se congèle : une heure avant le service, vous la versez sur le plat, et vous la décorez avec des croûtons, des cornichons, des anchois, etc. ; si vous dressez vos morceaux sur votre plat, vous versez aussi votre sauce par-dessus et la décorez.

Filets de Soles en salade.

Vous vous servez des filets comme ceux pour la Mayonnaise; vous les laissez entiers, ou bien vous les coupez par morceaux ; vous les mettez dans une casserole, puis vous faites un assaisonnement composé de quatre cuillères à bouche de bon vinaigre, deux cuillerées de gelée fondue, dix cuillerées d'huile, une ravigote hachée, du sel, du gros poivre; vous mêlerez bien le tout, et vous le verserez sur vos filets que vous sauterez dedans ; vous dresserez les morceaux correctement; versez après votre sauce dessus; vous mettrez des cœurs de laitues coupés en quatre à l'entour du plat, et vous décorerez votre salade avec des cornichons, des câpres, des anchois, des croûtons, etc.

Soles sautées.

Vous coupez la tête et la queue de vos soles; après les avoir vidées et nettoyées, vous les mettez dans votre sautoir; vous les saupoudrerez avec un peu de persil haché et lavé, un peu de ciboules hachées, du sel, du gros poivre, un peu de muscade rapée; vous ferez tiédir un bon morceau de beurre que vous verserez par-dessus : au moment du service, vous les posez sur un feu ardent; remuez-les pour qu'elles ne s'attachent pas; dès qu'un côté est cuit vous les retournez de l'autre; ensuite vous les dressez sur votre plat, et vous les arrosez avec une italienne. (*Voyez* Sauce italienne.)

Filets de Soles en aspic.

Vous préparerez vos filets de soles comme ceux dits en Mayonnaise; si vous n'avez pas de gelée de poisson, vous vous servirez d'aspic; (*Voyez* Aspic.) ayez soin que vos morceaux soient égaux; vous mettez de l'aspic fondu dans votre moule; vous le laissez congeler; vous décorez votre gelée avant que d'y mettre vos filets; puis vous arrangez vos morceaux bien régulièrement; vous remplissez votre moule d'aspic fondu, mais froid; vous la mettez à la glace ou au froid pour qu'elle prenne : au moment du service, vous renversez votre moule sur le plat; vous vous servez du même procédé pour le détacher que pour l'aspic de blanc de volaille.

Limandes sur le plat.

Vous videz et nettoyez vos limandes; faites fondre sur votre plat un morceau de beurre; vous mettez un peu de persil et ciboules, du sel, du gros poivre, un peu de muscade rapée; vous arrangez vos limandes sur votre plat; vous ajoutez de l'assaisonnement; vous les arrosez avec un verre de vin blanc ou de l'eau; vous masquez ensuite avec de la chapelure de pain; vous les posez sur le fourneau, un four de campagne par-dessus.

Eperlans à la bonne eau.

Vous nettoyez vos éperlans; puis avec un petit atelet vous les enfilez par les yeux au nombre de huit ou dix; vous les mettez dans un vase plat, quoiqu'un peu creux; vous versez une bonne eau par-dessus; vous rompez des feuilles de persil en quatre ou cinq morceaux; vous prenez un peu de votre bonne eau, et vous leur faites jeter quelques bouillons : un quart-d'heure avant de servir, vous mettez vos éperlans sur le feu; après vous les ôtez de la bonne eau; et vous les dressez sur le plat; vous verserez la bonne eau, où il y a du persil, par-dessus.

Maquereaux à la maître-d'hôtel.

Trois maquereaux suffisent pour faire une entrée; vous les videz et vous leur ôtez les boyaux en fourrant la pointe du couteau dans le trou qu'ils ont au milieu du corps; vous les essuyez avec un linge mouillé : il faut les fendre du côté du dos depuis la tête jusqu'à la queue; vous les mettez sur un plat de terre; joignez-y du sel, du gros poivre, des ciboules, du persil en branches; vous arrosez les maquereaux avec de l'huile : une demi-heure avant de servir, vous les mettez sur le gril, à un feu très-doux; vous aurez soin de les retourner : au moment de servir, vous les dressez sur le plat, et leur mettez une maître-d'hôtel froide dans le dos, ou bien vous mettez un morceau de beurre dans une casserole, plein une cuillère à bouche de farine, du persil, de la ciboule bien hachée, du sel, du poivre; vous mêlerez la farine avec l'assaisonnement; ajoutez-y un demi-verre d'eau, un jus de citron; mettez votre sauce sur le feu; tournez-la toujours; au premier bouillon, si elle est de bon goût, versez-la sur vos maquereaux.

Sauté de filets de Maquereaux.

Levez les filets de vos maquereaux dans leur entier ; vous glisserez votre couteau entre la peau et la
chair du maquereau pour en ôter la peau ; vous parerez
vos filets, et vous les mettrez dans un sautoir avec
du sel, du gros poivre, du persil, de la ciboule bien
hachée ; vous ferez ensuite tiédir un bon morceau de
beurre que vous verserez par-dessus : au moment du
service, vous les mettrez sur le feu ; vous les remuerez de crainte qu'ils ne s'attachent ; quand ils seront
un peu chauffés d'un côté par quelques bouillons du
beurre, vous les retournez soigneusement pour éviter
de les casser ; assurez-vous s'ils sont cuits ; vous les
dressez sur le plat ; mettez dans une casserole un bon
morceau de beurre, plein une cuillère à dégraisser
de velouté, trois jaunes d'œufs, le jus de deux citrons,
du sel, du gros poivre, une ravigote bien hachée ;
tournez toujours votre sauce jusqu'à ce qu'elle soit
liée ; ne la laissez pas bouillir, parce qu'elle tournerait : voyez si elle est de bon sel, et versez-la sur
vos filets : on peut aussi y mettre une autre sauce
italienne, velouté lié, sauce tomate, sauce au beurre.

Harengs grillés.

Après avoir vidé et ratissé vos harengs, vous les
essuyez bien ; vous mettez du sel, du poivre ; arrosez-les d'huile : un quart - d'heure avant de servir,
vous les mettrez sur le gril, à un feu ardent ; ayez
soin de les retourner ; quand ils sont cuits, vous les
dressez sur votre plat ; vous faites une sauce au beurre,
dans laquelle vous mettez plein une cuillère à bouche
de moutarde ; vous pouvez employer une purée de
haricots, ou bien une sauce aux tomates.

Merlans à la bonne eau.

Vous videz vos merlans, et vous les ratissez; nettoyez-les avec un linge mouillé; vous leur coupez la
tête jusqu'au tronc du corps, et la queue un peu avant :
vous les mettrez dans une casserole; vous y ajoutez
de la racine de persil ou du persil en feuilles, deux
ou trois ciboules entières, une feuille de laurier, du
sel et de l'eau; vous les ferez mijoter un bon quart-
d'heure; vous les dresserez sur le plat; vous mettez
un peu de votre bonne eau dans une casserole; vous
rompez plusieurs feuilles de persil, et vous leur faites
jeter quelques bouillons dans votre bonne eau; après
vous la versez sur vos merlans.

Merlans grillés.

Vous videz et nettoyez vos merlans; vous les ciselez des deux côtés; vous mettez du sel, du gros
poivre, de l'huile : une demi-heure avant de servir,
vous les posez sur le gril, à un feu un peu ardent;
quand ils sont grillés, vous les masquez avec une
sauce au beurre, et semez des câpres par-dessus; vous
pouvez aussi y mettre une sauce tomate.

Sauté de filets de Merlans.

Vous préparez vos filets comme ceux de maquereaux; vous les sautez avec le même assaisonnement;
après vous les dressez sur un plat, et vous les masquez avec une sauce italienne. (*Voyez* Sauce italienne.)

Paupiettes de filets de Merlans.

Vous levez les filets comme pour un sauté; vous
les parez de même; du côté de l'intérieur vous éten-

dez un peu de farce de poisson également ; vous roulez votre filet dessus de manière qu'il forme le ba-
ril ; vous mettez de cette même farce sur votre plat,
et vous y arrangez vos filets à l'entour et dans le milieu ; couvrez-les ensuite de bardes de lard ou d'un
double papier beurré ; vous les mettrez au four, ou
sur un fourneau, avec un four de campagne par-
dessus : une demi-heure suffit pour les cuire ; vous
les masquez avec une sauce italienne.

Quenelles de filets de Merlans.

Vous vous servez du même procédé que pour faire
des quenelles de volaille, à l'exception que vous mettrez deux ou trois anchois dans votre chair de merlans. Les proportions sont les mêmes.

Plies à l'Italienne.

Vous viderez et vous nettoierez vos plies ; faites-
les cuire dans une bonne eau, ou bien au court-
bouillon ; vous les dresserez sur votre plat, et vous
mettrez une sauce italienne liée dessus, c'est à dire
vous ajoutez une liaison d'un jaune d'œuf.

Plies grillées sauce aux câpres.

Il faut vider et nettoyer les plies ; vous les ciseléz ;
vous mettez du sel, du poivre, de l'huile : une demi-
heure avant de servir, vous les posez sur le gril, à un
feu un peu ardent ; quand elles sont cuites, vous les
dressez sur le plat ; vous les masquez d'une sauce au
beurre ; semez des câpres dessus. Vous pouvez aussi
employer une sauce espagnole, dans laquelle vous
mettrez gros comme la moitié d'un œuf de beurre
d'anchois ou une italienne.

Grondins à l'Italienne.

Videz et nettoyez les grondins ; vous leur ficellerez la tête ; vous les mettrez dans une casserole, avec quelques tranches d'oignons, du persil, deux feuilles de laurier, deux clous de girofle, du sel, du gros poivre, une ou deux bouteilles de vin blanc. Il faut que votre poisson soit baigné ; vous le ferez mijoter un bon quart-d'heure ; vous les égouttez, et vous les dressez sur le plat ; vous mettrez une sauce italienne dessous. Ce poisson a une grosse tête, le corps rouge et éfilé.

Brochet au court-bouillon.

Vous viderez votre brochet sans lui faire d'ouverture ; vous ficellerez la tête ; mettez-la dans la poissonnière ; vous verserez le court-bouillon par-dessus ; vous le ferez mijoter une heure ou plus si votre poisson est gros. Si vous le servez pour rôt, vous le laisserez refroidir ; vous arrangerez une serviette sur un plat, et vous placez votre brochet dessus, et du persil à l'entour.

Brochet sauce à la portugaise.

Vous ferez cuire votre poisson dans un court-bouillon ; lorsqu'il sera cuit, vous enleverez soigneusement les écailles ; vous le mettrez chaud sur votre plat, et vous le masquerez d'une sauce à la portugaise ; vous pouvez aussi employer une sauce du beurre, sauce tomate, sauce indienne ; cela tient au goût.

Brochets à l'allemande.

Vous videz vos petits brochets ; vous les coupez par tronçons ; vous les mettez dans une casserole avec quelques tranches d'oignon, du persil en branches, deux feuilles de laurier, trois ciboules entières, deux clous de girofle, du sel, du gros poivre, une bouteille de vin blanc : quand votre poisson aura mijoté une demi-heure, vous le retirerez ; écaillez-le ; vous en ôterez les nageoires ; vous mettez vos troncs dans une casserole, et vous passez du court-bouillon au tamis de soie ; vous le versez dessus, et vous les tenez chauds : au moment du service, vous les égouttez et les dressez sur votre plat ; vous mettrez ensuite un bon morceau de beurre dans une casserole ; ajoutez plein une petite cuillère de farine, de la muscade rapée, du gros poivre, un demi-verre de court-bouillon ; vous mettez votre sauce sur le feu, en la tournant jusqu'à ce qu'elle bouille ; vous aurez une liaison de deux jaunes d'œufs que vous verserez dans votre sauce ; tournez-la bien, et ne la laissez pas bouillir ; vous la passerez à l'étamine. Voyez si elle est de bon goût, et masquez-en votre poisson.

Sauté de filets de Brochets.

Vous levez les filets de trois moyens brochets ; vous les coupez en carrés un peu longs, et vous les parez ; ayez soin qu'ils soient tous de la même grandeur ; vous les arrangez dans votre sautoir : ajoutez-y du persil et de la ciboule bien hachés, un peu de muscade rapée, du sel, du gros poivre ; vous ferez tiédir un bon morceau de beurre, que vous verserez sur vos filets : au moment du service, vous les mettrez sur le feu ; et dès que le beurre bout, vous les retournez. Il ne faut qu'un instant pour les faire cuire ; vous poserez votre sautoir en pente, et vos filets sur la hauteur pour que votre beurre s'en sépare; vous les dressez sur votre plat, et vous y mettez une italienne liée par-dessus.

Carpe au bleu.

Vous viderez votre carpe; faites-y une très-petite ouverture; prenez bien garde d'ôter le limon de votre carpe; vous ficellerez la tête; vous la mettrez dans votre poissonnière; vous ferez bouillir une pinte de vin rouge, que vous verserez toute bouillante sur votre carpe; vous la ferez baigner entièrement dans le vin rouge; prenez sept ou huit oignons coupés en tranches, quatre carottes, une poignée de persil, six feuilles de laurier, une branche de thym, trois clous de girofle, du sel et du poivre; vous la ferez mijoter une heure, ou plus si votre carpe est grosse, puis vous la laisserez refroidir; vous arrangerez une serviette sur un plat, vous mettrez votre carpe par-dessus, et du persil à l'entour.

Carpe au court-bouillon.

Vous préparerez votre carpe comme la précédente; au lieu de vin chaud faites bouillir du vinaigre, que vous versez dessus; vous ferez un court-bouillon que vous mettrez avec votre carpe.

Carpe grillée sauce aux câpres.

Après avoir vidé et bien écaillé votre carpe, vous la ciselez, et vous la mettez sur un plat avec du persil, de la ciboule, du sel, du poivre et de l'huile : trois quarts-d'heure avant de servir, vous la posez sur le gril, à un feu un peu ardent; quand elle est grillée, vous la masquez avec une sauce aux câpres.

Carpe à la Chambore.

Vous videz votre carpe; prenez garde de l'endom-

23

mager ; vous lui remplirez le corps de laitances ; levez-
lui les écailles , et d'un côté la peau très-superficielle-
ment ; vous piquez ce côté de lard fin depuis l'ouïe
jusqu'à la queue ; vous la mettez dans votre poissonnière ; vous la mouillez avec du vin blanc ; ajoutez
du sel , du poivre , du persil en feuilles, six feuilles
de laurier , du thym , des tranches d'oignons, trois
clous de girofle ; vous couvrez la tête de bardes de
lard , et la mettez au four , ou bien vous couvrez
votre poissonnière de feuilles d'office ; mettez du feu
par - dessus , et la faites mijoter une bonne heure :
au moment de servir, vous l'égouttez et la mettez
sur votre plat ; dressez à l'entour des quenelles de
carpes ou bien des pigeons à la Gautier , des ris de
veau glacés, des petites noix de veau glacées , des
écrevisses , des foies gras de volaille , des truffes ,
des crêtes et des rognons de coqs, etc. Si le mouillement de la carpe n'est pas trop assaisonné , vous
le passerez au tamis de soie ; vous mettrez dans une
casserole plein deux cuillères à pot d'espagnole , et
plein deux cuillères à pot de cuisson de votre carpe ;
vous ferez réduire votre sauce à moitié ; vous mettrez vos petites garnitures dedans , et vous verserez
votre sauce à l'entour de la carpe , après l'avoir glacée. (*Voyez* les articles dont vous aurez besoin.)

Matelote à la marinière.

Pour faire une bonne matelote on emploie carpe,
anguille, brochet, barbillon ; vous écaillez et nettoyez votre poisson ; vous le coupez par tronçons ;
mettez-le dans une casserole ou chaudron avec des
petits oignons passés au beurre , deux feuilles de laurier , un bouquet de persil et ciboules , des champignons, un peu de thym , un peu des quatre épices,

du sel et du poivre; vous mettez du vin rouge avec votre poisson en assez grande quantité pour qu'il soit baigné dedans ; vous placez votre poisson sur un grand feu. Lorsque votre mouillement sera réduit d'un tiers, vous aurez un bon morceau de beurre ; vous mettrez plein une ou deux cuillères à bouche de farine, que vous mêlerez bien avec votre beurre , et vous le mettrez par petites boules dans votre matelote ; vous la remuerez bien afin que le beurre et la farine lient votre sauce ; dressez vos poissons sur votre plat , des croûtes à l'entour, et la sauce par-dessus.

Autre Matelote.

Vous préparez votre poisson comme il est dit à l'article précédent ; vous le mettez dans votre casserole avec du sel, du gros poivre, deux feuilles de laurier, du thym, quelques tranches d'oignons, du persil en branches, deux clous de girofle, assez de vin blanc pour que le poisson soit baigné ; vous le mettez sur un feu ardent ; dès que votre poisson est cuit, vous en passez le bouillon dans un tamis de soie ; changez votre poisson de casserole, parez-le bien ; ayez trente ou quarante petits oignons bien épluchés et de la même grosseur ; vous les sauterez dans du beurre jusqu'à ce qu'ils soient bien blonds ; vous les égoutterez sur un tamis ; vous ferez un roux à proportion de votre matelote ; vous le délayerez avec le vin où a cuit votre poisson ; mettez-y des champignons ; faites réduire votre sauce d'un tiers , et vous y mettrez vos petits oignons ; vous la dégraisserez : voyez si elle est de bon goût : lorsque vos oignons sont cuits , retirez votre garniture de votre sauce avec une cuillère percée ; mettez-la sur le poisson , et vous passerez dessus votre sauce à l'étamine ;

vous tiendrez la matelote chaude : au moment de servir, vous la dressez sur votre plat, avec des croûtons passés au beurre; garnissez-la d'écrevisses.

Matelote vierge.

Vous ferez cuire votre poisson avec du vin blanc comme le dernier; ensuite vous passerez vos petits oignons à blanc dans du beurre; vous y mettrez plein deux cuillères à bouche de farine, que vous mêlerez avec votre beurre et vos oignons; vous verserez le vin où a cuit votre poisson, passé au tamis dessus vos oignons; remuez votre sauce jusqu'à ce qu'elle bouille; vous y mettrez des champignons; lorsque votre sauce sera réduite d'un tiers, dégraissez-la, et voyez si elle est de bon goût; vous en ôterez avec une cuillère percée les oignons, les champignons, et vous les mettrez sur votre poisson. Si votre sauce est trop longue, faites-la réduire; vous y ajouterez une liaison de cinq jaunes d'œufs, ou plus si la matelote est forte; ne faites point bouillir votre sauce : quand votre liaison sera dedans, vous la passerez à travers une étamine sur votre poisson : au moment de servir, vous la dressez sur votre plat, avec des croûtons passés au beurre à l'entour; vous garnirez votre matelote d'écrevisses.

Quenelles de Carpe.

Vous levez les chairs de votre carpe; vous la préparez, et vous vous servez du même procédé que pour les quenelles de volaille, excepté que vous ajouterez à votre chair de poisson un ou deux anchois.

Carpe à l'allemande.

Vous coupez une carpe en morceaux après l'avoir

lavée, sans la vider, ni sans ôter les ouïes ; vous enleverez seulement le gros boyau ; vous mettrez vos morceaux dans une casseròle, ou dans un poêlon, avec du sel, du gros poivre, des quatre épices, des tranches d'oignons, une ou deux bouteilles de bierre : il faut que votre poisson baigne dans la sauce ; mettez votre casserole sur un grand feu ; vous ferez réduire votre sauce assez pour qu'il n'en reste à peu près qu'un verre ; servez votre carpe avec son bouillon sans le lier.

Anguille à la broche.

Vous mettrez l'anguille sur un fourneau bien ardent ; vous la laisserez griller superficiellement, et avec un torchon vous ferez couler la peau grillée en la tirant de la tête à la queue ; votre anguille se trouvant dépouillée, et son huile ôtée, vous lui couperez la tête ; vous la viderez et la roulerez comme un cerceau ; assujettissez-la avec des petits atelets ou des brochettes et de la ficelle ; vous la mettrez sur une tourtière ; vous mettrez un morceau de beurre dans une casserole, des carottes coupées en tranches, des oignons coupés de même, du persil, du laurier, du thym ; vous passerez cet assaisonnement ; quand il sera bien revenu, vous le mouillerez avec du vin blanc, du sel, du poivre ; laissez-le bouillir une demi-heure ; vous le passerez au tamis de soie dessus l'anguille, et vous la mettrez au four : au bout de trois quarts-d'heure, vous la retirez avec un grand couvercle ; vous l'enlevez de dessus la tourtière ; mettez-la sur votre plat ; vous y mettez une sauce italienne ; vous passez des atelets à travers votre anguille, et vous l'assujettissez sur la broche ; enveloppez-la de papier huilé. (*Voyez* Sauce italienne *ou* Sauce piquante.)

Anguille à la tartare.

Vous dépouillerez votre anguille comme celle à la broche; coupez-la par tronçons de cinq ou six pouces; vous marquez une marinade comme il est dit à la précédente anguille; avant de la mouiller, vous y mettrez un peu de farine, et lorsque votre sauce sera cuite, vous la passerez à l'étamine sur les morceaux d'anguille, et les ferez cuire; lorsqu'ils seront froids, vous les mettrez dans la mie de pain, puis vous la tremperez dans des œufs assaisonnés et battus; vous la panerez une seconde fois, et un bon quart-d'heure avant de servir, vous mettrez vos troncs sur le gril, à un feu doux; mettez un four de campagne bien chaud dessus; ajoutez une sauce à la tartare sur votre plat, et mettez les tronçons dessus.

Anguille à la Poulette.

Après avoir dépouillé votre anguille, vous coupez les tronçons de la grandeur de trois pouces; vous les mettrez dans une casserole avec du sel, du gros poivre, deux feuilles de laurier, des branches de persil, de la ciboule, une bouteille de vin blanc; vous mettrez votre anguille sur le feu; quand elle sera cuite, vous parerez les morceaux, et vous les mettrez dans une autre casserole; vous passerez son mouillement au tamis de soie; mettez après un morceau de beurre dans une casserole, vingt petits oignons que vous passez à blanc; ajoutez-y plein une cuillère à bouche de farine que vous mêlez avec votre beurre; vous mettez votre mouillement avec vos oignons; joignez-y des champignons, un bouquet de persil et ciboules; dès que vos oignons seront cuits, vous les ôterez avec une cuillère percée, et vous les mettrez sur votre anguille ; assurez-vous si la sauce est de bon goût ; dégraissez-la et faites-la réduire ; si elle est trop longue, vous y mettrez une liaison de trois jaunes d'œufs ; prenez garde qu'elle ne bouille, et passez-la à travers une étamine sur votre anguille : au moment de servir, vous mettez des croûtons passés au beurre dans le fond du plat ; dressez dessus votre anguille ; couvrez-la de votre garniture, et garnissez-la d'écrevisses.

Tanche à la Poulette.

Vous mettez votre tanche une minute dans un chaudron plein d'eau presque bouillante ; vous la retirez avec votre couteau ; vous enlevez son limon et son écaille ; coupez-la en morceaux, et faites-la dégorger ; vous mettez ensuite du beurre dans une casserole ; vous le faites tiédir avec vos morceaux de tanche ; vous les sautez dans le beurre ; joignez-y plein une cuillère à bouche de farine que vous mêlez ensemble ; vous mouillez votre ragoût avec une bouteille de vin blanc, du sel, du gros poivre, une feuille de laurier, un bouquet de persil et ciboules, des petits oignons, des champignons ; vous ferez aller votre ragoût un peu vite ; dès qu'il sera cuit, vous y mettrez une liaison de trois jaunes d'œufs ; vous ôterez la feuille de laurier et le bouquet : voyez s'il est de bon goût.

Barbillon sur le gril.

Après avoir écaillé et vidé votre barbillon, vous le ciselez de même que la carpe, et vous employez la même sauce. (*Voyez* Carpe grillée.)

Soles frites.

Vous faites une incision sur le dos des soles,

vous les saupoudrez de farine comme tous les autres poissons, et les mettez dans une friture un peu chaude.

Carpe frite.

Vous écaillez et vous videz une carpe ; vous la fendez par le dos de manière que la tête se trouve séparée aussi ; votre carpe ne doit tenir que par le ventre ; donnez quelques coups de couteau sur la grosse arête afin que votre carpe ait une forme bien plate ; vous la farinerez, ainsi que sa laitance, ou bien les œufs, et vous la mettrez dans une friture bien chaude. Tous les poissons de rivière, lorsqu'ils sont trop épais, se fendent, se farinent en général pour la friture.

Moules à la Poulette.

Après avoir bien ratissé vos moules, et les avoir bien lavées, vous les mettez à sec dans une casserole, et sur un feu ardent ; vous les sautez ; à mesure qu'elles s'ouvrent, vous ôtez la coquille, et vous les mettez dans une autre casserole ; vous passez l'eau qu'ont produit vos moules au tamis de soie ; ensuite vous mettrez un bon morceau de beurre dans une casserole, de la ciboule hachée que vous passerez dans le beurre ; vous mettrez votre persil, après vous le passerez aussi un peu ; vous y joindrez plein une cuillère à bouche de farine que vous mêlerez avec votre beurre ; vous arroserez vos fines herbes avec l'eau des moules ; ajoutez un peu de poivre et de muscade rapée ; vous ferez jeter quelques bouillons à votre sauce ; vous y mettrez une liaison de deux ou trois œufs, selon la quantité de moules, et vous les mettrez dans votre sauce ; sautez-les, et tenez-les chaudes sans les faire bouillir : au moment du service, vous y mettez un jus de citron, et vous les dressez sur votre plat.

Huîtres en coquilles.

Vous faites ouvrir et détacher vos huîtres, et vous les mettez sans coquilles dans une casserole avec leur eau; vous les ferez roidir sans les laisser bouillir; vous préparerez des fines herbes comme pour des côtelettes, des échalotes, persil, champignons, lard rapé, huile et beurre, des quatre épices; (*Voyez* fines Herbes à papillotes.) vous mêlerez vos huîtres avec vos fines herbes, et vous les mettrez dans les coquilles bien nettoyées; vous les remplirez; vous arrangerez de la mie de pain par-dessus; mettez-les ensuite sur le gril, à un feu ardent, un four de campagne par-dessus.

Écrevisses.

Après avoir bien lavé vos écrevisses, vous les mettez dans une casserole avec du sel, du poivre, deux feuilles de laurier, des tranches d'oignons, du persil en branches, des ciboules coupées, une bouteille de vin blanc, ou bien de l'eau et du vinaigre; vous les mettrez sur un feu ardent; sautez-les de tems en tems; quand elles auront bouilli un quart-d'heure, vous les retirez du feu, et les laissez dans leur assaisonnement; vous les ferez réchauffer quand vous voudrez vous en servir.

Écrevisses à la crème.

Vous ôterez les petites pattes de vos écrevisses et la coquille de la queue; coupez le bout de la tête et celui des grosses pattes; vous ferez une sauce à la crême, dans laquelle vous raperez un peu de muscade ; vous la verserez sur vos écrevisses que vous ferez un peu mijoter.

Pâté froid.

Prenez six livres de pâte à dresser ; (*Voyez* Pâté chaud.) vous la dresserez de même, ou bien lorsque votre pâte sera abaissée, vous déciderez la grandeur du fond ; vous le couvrirez de bardes de lard, et vous mettrez la farce par-dessus : il faut que le rond soit bien correct ; vous placerez ensuite la viande sur votre farce ; mettez-y du sel, du poivre, des aromates pilés, un peu des quatre épices ; vous couvrirez et remplirez les vides de la viande avec votre farce ; vous l'envelopperez de bardes de lard, et vous ferez monter votre pâte ; donnez-lui une forme agréable en la décorant ; couvrez ensuite le pâté avec de la pâte ; vous décorez le couvercle, et vous le dorez : il faut que votre four soit bien atteint et un peu chaud ; vous y mettrez le pâté ; prenez garde qu'il ne prenne trop de couleur : faites revenir la viande désossée ou non, sur le feu dans une casserole avant de la mettre en pâte ; puis vous y jeterez un bon morceau de beurre ; lorsqu'elle sera bien roidie, vous la mettrez refroidir pour faire la farce du pâté ; sur deux livres de viande, vous mettrez trois livres de lard, le tout bien haché ensemble, du sel, du gros poivre, des aromates pilés, un peu des quatre épices.

Croûte de pâté chaud.

Vous prendrez deux livres de pâte à dresser ; vous la moulerez ou l'assemblerez en lui donnant une forme bien ronde ; vous l'abaisserez bien également avec le rouleau ; vous prendrez trois pouces de pâte sur le bord ; vous repousserez entre vos doigts la pâte sur elle-même ; évitez de faire des plis, et mettez votre pâte à la hauteur que vous jugez nécessaire et de la grandeur d'un plat d'entrée ; vous le garnirez si vous voulez de ce que vous destinez à mettre dedans, soit du lapereau, des mauviettes, etc. ; autrement vous remplirez l'intérieur du pâté de farine ; vous le cou- vrirez et le décorerez ; dorez-le avec un pinceau de plume et un œuf cassé et battu ; vous le mettrez au four chaud : ayez soin qu'il ne prenne pas trop de couleur ; quand il sera cuit, vous le viderez et vous ôterez la pâte qui se trouve dans l'intérieur ; ajoutez-y un ragoût : si vous voulez faire une croûte à souffler, servez-vous du même procédé, et mettez votre soufflé dans votre croûte ; si vous voulez faire un flan, vous éleverez moins les bords de votre croûte.

De la Pâtisserie.

Vous préparerez vos pâtes comme celles brisées, feuilletage, pâtes sucrées, pâtes à biscuits, à la Madeleine, ou à la Génoise, etc. ; quand elles sont faites, vous y ajoutez ce que vous voulez, et vous leur donnez la forme et le nom que vous jugez convenable ; vous les servez pour entrée lorsqu'elles contiendront de la viande ou ragoût, ou bien pour grosse pièce de relevé ou d'entremets.

Pâte à dresser.

Vous mettrez deux litrons de farine sur une table ; vous ferez un creux dans le milieu ; ajoutez une demi- once de sel, trois quarterons de beurre, six jaunes d'œufs, un verre d'eau ; vous manierez le beurre avec l'eau, les œufs et le sel ; ayez soin que le beurre soit bien maniable ; vous mêlerez votre farine petit à petit, et vous mettrez le tout ensemble ; quand votre pâte sera assemblée, vous la foulez avec vos poings jusqu'à ce que votre pâte soit bien pétrie : s'il n'y avait pas assez de mouillement, il faudrait en remettre ; lorsque vous aurez foulé deux fois votre pâte, c'est assez, parce que si elle l'était davantage, vous risqueriez de la brûler, surtout en été la pâte ne serait plus liée, et elle se casserait en la dressant : si vous voulez en faire une plus grande quantité, il faut pour un quart une livre et demie de beurre, une once de sel, dix jaunes d'œufs pour un demi-boisseau, trois livres de beurre, ainsi de suite ; comme le boisseau de farine doit peser douze livres, vous mettrez à proportion du beurre, du sél et des œufs : il faut que votre pâte soit bien ferme, afin de ne pas se laisser surprendre ; vous mettrez un verre d'eau en plusieurs fois : si vous employez cette pâte pour des tourtes, vous la ferez plus môlle.

Pâte brisée.

Vous préparez un quart de farine sur votre tour à pâte ; vous faites un creux dans le milieu ; vous y mettez une once de sel fin, deux livres de beurre, six œufs entiers, trois verres d'eau ; vous manierez votre beurre avec les œufs, le sel et l'eau ; mêlez votre farine avec le beurre ; vous assemblerez votre pâte sans la fouler, et vous lui donnerez quatre tours, comme il est expliqué au feuilletage : cette pâte sert à faire des gâteaux de plomb et d'autres abaissées.

Feuilletage.

Vous mettez deux litrons de farine sur votre tour à pâte ; vous y faites un trou dans le milieu ; vous employez une demi-once de sel, gros comme un œuf de beurre, deux blancs d'œufs, deux verres d'eau ; vous assemblerez votre pâte : il faut qu'elle soit aussi ferme que le beurre ; vous la laisserez reposer une demi-heure ; vous prendrez ensuite une livre de beurre ; s'il était trop ferme, vous le manierez; vous applatirez votre pâte à feuilletage, et vous y mettrez le beurre ; vous rebrousserez la pâte sur le beurre, afin qu'il se trouve bien enveloppé ; laissez-le reposer un moment ; vous lui donnerez deux tours, c'est à dire qu'avec un rouleau vous peserez sur la pâte en le promenant toujours jusqu'à ce que votre feuilletage ne soit plus que d'un demi-pouce d'épaisseur partout ; alors vous le ployez en trois, c'est à dire que le morceau long est ployé une partie jusqu'aux deux tiers, et l'autre tiers par-dessus les deux autres ; alors vous le tournez dessus son large , et vous l'alongez comme au premier tour : faites de même et laissez-le reposer ; lorsque votre feu est dans le four, vous donnez encore trois tours à votre feuilletage ; vous le coupez et vous lui faites prendre la forme que vous voulez : dès que vos abaisses sont faites, vous y mettez des amandes, des pistaches amalgamées avec du sucre, des confitures, de la frangipane, de la marmelade, etc. : vous prenez des coupe-pâtes ou bien un couteau pour façonner votre feuilletage ; il doit être de huit livres, parce qu'à une livre pour deux litrons, cela fait huit pour le boisseau : on ne peut pas mettre plus de douze livres de beurre dans un boisseau, ou bien il faudrait lui donner sept tours. On peut faire du feuilletage à quatre, six, huit, dix et douze livres ; plus il y a de beurre, plus il faut lui donner de tours : le but est de bien amalgamer le beurre avec la pâte ; ce qui produit le feuilletage ; celui à quatre livres est un feuilletage économe qui n'est pas très-bon, quatre tours lui suffisent ; celui à six livres, quatre tours et demi ; celui à huit livres, cinq tours; celui à dix livres, six tours; celui à douze livres, sept tours.

Pâte à brioche.

Vous prenez le quart de votre farine; par conséquent si vous faites un quart de brioche, vous ôtez un
litron de farine : vous faites un trou assez grand pour
contenir votre eau; vous y mettez une once de le-
vure; vous la délayez avec de l'eau chaude : assemblez votre pâte, et mettez-la dans le vase où était
l'eau ; après l'avoir bien essuyé, vous la placez dans
un endroit chaud : aussitôt que vous vous apercevez
que votre levain est gonflé de moitié, vous faites un
trou dans vos trois autres litrons de farine; vous y
mettez une once de sel que vous faites fondre avec
un peu d'eau, deux livres de beurre, douze œufs;
vous maniez le beurre avec les œufs, et vous assemblez votre pâte; si elle est trop ferme, vous y joindrez encore des œufs : il faut que votre pâte soit un peu
molle; lorsqu'elle est à son point, vous la foulez deux
fois, et vous y mettez votre levain; vous séparez
votre pâte avec vos doigts en la mettant dans les
mains; changez-la de place en la coupant deux ou
trois fois; vous placez de la farine dans un linge
blanc, et vous y mettez votre pâte; vous la couvrez
bien; laissez-la revenir dix à douze heures; après
vous la corrompez, c'est à dire que vous mettez de
la farine sur votre tour à pâte, et vous y joignez la
pâte à brioche; vous l'applatissez, et vous la ployez
deux ou trois fois; vous l'assemblez; laissez-la reposer une heure ou deux : dès que votre four est
presque chaud, vous moulez; comme cela n'est facile
qu'au pâtissier, vous mettez de la farine sur votre
tour à pâte; vous posez votre pâte avec la main;
vous l'applatissez, la ployez et reployez; vous lui
donnez une forme ronde; vous pesez dans le milieu;

et vous y remettez une autre petite forme ronde de pâte à brioche; ce qui fait la brioche entière que vous mettez sur un papier beurré; vous pouvez beurrer une casserole ou un moule, et y mettre votre pâte : donnez une forme quelconque à votre pâte à brioche pour faire différens petits gâteaux.

Pâte à baba.

Vous faites le levain comme pour votre pâte à brioche; mais dans l'appareil, vous y mettez pour un quart une livre de raisin en caisse, un quarteron de raisin de Corinthe, plein une cuillère à café de safran en poudre; vous faites la même manipulation que pour votre pâte à brioche, mais vous la tenez beaucoup plus molle; quand votre pâte est finie, vous beurrez une grande casserole, et vous mettez votre pâte dedans; placez-la dans un endroit où il fait bien doux, et laissez-la revenir pendant six heures; votre pâte sera très-gonflée, vous la mettrez dans un four chaud comme pour la brioche.

Pâte allemande.

Vous prenez le quart de votre farine pour le levain des trois autres quarts; vous les mettez dans une terrine avec un tiers de beurre, un sixième de sucre, autant d'amandes coupées en tranches longues, le sixième de raisin de Corinthe, ce qui fait pour trois livres de farine une livre de beurre, une demi-livre de sucre, etc. Vous salerez votre pâte comme celle à brioche; vous ferez tiédir le beurre sur un quart de farine; versez dessus un verre de crême et le reste du mouillement en œufs; vous délayerez le tout ensemble; quand votre pâte sera molle, quoiqu'un peu épaisse, vous y mettrez le levain; vous le mêlez bien avec la pâte ; après cela vous beurrerez une casserole ou un moule, et vous faites revenir la pâte dans un endroit doux, comme pour le baba, pendant cinq ou six heures ; dès qu'elle est bien revenue, vous la mettez au four au même degré de chaleur que pour le baba.

Pâte à la Madeleine.

Vous mettrez dans une casserole une livre de farine, une livre de sucre, une demi-livre de beurre, que vous faites tiédir, un peu de fleur d'orange ou un peu d'écorce de citron que vous hachez bien fin ; vous mettez six œufs ; mêlez le tout ensemble : vous y joindrez encore des œufs si votre pâte est trop épaisse ; vous beurrez un moule ou plusieurs petits, et vous l'arrangez dedans ; faites-la cuire dans un four doux.

Pâte à la turque.

Vous pilez bien une demi-livre d'amandes émondées ; lorsqu'elles sont bien fines, vous employez une livre de farine, une demi-livre de beurre, trois quarterons de sucre en poudre, plein une cuillère à café de safran en poudre ; vous pilez le tout ensemble ; mettez des œufs à mesure jusqu'à ce que votre appareil soit mou ; vous beurrez un plafond, et vous l'arrangez dessus ; vous lui donnez une égale épaisseur, et vous laissez la pâte cuire à un four doux ; vous la coupez au couteau ou au coupe-pâte ; lorsque vous l'en retirez, vous lui donnez la forme que vous voulez ; vous pouvez en place d'amandes y mettre des pistaches.

Pâte à biscuit.

Vous cassez quinze œufs ; vous mettez les blancs

dans une terrine et les jaunes dans l'autre ; avec ces derniers vous employez une livre de sucre en poudre fine ; vous ajoutez un peu de fleur d'orange ou un peu d'écorce de citron bien hachée, ou tel aromate que vous jugerez convenable ; vous battrez bien vos jaunes et votre sucre avec une spatule ou cuillère de bois : lorsque les jaunes seront un peu blanchis, vous battrez les blancs avec un fouet d'osier ; dès qu'ils seront fermes, et qu'ils se tiendront debout, vous y joindrez vos jaunes : si c'est pour un gros biscuit, vous mettrez une livre de farine ; si c'est pour du petit biscuit, vous n'en emploierez que trois quarterons ; vous la mêlerez légèrement avec les jaunes et les blancs : votre pâte bien mêlée, vous l'arrangerez dans un moule beurré ou dans vos caisses ; vous saupoudrerez l'extérieur de sucre en poudre ; placez votre biscuit dans un four doux ; vous pouvez en coucher à la cuillère et dans des petits moules.

Pâte à pouplin.

Vous mettez dans une casserole une chopine d'eau, un demi-quarteron de beurre, une écorce de citron, un peu de sel ; posez la casserole sur le feu ; lorsque l'appareil sera prêt à bouillir, vous passerez un litron de farine au tamis de soie, et vous en mettrez dans votre casserole autant que l'eau pourra en boire ; quand la pâte sera très-épaisse, vous la ferez cuire en la remuant toujours avec une cuillère de bois ; vous la laisserez refroidir, après vous casserez un œuf dedans ; vous le mêlerez avec la pâte ; vous en mettrez jusqu'à ce que votre pâte soit molle ; vous beurrerez une grande casserole pour contenir la pâte ; vous la mettrez cuire à un four plus chaud que pour le biscuit. Il faut que votre pouplin soit un peu sec.

Si elle va au quart de la casserole, elle sera pleine quand votre pâte sera cuite ; alors vous la retirerez du vase ; vous délayez des confitures, et vous en barbouillez l'intérieur.

Pâte à choux.

Pour une chopine d'eau dans une casserole, vous mettrez plus d'un quarteron de beurre, une écorce de citron, deux onces de sucre, un peu de sel ; dès que l'eau sera prête à bouillir, vous y mettrez la farine, et vous travaillerez la pâte comme celle dite du pouplin ; vous la tiendrez un peu plus ferme, afin qu'elle soit plus maniable ; vous donnerez à cette pâte la forme que vous voudrez ; vous la glacerez, ou bien vous mettrez dessus des amandes et du sucre, ou des pistaches ; s'il n'y a rien dessus, vous mettrez des confitures en dedans.

Pâte à la duchesse.

Vous versez une chopine de crême dans une casserole, plein une cuillère à bouche de fleur d'orange, deux onces de sucre, un quarteron de beurre, un peu de sel ; lorsque la crême commence à bouillir, vous y mettez de la farine comme il est dit à la pâte à pouplin ; vous la travaillez de même, c'est à dire vous y mettez des œufs petit à petit en pétrissant toujours la pâte avec une cuillère de bois ; vous la tiendrez aussi ferme que celle à choux ; donnez-lui la forme que vous voulez en mettant de la farine sur le tour à pâte, et la roulant pour en faire des petits pains à la duchesse ; vous pouvez avec une cuillère les coucher sur un plafond ; vous les faites cuire après le feuilletage, et vous les glacez.

Frangipane.

Vous mettez dans une casserole plein cinq cuillères à bouche de farine, que vous délayez avec cinq œufs; vous y versez une chopine de lait, gros comme un œuf de beurre, un peu de sel; vous mettez votre appareil sur le feu; vous tournerez toujours la frangipane sans la quitter jusqu'à ce qu'elle ait bouilli dix minutes; prenez garde qu'elle ne gratine : quand elle sera cuite, vous la laisserez refroidir dans un vase; après cela vous écraserez quelques amandes; sur six vous en mettez une amère; vous écraserez quelques macarons, qu'ils soient bien en poudre; vous y joindrez un peu de fleur d'orange pralinée et en poudre, du sucre rapé en assez grande quantité pour qu'elle soit d'un bon sucre; vous mêlerez le tout avec votre appareil. Lorsque la frangipane sera bien maniée avec une cuillère de bois, si elle se trouve trop épaisse, vous y ajouterez un œuf ou deux avec votre feuilletage; vous ferez des tourtes, des petits gâteaux de toutes sortes de façons. Si vous voulez que votre crême soit aux pistaches, quand elle est froide, en place d'amandes, vous y mettrez des pistaches. Comme elle ne donnerait pas assez de couleur, vous y mettrez un peu de vert d'épinards; n'employez point de macarons ni de fleur d'orange, mais bien trois amandes amères et du sucre.

Bain - marie.

Petits pots à la fleur d'orange.

Vous mesurez sept fois plein un petit pot de crême ou de bon lait; vous y mettez trois onces de sucre, plein une cuillère à bouche de fleur d'orange pralinée;

vous faites jeter un bouillon à votre lait ; laissez-le
refroidir. Si vos pots sont grands, vous mettrez sept
jaunes d'œufs ; s'ils sont petits, cinq suffisent ; vous
les délayez avec votre lait, et vous passerez la com-
position quatre ou cinq fois à l'étamine ; voyez
si la crème est de bon goût, et vous la verserez
dans vos petits pots ; mettez ensuite de l'eau dans
une grande casserole ; vous la ferez bouillir, et vous
placerez les petits pots dedans. Il faut qu'ils ne soient
mis dans l'eau bouillante que jusqu'aux trois quarts,
afin qu'il n'entre pas d'eau dedans ; vous poserez le
couvercle de la casserole, et vous mettrez du feu
dessus ; faites aller tout doucement votre bain-marie :
au bout de dix minutes, voyez si vos petits pots sont
pris ; alors vous les retirez, vous les essuyez, et les
servez froids : vous pouvez donner l'odeur que vous
voulez à ces petits pots ; fleur d'orange, citron, thé,
vanille, violette, etc.

Petits pots au café vierge.

Vous mesurerez plein dix petits pots de crème ; vous
la ferez bouillir ; mettez dedans un quarteron de
sucre ; vous tiendrez votre crème chaude ; vous ferez
griller deux onces de café ; quand il sera blond, vous
le mettrez sortant de la poéle dans la crème ; vous
poserez aussitôt un couvercle de casserole dessus ;
vous laissez refroidir la crème ; vous la passerez à
travers une passoire pour en ôter le grain de café ;
ensuite vous mettrez six jaunes d'œufs dans une casserole ; vous les délayerez avec votre crème ; vous
passerez le tout quatre fois à travers une étamine :
faites bouillir de l'eau ; vous mettrez votre crème
dans vos sept petits pots, et vous les ferez prendre
au bain-marie. (*Voyez* Bain-marie.)

Petits pots au café noir.

Mesurez plein huit petits pots de café à l'eau ; vous y mettrez trois onces de sucre., davantage si les pots sont grands ; vous le ferez bouillir, et vous le laisserez refroidir ; vous casserez six jaunes d'œufs dans une casserole ; vous les délayerez avec le café ; vous le passerez quatre fois à travers une étamine : quand l'eau bouillira, vous emplirez vos petits pots, et vous les mettrez dans votre bain-marie.

Petits pots au caramel.

Vous mettrez gros comme la moitié d'un œuf de sucre dans une casserole, un peu d'eau, le dessus d'une écorce de citron ; vous ferez bouillir jusqu'à ce que votre caramel soit fait : il faut qu'il ait une couleur un peu brune ; vous mesurerez plein huit petits pots d'eau ; vous y mettrez un quarteron de sucre, un peu d'écorce de citron ; vous ferez bouillir votre appareil, et vous le laisserez refroidir ; ensuite vous casserez six jaunes d'œufs : délayez-les avec le tout ; vous le passerez quatre fois à travers votre étamine : quand votre eau bouillira, vous remplirez vos petits pots, et vous les ferez prendre au bain-marie.

Petits pots aux pistaches.

Remplissez dix petits pots de crème que vous verserez dans une casserole ; vous la ferez bouillir ; mettez-y un quarteron de sucre ; lorsque la crème aura bouilli, vous émondez un quarteron de pistaches ; vous les pilez bien fines ; délayez-les avec votre crème bouillante, et faites-leur jeter un bouillon, puis vous les laisserez refroidir ; vous mettrez

un œuf entier et quatre jaunes dans une casserole;
vous les délayerez avec votre appareil; vous y mettrez
plein une cuillère à café de vert d'épinards; passez-le
cinq ou six fois à l'étamine; quand l'eau bouillira,
vous remplirez les petits pots, et vous les ferez prendre
au bain-marie. (*Voyez* Bain-Marie.)

Crême à la vanille renversée.

Vous remplirez de crême un moule, ou bien des
petits moules, alors vous en ajouteriez un peu plus;
vous la ferez bouillir; vous y mettrez le sucre et
la vanille; quand elle aura jeté quelques bouillons,
vous la laisserez refroidir; si votre moule tient une
pinte, vous emploierez douze jaunes d'œufs et trois
œufs entiers que vous délayerez avec la crême;
vous la passerez cinq fois à l'étamine ; vous beurrerez le moule légèrement, et vous verserez la crême
dedans; vous la ferez prendre de même que les petits pots au bain-marie; il ne faut pas que l'eau bouille
beaucoup; ayez soin aussi que le feu que vous placerez sur le couvercle ne soit pas trop ardent; vous
mettrez le doigt dans le cœur de la crême pour vous
assurer si elle est prise : au moment de servir, vous
renversez le moule sur le plat; vous mettez sur le
feu le reste de la crême; tournez-la comme une
sauce blanche; dès que vous apercevrez que la crême
tient à la cuillère de bois, vous la retirerez du feu;
tournez-la un instant, et versez-la sur la crême renversée; vous pouvez, par le même procédé, faire
toutes les crêmes renversées.

Blanc-manger chaud.

Vous émoudez une livre d'amandes dans laquelle
vous en mettez huit amères; vous les pilerez bien

fines ; vous les arrangerez dans une casserole ; vous
remplirez une autre casserole d'argent d'entrée de
crème avec un quart de plus ; vous la ferez bouillir
avec du sucre ; vous délayerez les amandes avec la
crème bouillante ; passez-la tout à travers une étamine bien fine en la foulant : un quart-d'heure avant
de servir, vous mettrez l'appareil sur le feu, et
vous la tournerez comme une bouillie ; faites-la réduire, en continuant de la tourner jusqu'à ce qu'elle
se lie, et qu'elle tienne après la cuillère ; vous la
versez dans la casserole d'argent pour la servir.

Blanc-manger froid.

Vous pilerez une livre d'amandes émondées ; vous
en ajouterez huit amères ; lorsqu'elles seront pilées
bien fines, vous ferez bouillir de la crème plein
douze petits pots, six onces de sucre, ou moins si
les vases sont petits ; vous délayerez les amandes
avec la crème chaude ; prenez une serviette fine,
et vous la passerez au travers rien qu'en la tordant ;
vous ferez fondre après un bâton et demi de colle
de poisson ; après l'avoir bien battue, et mise en
petits morceaux dans un demi-setier d'eau, vous la
laissez mijoter deux heures ; ensuite vous la passez à
l'étamine, et vous la versez avec l'appareil qui sera
tiède ; vous remplirez les petits pots, et vous les
mettrez à la glace ou au froid, si vous avez le tems
d'attendre ; lorsqu'ils seront congelés, vous pourrez
les servir.

Gelée d'Oranges.

Prenez dix oranges, trois citrons ; vous zesterez
trois oranges le plus légèrement possible, c'est à
dire, qu'avec un couteau vous enlevez par petites

portions leur écorce; vous la mettrez dans une casserole; pressez les dix oranges et les trois citrons par-dessus les zests; vous clarifierez une demi-livre de sucre; vous placerez le jus d'oranges, les zests dessus, et le sucre clarifié que vous avez mis presqu'au cassé; vous ferez chauffer avec le sucre le jus d'oranges; vous le passerez au travers d'un linge fin; après cela, vous y mettrez la décoction de trois bâtons de colle de poisson, c'est à dire, qu'après avoir bien battu trois bâtons de colle de poisson, vous les mettez en petites parties dans une casserole avec trois poissons d'eau; faites-la mijoter pendant deux heures, et vous la passez à travers l'étamine sans la fouler ni la presser; vous la mêlez avec l'appareil tiède; amalgamez bien la colle et le jus, et mettez la gelée dans les petits pots; vous les placerez à la glace ou au frais; lorsque la gelée est bien prise, vous la retirez de la glace; sept petits pots suffisent pour un entremets: on peut faire cette gelée à la corne de ▪▪▪, aux pieds de veau, mais il faudrait que la gelée de ces deux articles fût en très-petite quantité et très-ferme; par ce même procédé, vous pouvez faire toutes sortes de gelées, telles qu'aux vins de Malaga, Madère, Chypre, Marasquin, etc.

Blanc-manger renversé.

Vous préparez le blanc-manger comme celui des petits pots; vous en remplirez le moule que vous voudrez renverser; joignez-y de la colle de poisson à proportion: il en faut au moins dix bâtons, selon la grandeur du moule; vous la mettrez à la glace; laissez-la bien congeler pour qu'elle puisse se soutenir sortant du moule ; vous la ferez à la corne de cerf, ou à la gelée de pieds de veau.

Gelée d'Oranges renversée.

Vous préparez votre gelée d'oranges comme celle des petits pots, mais en plus grande quantité ; il faut plus de colle que pour le blanc-manger ; vous la mettrez à la glace afin qu'elle se congelle bien : au moment du service, vous renversez le moule sur le plat ; avec un linge bien chaud vous le frotterez, et la gelée se détachera ; en cas qu'il y ait du liquide, vous le humerez avec un chalumeau. Toutes les gelées renversées se préparent de même.

Soufflé de pain à la vanille.

Vous ferez bouillir une chopine de crême, davantage si le soufflé est fort ; vous y mettrez un bâton de vanille et six onces de sucre auquel vous ferez jeter trois ou quatre bouillons ; prenez un pain mollet d'une livre ; vous en ôterez la mie, et vous la mettrez dans la crême bien chaude ; vous la laisserez tremper jusqu'à ce que l'appareil soit froid ; vous mettrez votre mie dans un linge blanc ; vous la presserez pour en extraire la crême ; vous la mettrez dans un mortier avec la vanille ; pilez-la bien, et vous y ajouterez gros comme deux œufs de beurre, deux œufs entiers et quatre jaunes ; quand le tout est bien amalgamé, passez-le au travers d'une étamine, si vous voulez, ou à un tamis à quenelles, en foulant avec une cuillère de bois ; vous mettrez la purée de pain dans une casserole ; vous fouetterez les quatre blancs d'œufs comme pour du biscuit, et vous les mêlerez avec la mie de pain ; placez le soufflé dans une casserole d'argent que vous mettrez à un four doux ;

vous pouvez la poser aussi sur de la cendre rouge,
et le four de campagne par-dessus ; le soufflé cuit,
servez-le tout de suite.

Soufflé de pain au café vierge.

Vous ferez bouillir trois demi-setiers de crême ;
vous mettrez six onces de sucre ; vous ferez griller
quatre onces de café un peu pâle ; vous le jeterez
en sortant de la poêle dans la crême ; vous poserez
le couvercle de la casserole dessus ; vous la passerez
ensuite à travers une passoire sur la mie de pain ;
laissez-la refroidir, et faites le soufflé comme le précédent.

Soufflé de frangipane.

Vous mettrez dans une casserole plein six cuillères
à bouche de farine que vous délayerez avec un œuf
entier et quatre jaunes ; vous y ajouterez une chopine de crême, gros comme un œuf de beurre ; vous
poserez cet appareil sur le feu ; vous le tournerez
toujours ; quand il sera cuit, vous le laisserez refroidir, et vous y mettrez plein six cuillères à bouche
de sucre en poudre, deux macarons amers et trois
doux, un biscuit desséché ; vous les écraserez bien
fins, et vous les mettrez dans l'appareil ; ajoutez
plein une cuillère à bouche de fleur d'orange pralinée en poudre ; vous mêlerez le tout ensemble ;
vous y joindrez quatre jaunes d'œufs, plus si votre
appareil est épais ; vous fouetterez cinq blancs d'œufs
comme pour du biscuit ; vous les ajouterez au tout,
puis vous mettrez le soufflé dans une casserole d'argent ; faites-le cuire comme les précédens. Pour
toutes sortes de soufflés, servez-vous du même procédé que ceux décrits ci-dessus.

Gâteau au riz.

Vous ferez bouillir une pinte de crème ; vous y mettrez une demi-livre de sucre, trois quarterons de riz ; quand il sera crevé, vous ferez fondre dedans un quarteron de beurre ; vous hacherez le zest d'une écorce de citron ; vous le mettrez dedans ; lorsque le riz sera froid, vous y ajouterez quatre œufs entiers et quatre jaunes, davantage si votre riz est épais ; beurrez un moule, et prenez de la mie de pain que vous mettrez dedans ; vous renverserez le moule afin qu'il ne reste que la mie qui doit tenir après : une demi-heure avant de servir, vous mettrez le riz dedans le moule ; vous le poserez sur la cendre rouge, et vous en placerez à l'entour, un couvercle par-dessus garni de feu : il ne faut pas que le moule soit plein de peur que le riz, en gonflant, ne s'en aille par-dessus ; au moment du service, vous renversez le moule sur le plat : ayez soin d'en détacher les bords. Si vous voulez faire un soufflé, vous fouetterez six blancs d'œufs comme pour les autres soufflés, et vous les mettrez dans le riz que vous verserez dans une petite casserole d'argent.

Gâteau au vermicelle.

Le gâteau de vermicelle se fait de même que celui au riz ; si vous voulez faire un soufflé, vous fouetterez six blancs d'œufs que vous mêlerez avec le vermicelle ; versez-le dans une petite casserole d'argent ; vous ne le mettrez au feu que lorsque les entrées seront parties : il faut que l'on attende à table après le soufflé.

Pets de None.

Vous prenez de la pâte de pain à la duchesse ;

vous l'étalez sur un couvercle : au moment de servir,
vous mettez votre friture dessus le feu ; lorsqu'elle
est un peu chaude, vous trempez le manche d'une
cuillère à dégraisser dedans ; prenez de cette pâte ;
arrangez-la de manière qu'elle forme une petite boule
que vous mettez dans la friture, et vous continuez
successivement jusqu'à ce qu'il y en ait une tren-
taine dans la poêle, si elle est grande ; lorsque les
pets ont une belle couleur, vous les ôtez de la friture avec une écumoire, et vous les faites égoutter
dans une passoire ; dressez-les sur votre plat, et
saupoudrez du sucre dessus. Vous pouvez faire en friture ce que vous voudrez de cette pâte en lui donnant la forme qu'il vous plaira ; vous aurez soin toujours de mettre du sucre en poudre dessus. Vous
pouvez faire des entremets de feuilletage frits ; vous
les glacerez, ou bien vous les saupoudrerez de sucre
très-fin.

Charlotte de pommes.

Vous ôterez la pelure et le cœur de plusieurs
pommes ; vous les couperez en petits morceaux ; vous
y mettrez du sucre à proportion, un peu de canelle en poudre ; lorsqu'elles seront en marmelade,
vous les ferez bien réduire pour qu'il n'y reste pas
d'eau ; vous la laisserez ensuite refroidir ; vous
couperez de la mie de pain en tranches très-minces
et d'égale épaisseur ; vous les tremperez dans du
beurre tiède, et vous les arrangerez symétriquement
dans un moule ; vous y joindrez la marmelade de
pommes ; laissez un trou dans le milieu pour y mettre
de la marmelade d'abricots ; couvrez après la charlotte de mie de pain trempée dans le beurre ; vous
la mettrez à un four chaud, ou dans la cendre rouge,

avec un couvercle de casserole et du feu dessus; autrement, vous émincerez les pommes; vous les mettrez dans une casserole avec du sucre en poudre, de la canelle en poudre; vous les poserez un quart-d'heure sur le feu; quand elles seront un peu fondues, vous les laisserez égoutter sur un tamis à quenelles jusqu'à ce qu'elles soient un peu froides; vous en mettrez un lit de pommes, un lit de marmelade d'abricots, ainsi de suite, jusqu'à ce que le moule soit plein; vous ferez cuire la charlotte de même, et vous la renverserez sur le plat au moment de servir.

Chartreuse de pommes.

Enlevez la pelure de plusieurs pommes; mettez de l'eau dans une terrine avec trois jus de citrons; ayez un petit moule de fer-blanc pour couper vos pommes en petits bâtons; vous les mettrez dans l'eau, et le reste des pommes aussi, afin qu'elles ne noircissent pas; vous clarifierez trois quarterons de sucre dans lequel vous presserez le jus d'un citron; vous y mettrez les petits bâtons; faites-leur jeter un ou deux bouillons, qu'ils soient seulement amollis; vous les retirez du sucre, et vous les égouttez sur un tamis à quenelles; coupez en petites tranches les débris des pommes, et mettez-les dans le sucre; quand ils sont amollis, vous les retirez, ou bien vous les laissez se réduire en marmelade; vous pouvez les faire égoutter et refroidir sur un tamis, alors vous arrangerez symétriquement les petits bâtons de pommes tout à l'entour d'un moule beurré légèrement; placez-en aussi dans le fond; vous mettrez de la marmelade de pommes par-dessus, de la marmelade d'abricots dans l'intérieur; le moule doit être plein pour qu'il

puisse se renverser, et que votre chartreuse se tienne
sans que la décoration se défasse; vous pouvez
mettre du carmin dans une petite portion de sirop
et une petite partie des bâtons de pommes colorés
avec du safran pour varier les couleurs. On peut
ajouter à la décoration des cerises en confitures,
du verjus, du basilic, de l'écorce de cédrat, etc.
Si vous ne vous servez pas de moule, vous mettrez
une masse de marmelade sur un plat; vous lui donnerez une forme ronde ou carrée; vous arrangez
avec symétrie les bâtons de pommes et vos fruits
confits; vous pouvez faire réduire le sirop; mettez-le
sur une assiette; lorsqu'il sera congelé, vous pouvez
vous en servir pour masquer votre chartreuse.

Miroton de pommes.

Vous ôterez avec un vide-pomme la pelure et
le cœur de plusieurs pommes; vous les couperez en
tranches de même grandeur et même épaisseur; vous
les mettrez dans une terrine avec du sucre en poudre,
un demi-setier d'eau-de-vie, un jus de citron, un
peu de canelle en poudre; lorsque les pommes auront confit trois ou quatre heures, vous les laisserez
égoutter sur un tamis; vous arrangerez ensuite
les tranches de pommes en miroton; à l'entour
du plat les débris, et de la marmelade d'abricots dans le milieu; puis vous ajouterez plusieurs
rangs de miroton, de manière qu'ils forment le
dôme : une demi-heure avant de servir, vous mettrez
votre plat au four, ou sur la cendre rouge, et le
four de campagne par-dessus; tâchez qu'il ait belle
couleur; vous pouvez en faire de même avec des
poires.

Pommes au riz.

Vous ôterez, avec un vide-pomme, la pelure et
le cœur de plusieurs pommes ; vous ferez un sirop
alongé, dans lequel vous presserez un jus de citron ;
vous y mettrez les pommes ; quand elles auront jeté
quelques bouillons, vous les sonderez avec une fourchette : si vous voyez qu'elle y entre facilement,
vous les retirerez, et vous les laisserez égoutter sur
un tamis de soie ; avec quelques autres pommes, vous
faites un peu de marmelade, ou bien vous vous
servez de celle d'abricots ; vous en arrangez dans le
fond du plat ; mettez les pommes par-dessus ; vous
versez de la marmelade d'abricots dans l'intérieur ;
vous les masquez de riz préparé comme celui pour
le gâteau au riz ; vous le faites crever seulement avec
de la crème, du sucre et un peu d'écorce de citron
hachée ; vous masquerez les pommes en donnant la
forme que vous voudrez à ce mets ; vous les décorerez
avec du basilic, du cédrat, des cerises, du verjus, etc.

Beignets de pommes.

Vous ôterez la pelure de plusieurs pommes, ainsi
que le cœur, avec un vide-pomme ; coupez-les en
tranches d'égale grandeur et même épaisseur ; vous
les mettez dans une terrine avec du sucre en poudre,
de l'eau-de-vie, de la canelle en poudre : au moment
de servir, vous les égouttez ; mettez-les dans une pâte
à frire ; ensuite vous les posez dans une friture qui
ne soit pas trop chaude ; quand elles ont belle couleur, si elles n'étaient pas assez cuites, vous retirez la friture du feu : elle achève de les faire
cuire ; vous les égouttez ; mettez du sucre en poudre
dessus ; avec une pelle rouge, vous les glacez, et les

dressez ensuite sur un plat. Les beignets de poires, d'abricots et de pêches se font de même.

Fécule de pommes de terre.

Ayez un tamis de crin fin; vous lavez bien les pommes de terre; vous les rapez sur votre tamis posé sur une terrine; vous versez de l'eau en grande quantité sur vos pommes de terre rapées; laissez reposer l'eau : une heure après, vous la versez, et vous trouvez la fécule au fond du vase; vous la faites sécher si vous jugez à propos.

Soufflé de pommes de terre.

Faites bouillir une chopine de crême, six onces de sucre, plein six cuillères à bouche de fécule de pommes de terre, quatre jaunes d'œufs; vous délayez cette fécule avec les œufs, la crême, gros comme un œuf de beurre, un peu d'écorce de citron hachée; vous mettez votre appareil sur le feu, et le tournez jusqu'à ce qu'il ait jeté quelques bouillons; laissez-le refroidir; ensuite vous y joignez six jaunes d'œufs que vous mêlez ensemble; en cas que le soufflé soit trop épais, vous y ajouteriez un ou deux œufs entiers; vous fouetterez quatre blancs d'œufs comme pour du biscuit; vous les mêlerez légèrement avec le soufflé que vous arrangerez dans une petite casserole d'argent; faites cuire votre soufflé comme les autres. (*Voyez* Soufflé.)

Pommes de terre à l'anglaise.

Vous lavez bien des pommes de terre; vous les ferez cuire dans de l'eau et du sel, et vous les éplucherez : quand elles seront cuites, vous mettrez tiédir un bon morceau de beurre dans une casserole; vous coupez les pommes de terre en tranches, et vous les placez dans le beurre ; ajoutez du sel, du gros poivre, un peu de muscade rapée ; vous sautez vos tranches de pommes de terre dans le beurre ; ne le laissez pas tourner en huile, et servez-les sur un plat.

Pommes de terre à la maître-d'hôtel.

Faites cuire vos pommes de terre dans de l'eau et du sel ; vous les coupez en tranches ; mettez-les dans une casserole avec un bon morceau de beurre, du persil, de la ciboule hachée, du sel, du gros poivre ; vous les posez sur le feu ; sautez-les avec le beurre et les fines herbes : si le beurre tourne en huile, vous verserez dedans une cuillerée d'eau : au moment de servir, vous mettrez un jus de citron.

Pommes de terre à la crême.

Vous mettez un bon morceau de beurre dans une casserole, plein une cuillère à bouche de farine, du sel, du gros poivre, un peu de muscade rapée, du persil, de la ciboule bien hachée ; vous mêlerez le tout ensemble ; vous y mettrez un verre de crême ; vous placez la sauce sur le feu, et vous la tournez jusqu'à ce qu'elle bouille ; coupez les pommes de terre en tranches, et mettez-les dans votre sauce ; servez-les bien chaudes.

Pommes de terre à la lyonnaise.

Lorsque les pommes de terre sont cuites à l'eau, vous les coupez en tranches, et vous les mettez dans une casserole ; faites une purée claire d'oignons ; vous la versez par-dessus ; vous tenez les pommes de terre chaudes sans les faire bouillir ; autrement vous mettrez un bon morceau de beurre ; vous coupez huit oignons en tranches, et vous les posez sur le feu : quand ils sont bien blonds, vous y ajoutez plein une cuillère à café de farine, que vous mêlez bien avec les oignons ; joignez-y du sel, du gros poivre, plein une petite cuillère à pot de bouillon ou de l'eau, et un filet de vinaigre ; vous ferez mijoter les oignons pendant un quart-d'heure ; vous les mettrez ensuite sur les pommes de terre, et vous les tiendrez chaudes. (*Voyez* Purée d'oignons.)

Pommes de terre à la provençale.

Vous mettrez un bon morceau de beurre dans une casserole ; vous le coupez en plusieurs morceaux ; versez dessus trois cuillères à bouche d'huile, le zest de la moitié d'une écorce de citron, du persil, de la ciboule bien hachée, un peu de muscade rapée, une petite pincée de farine, du sel, du gros poivre ; vous éplucherez les pommes de terre sortant de l'eau bouillante ; vous les couperez en quatre, ou en six si elles sont trop grosses ; vous les remuerez sur le feu dans l'assaisonnement sans les faire bouillir : au moment de servir, vous y mettrez un jus de citron.

Pommes de terre sautées au beurre.

Vous ôterez la pelure des pommes de terre crues ; vous les tournez d'égale grosseur ; coupez-les en tranches rondes de la largeur d'un petit écu, épais d'une ligne et demie ; vous mettrez un bon morceau de beurre dans une casserole ; posez-la sur un feu ardent ; ajoutez-y les pommes de terre ; sautez-les toujours jusqu'à ce qu'elles soient blondes ; alors vous les égoutterez dans une passoire ; vous les saupoudrez de sel fin, et vous les arrangez sur le plat sans autre assaisonnement.

Quenelles de pommes de terre.

Vous ferez cuire des pommes de terre dans la cendre rouge ; après vous ôterez tout ce qui est dur de la pomme ; vous n'en prenez que le farineux ; vous mêlez cette partie dans un mortier ; pilez - la bien ; vous la passez ensuite à travers un tamis à quenelles ; vous en faites un tas, et vous mettez la moitié de beurre que vous pilez avec les pommes de terre : quand le tout est bien pilé, vous y rapez un peu de muscade ; ajoutez du sel, du gros poivre, du persil, de la ciboule bien hachée ; vous mettrez cinq ou six jaunes d'œufs, ou plus selon la quantité de quenelles ; vous fouetterez deux ou trois blancs d'œufs, que vous mêlerez avec l'appareil ; vous les pocherez dans du bouillon, comme il est dit aux quenelles de vo-lailles. (*Voyez* Quenelles de volaille) Servez-vous ensuite d'une espagnole travaillée ; vous égoutterez les quenelles ; arrangez-les sur votre plat, et versez-la dessus. Vous pouvez aussi employer une sauce to-mate, une portugaise, une béchamelle ou un velouté réduit. (*Voyez* l'article que vous choisirez.)

Topinambours à l'espagnole.

Vous tournez des topinambours, c'est à dire que vous enlevez la peau en mordant sur le légume ; vous les lavez bien ; mettez - les dans une casserole avec un peu de gros poivre, plein quatre cuillères à dé-graisser d'espagnole, une cuillère à pot de bouillon ; vous les placerez sur le feu ; laissez - les bouillir trois quarts - d'heure. Si la sauce n'est pas assez réduite, ôtez les topinambours, et faites - la réduire encore ;

vous dressez les topinambours sur un plat ou dans une casserole d'entremets ; versez leur sauce par - dessus. On peut mettre ce légume dans des ragoûts pour remplacer des pommes de terre , des navets , des oignons , des carottes, etc.

Oignons glacés.

Vous avez quinze ou dix-huit oignons , tous de la même grosseur ; vous les épluchez avec soin , en observant de ne pas trop couper la tête et la queue ; vous beurrerez le fond d'une casserole ; vous y ajouterez des oignons mis du côté de la tête , du sel, un peu de gros poivre , un verre d'eau, gros comme la moitié d'un œuf de sucre , autant de beurre , un rond de papier beurré par-dessus les oignons ; vous les mettrez sur un fourneau un peu ardent. Lorsque le mouillement sera à moitié réduit, vous les placerez sur un feu doux : au moment de servir, vous les ferez tomber à glace ; ensuite vous les dresserez sur le plat , et vous y mettrez une sauce espagnole , ou bien vous vous servirez de ce procédé : prendre plein une cuillère à café de farine que vous mêlerez avec la glace de vos oignons ; vous y ajouterez un demi-verre de bouillon ; vous tournerez la sauce ; quand elle sera liée , versez - la dessous les oignons : voyez si elle est de bon sel.

Navets glacés.

Prenez quinze ou dix - huit gros navets ; vous les épluchez et les tournez dans toute leur grosseur ; vous leur donnez la forme d'une poire ou autre ; mettez un peu de beurre dans une casserole ; posez - la sur le feu ; vous mettez les navets dedans ; vous leur faites

serole ; ajoutez dedans plein quatre cuillères à dégraisser de velouté, autant de bouillon, du gros
poivre, gros comme la moitié d'un œuf de sucre,
une cuillerée de jus; vous faites mijoter ces navets :
quand ils sont cuits, vous laissez réduire la sauce ;
vous dressez les navets, et vous versez la sauce dessus,
ou bien, lorsque les navets sont roussis dans le beurre,
vous y mettez plein une cuillère à bouche de farine,
du sucre, du bouillon; vous les faites cuire de même ;
vous les servez avec la sauce.

Carottes au beurre.

Vous éplucherez dix ou douze carottes de la même
grosseur; vous les couperez en rond, une ligne et demie
d'épaisseur; faites-les blanchir dans de l'eau, du sel,
gros comme une noix de beurre : quand elles seront
cuites un peu fermes, vous les égoutterez dans une
passoire, et vous les mettrez dans une casserole avec
un bon morceau de beurre, du sel, du gros poivre,
un peu de muscade rapée ; vous les sauterez sur le
feu ; vous verserez plein une cuillère à bouche de
velouté, ou bien de l'eau seulement, afin que le
beurre ne tourne pas en huile ; ne les laissez pas
bouillir ; qu'elles soient très-chaudes seulement : vous
pouvez y ajouter des fines herbes.

Céleri au velouté.

Vous épluchez, vous lavez et vous coupez du céleri
en petits brins ; vous laisserez les feuilles tendres ;
vous le ferez blanchir à grande eau : lorsque vous
verrez qu'il fléchira sous le doigt, vous le rafraîchirez ; passez-le bien comme vous feriez pour de
la chicorée ; vous le hacherez aussi comme si c'était de
la chicorée. Mettez un morceau de beurre dans une

casserole, votre céleri, avec un peu de sel, de gros poivre, un peu de muscade rapée ; vous y verserez dessus plein trois cuillères à dégraisser de velouté, autant de bouillon ; vous le ferez réduire jusqu'à ce qu'il soit assez épais pour le servir ; vous mettrez des croûtons à l'entour : si vous n'employez pas de velouté, lorsque le céleri sera passé, vous y mettrez une petite cuillère à bouche de farine, que vous mêlerez avec le céleri ; vous le mouillerez avec du bouillon, comme si c'était de la chicorée.

Céleri entier à l'espagnole.

Vous ôterez la superficie, c'est à dire les premières côtes dures ; vous parerez la tête, et vous couperez les pieds de sept pouces, tous de la même grandeur et de la même grosseur ; vous les ferez blanchir à grande eau, et du sel dedans : quand il aura bouilli vingt minutes, vous le rafraîchirez et vous le mettrez égoutter ; parez-le de nouveau, et placez-le dans une casserole avec un peu de gros poivre, gros comme un œuf de beurre, plein quatre cuillères à dégraisser d'espagnole, et six de consommé ; vous le ferez aller à un feu un peu ardent ; laissez-le bouillir une demi-heure ; vous le dresserez sur un plat, et la sauce dessous. Autrement vous pouvez faire un roux léger, que vous mouillerez avec du bouillon ; vous tournerez votre sauce jusqu'à ce qu'elle bouille ; vous la verserez alors sur le céleri, et vous le finirez comme il est marqué ci-dessus.

Cardons.

Prenez les côtes les plus tendres et les plus blanches des cardons ; il faut qu'en les coupant l'intérieur soit plein et ferme ; toutes les côtes doivent être de la même

longueur; coupez les bords; faites-les blanchir à grande
eau; vous les essayez de tems en tems pour vous
assurer si le limon s'en va; lorsqu'il quitte facilement, vous ôtez de l'eau bouillante du chaudron,
et vous en mettez de la froide pour que vous puissiez y endurer vos mains; alors vous en détachez le
limon, et vous mettez les cardons dans l'eau fraîche;
vous les parez de nouveau, et vous les égouttez; vous
marquez un blanc, et vous les faites cuire aux trois
quarts. (*Voyez* Blanc.)

Cardons au consommé.

Après avoir fait cuire des cardons au blanc, vous
les égouttez, vous les appropriez, et les parez : ayez
soin qu'ils soient tous de la même grosseur et même
grandeur; vous les mettrez dans une casserole; versez
du consommé par-dessus assez pour qu'ils baignent
dedans; vous les ferez bouillir à grand feu; laissez le
mouillement se réduire aux trois quarts; vous dressez
ensuite les cardons sur le plat, et le consommé réduit
pour sauce.

Cardons au velouté.

Après avoir fait cuire des cardons dans un blanc,
comme il est dit au premier article, vous les égoutterez et les approprierez : parez-les; ils doivent être
tous de la même grandeur; vous les mettrez dans
une casserole, avec un peu de gros poivre, plein
cinq cuillères à dégraisser de velouté, deux fois autant
de consommé; vous les ferez aller à grand feu; dès
que la sauce sera réduite à plus que moitié, vous
dresserez les cardons sur votre plat, et vous verserez
la sauce par-dessus. Si vous voulez n'employer ni
blanc ni sauce, vous ferez seulement blanchir les

cardons; vous les limonerez, parerez et mettrez dans une casserole; vous aurez un quarteron de beurre dans un autre vase, et plein une cuillère à bouche de farine; faites un roux blanc, c'est à dire que vous n'attendrez pas qu'il ait de la couleur; vous le mouillerez avec du bouillon; ayez soin que la sauce soit longue; vous la verserez dessus les cardons; ajoutez un peu de gros poivre, une feuille de laurier, le jus d'un citron; vous les ferez cuire dans leur sauce pendant une bonne heure, à un feu doux : en cas que la sauce ne soit pas assez réduite, vous changeriez les cardons de casserole, ou bien vous les dresseriez sur un plat; vous faites ensuite réduire la sauce à grand feu; vous la dégraissez, et la passez à l'étamine sur les cardons : voyez si elle est de bon goût.

Cardons à l'espagnole.

Vous préparez les cardons comme les précédens; vous y mettrez plein cinq cuillères à dégraisser d'espagnole, deux fois autant de consommé; vous les ferez réduire à plus de moitié, et vous les dresserez sur le plat : si la sauce n'est pas assez réduite, vous la poserez sur un grand feu, et vous la verserez sous les cardons : vous pouvez aussi n'employer qu'un roux; vous le mouillerez comme le précédent; ajoutez-y un peu de jus.

Cardons à la béchamelle.

Vous préparez les cardons comme les précédens; laissez-les achever de cuire dans du consommé; alors vous les mettrez dans une autre casserole; vous ferez réduire presqu'à glace le consommé où ont cuit les cardons; ensuite vous y ajouterez plein quatre cuillères à dégraisser de béchamelle; (*Voyez* Béchamelle.)

vous lui ferez jeter quelques bouillons, et vous saucerez les cardons avec : si vous voulez, vous les préparerez comme ceux dits au velouté : quand la sauce
sera réduite, vous la lierez avec deux jaunes d'œufs,
gros comme la moitié d'un œuf de beurre, que vous
remuerez dans la sauce, puis vous la passez à l'étamine dessus les cardons.

Purée de Cardons en croustade.

Vous faites des croûtons avec la mie d'un gros pain ;
vous les laisserez d'un pouce et demi ; avant de les
passer dans le beurre, vous leur ferez une incision
sur le bord, ensuite vous les passerez : quand ils
seront bien blonds, vous les mettrez égoutter ; vous
ôterez la mie intérieure des croûtons, et vous la rem-
placerez avec de la purée dans laquelle vous ajoutez
gros comme la moitié d'un œuf de beurre ; vous le
mêlerez dans la purée quand elle sera bien chaude.
(*Voyez* Purée de Cardons.)

Salsifis.

Le salsifis est une racine noire ; la scorsonère se
prépare de même : vous ratissez cette racine pour en
ôter la superficie noire ; n'y laissez pas de taches :
quand ils seront blancs, vous les mettrez à mesure
dans un vase où il y aura de l'eau et du vinaigre
blanc ; vous verserez ensuite beaucoup d'eau dans une
casserole ; ajoutez du sel, gros comme un œuf de
beurre, plein quatre cuillères à bouche de vinaigre
blanc ; dès que l'eau bout, vous y mettez les salsifis ;
vous les laisserez bouillir une heure ; vous tâterez
s'ils sont cuits ; ils doivent l'être ni trop ni trop peu :
vous les égoutterez et les arrangerez dans une sauce
blanche ou brune. (*Voyez* Sauce blanche.)

Salsifis frits.

Lorsque les salsifis seront cuits, vous les laisserez égoutter; faites une sauce blanche un peu relevée; vous les sautez dedans; mettez-les refroidir sur un plat : au moment de servir, vous les trempez dans une pâte à frire; ensuite vous les faites frire : vous pouvez aussi, quand ils sont égouttés, les metre dans une terrine, avec un peu de sel, du poivre, du vinaigre, et vous les laissez mariner un instant avant de les mettre dans la pâte.

Artichauts.

Prènez trois artichauts de la même grosseur; vous ôterez ce qui est dur et qui se trouve au cu; vous parerez les feuilles, c'est à dire vous en ôterez les extrémités : après les avoir bien lavés, vous les mettrez dans un chaudron où il y aura de l'eau bouillante et du sel; vous aurez soin qu'ils baignent dans l'eau ; au bout d'une heure, vous vous assurerez s'ils sont cuits; vous les retirerez de l'eau bouillante pour les mettre à l'eau froide; vous en ôterez le foin : au moment de servir, vous les mettrez dans l'eau bouillante; vous les égoutterez, et vous les poserez sur le plat avec une sauce blanche ou brune dedans, ou bien mise dans une saucière.

Artichauts au velouté.

Vous parerez le cu des artichauts ; s'ils sont gros, vous les couperez en huit; vous parerez les feuilles; vous ôterez le foin; vous mettrez les morceaux dans l'eau ; vous les laisserez égoutter, et vous les arrangerez dans une casserole ; puis vous y ajouterez du gros poivre; plein cinq cuillères à dégraisser de velouté, six de consommé, gros comme un œuf de beurre : une demi-heure avant de servir, vous les mettrez au feu; qu'ils bouillent fort : vous placerez du feu sur le couvercle de la casserole; vous dressez les artichauts sur le plat : lorsqu'ils seront cuits, si vous n'avez pas de sauce, vous ferez un roux blanc léger que vous mouillerez avec du bouillon; vous le verserez sur les artichauts.

Artichauts à l'espagnole.

Vous préparez vos artichauts comme les précédens; en place de velouté, vous y mettrez de la sauce espagnole; faites-les cuire de même : au moment de servir, vous dressez les artichauts sur un plat, et vous versez la sauce dessous.

Artichauts aux fines herbes.

Vous coupez et préparez vos artichauts en morceaux comme les précédens; vous faites un roux léger; vous le mouillez avec du bouillon et un peu de jus; vous mettez beaucoup de fines herbes sur les artichauts, du gros poivre, un peu de muscade rapée, et vous versez la sauce par-dessus; vous les faites cuire comme ceux au velouté.

Artichauts à la lyonnaise.

Si les trois artichauts sont gros, vous les couperez en huit; vous ôterez le dur qui se trouve au cu, le foin, et les feuilles, jusqu'à ce qu'il n'en reste que trois ou quatre; vous diminuerez de leur largeur; vous les mettrez dans l'eau à mesure que vous les parerez; vous les laverez bien; laissez-les égoutter; vous mettrez dans le fond de votre casserole une demi-

livre de beurre que vous étalerez bien, et vous placerez le cu de l'artichaut dessus; vous saupoudrez du
sel et du poivre sur les artichauts : une demi-heure
avant de servir, vous les mettrez sur un feu un peu
ardent, et vous en placerez aussi sur le couvercle ;
il faut prendre garde qu'ils ne brûlent : lorsqu'ils seront cuits, vous les dressez sur le plat, et vous versez
le beurre dessus; vous pouvez les sauter dans le
beurre sur un feu ardent; quand ils seront blonds,
vous les servirez.

Artichauts frits.

Vous parerez le cu de deux artichauts, vous les
couperez chacun en douze morceaux; vous les mettrez
dans l'eau pour les laver; laissez-les égoutter ; ensuite
vous les poserez dans une terrine ou casserole, avec du
sel, du poivre, plein deux cuillères à bouche d'huile,
un œuf entier, deux jaunes d'œufs, trois cuillerées
de vinaigre, huit de farine, un demi-verre de bierre;
vous mêlerez le tout ensemble jusqu'à ce que votre
farine soit bien délayée; vous pouvez marquer la
pâte à part, et vous mettrez les artichauts dedans;
vous les remuez pour qu'ils prennent de la pâte
partout.

Artichauts à la barigoule.

Vous couperez l'extrémité des feuilles; mettez trois
artichauts dans l'eau; quand ils seront bien lavés,
vous les placerez dans un chaudron où il y aura de
l'eau bouillante; laissez-les blanchir pendant vingt
minutes; vous les rafraîchirez, et vous en ôterez le
foin; laissez-les égoutter; prenez ensuite de la friture
bien chaude; vous y mettrez les artichauts du côté
des feuilles; quand elles seront bien frites, vous les

égoutterez ; vous ajouterez un quarteron de lard rapé dans une casserole, autant de beurre et d'huile ; vous hacherez bien fin des champignons, que vous passerez dans la casserole ; vous y joignez une cuillère à bouche d'échalotes bien hachées, autant de persil, un peu d'épices, du sel, du gros poivre ; vous passez bien les fines herbes ; laissez-les refroidir, et mettez-les dans l'intérieur des artichauts ; vous mettrez des bardes de lard dans le fond de la casserole, quelques tranches de veau ; vous ficelez vos artichauts, et vous les mettez dedans, avec un peu de thym, du laurier et un verre de bouillon ; vous les couvrirez de bardes de lard et d'un rond de papier beurré ; quand ils bouilliront, vous les mettrez sur un feu doux, et vous placerez beaucoup de braise sur un couvercle ; lorsqu'ils auront mijoté trois quarts-d'heure, vous ôterez la ficelle, et vous les servirez sur le plat ; vous verserez un peu d'espagnole dedans : si vous n'avez pas de sauce, vous ferez un roux léger que vous mouillerez avec le fond de vos artichauts, et vous le passerez au tamis de soie.

Artichauts à la provençale.

Vous préparez trois artichauts comme ceux à la barigoule : vous coupez douze oignons en quatre, et vous les laissez épais d'une ligne ; le morceau doit former le quart de cercle : vous mettrez une demi-livre d'huile dans une casserole ; posez-la sur le feu, avec les oignons dedans ; quand ils seront bien blonds, vous pilerez trois anchois que vous mêlerez avec du beurre, et les oignons ; vous mettrez le tout dans les artichauts ; vous les ferez cuire dans une casserole, comme il est dit aux artichauts à la barigoule : lorsque vous les servirez, vous verserez une sauce à l'espagnole dedans, ou bien vous ferez un roux léger que vous mouillez avec le fond où ont cuit les artichauts; vous pouvez les faire cuire seulement sur une barde de lard, feu dessus et dessous.   (

Concombres à la crême.

Vous couperez les concombres en petits carrés, après les avoir épluchés; vous en ôterez les angles, en leur donnant une forme ronde ou ovale : tâchez que les morceaux soient de même grandeur et de même épaisseur : vous mettrez de l'eau et du sel dans une casserole; quand elle bouillira, jetez-y les concombres; dès qu'ils fléchiront sous le doigt, vous les retirerez de l'eau bouillante pour les mettre dans l'eau froide, et vous les laisserez égoutter sur un linge : vous ferez une sauce à la crême un peu liée, (*Voyez* Sauce à la crême.) et vous les mettrez dedans; vous les servirez sur un plat ou dans une casserole d'entremets.

Concombres farcis.

Vous ôtez la superficie de trois concombres, et vous en détachez l'intérieur avec le manche d'une cuillère à ragoût ; lorsqu'ils seront bien vidés, vous les remplirez d'une farce cuite; (*Voyez* Farce cuite.) vous mettrez des bardes de lard dans une casserole, quelques tranches de veau, quelques carottes et oignons, une feuille de laurier, un peu de thym; vous les couvrirez de bardes de lard ; arrosez-les avec du bouillon ; vous les ferez mijoter une demi-heure; assurez-vous avec le doigt s'ils fléchissent ; alors vous les retirerez du feu : au moment du service, laissez-les égoutter, et dressez-les sur votre plat; vous y mettrez une sauce espagnole réduite.

Concombres à l'espagnole.

Vous coupez des concombres en quatre dans leur longueur ; vous les épluchez, et vous leur donnez une forme agréable ; vous les ferez blanchir, et vous les laisserez égoutter sur un linge ; arrangez-les ensuite dans une casserole ; vous y verserez plein cinq cuillères à dégraisser d'espagnole travaillée, deux de consommé ; vous mettrez les concombres au feu une demi-heure avant de servir ; vous les ferez mijoter ; puis vous les dresserez : en cas que la sauce soit trop longue vous la ferez réduire, et vous la verserez dessus.

Chicorée au velouté.

Vous ôterez l'extérieur de la chicorée pour qu'il ne reste que le blanc ; vous couperez la tête, et vous mettrez la chicorée partagée en deux dans de l'eau pour la laver ; vous aurez plein un chaudron d'eau bouillante, dans laquelle vous jeterez une poignée de sel ; vous y mettrez la chicorée, et vous l'enfoncerez à chaque instant dans l'eau afin qu'elle ne noircisse pas ; lorsque vous verrez qu'elle se mêle avec l'eau, elle est assez blanchie ; tâtez avec les doigts ; si elle fléchit, vous l'égoutterez dans une passoire, et vous la mettrez dans l'eau fraîche ; quand elle sera bien froide, vous l'égoutterez encore, et vous la presserez dans vos mains pour en extraire l'eau ; après cela vous la hacherez ; vous mettrez un bon morceau de beurre dans une casserole avec la chicorée, un peu de sel, de gros poivre ; vous la remuerez beaucoup, et vous verserez dessus plein cinq cuillères à dégraisser de velouté, autant de consommé ; vous la ferez réduire jusqu'à ce qu'elle soit un peu épaisse ; après vous la dressez sur le plat, avec des croûtons à l'entour. Si vous voulez faire de la chicorée à la crême ou au bouillon, vous y mettez plein deux cuillères à café de farine, et vous mouillez la chicorée avec de la crême ou du bouillon : si vous avez mis trop de mouillement, vous le ferez réduire.

Epinards à l'anglaise.

Vous ferez blanchir de jeunes épinards, parce que les vieux s'accommodent mal à l'anglaise ; vous faites bouillir de l'eau dans un chaudron ; vous y jetez une poignée de sel ; après avoir bien lavé les épinards, vous les mettez dans la chaudière ; vous les enfoncerez bien afin qu'ils ne prennent pas le goût de fumée ; quand ils se mêleront avec l'eau, vous tâterez avec les doigts s'ils fléchissent ; alors vous les rafraîchirez, de même que la chicorée ; ensuite vous les hacherez, et vous les mettrez dans une casserole, avec du sel, du gros poivre, un peu de muscade rapée ; avec une cuillère de bois, vous les remuerez sur le feu ; lorsque les épinards seront bien chauds, vous y mettrez un bon morceau de beurre ; vous le mêlerez avec les épinards, sans les poser sur le feu, pour éviter que le beurre tourne en huile ; dressez-les sur le plat, avec des croûtons autour.

Epinards au velouté.

Lorsque les épinards sont blanchis, (*Voyez Epinards à l'anglaise*) vous les hachez, et vous les mettez dans une casserole avec un bon morceau de beurre ; ajoutez du sel, du gros poivre ; vous poserez les épinards sur le feu ; quand ils seront bien passés, vous verserez dessus plein cinq cuillères à dégraisser de velouté, autant de consommé ; si les épinards sont clairs, vous les faites réduire, et vous les dressez sur le plat avec des croûtons autour ; si vous les préférez au bouillon ou à la crême, quand ils sont bien passés, vous y mettrez plein deux cuillères à café de farine ; vous la mêlez avec les épinards, et vous les arrosez avec du bouillon ou de la crême ; s'ils étaient trop mouillés, vous les ferez réduire.

Choux-fleurs à la sauce blanche.

Vous épluchez les choux-fleurs ; vous mettez une casserole sur le feu, avec de l'eau, un peu de sel, gros comme la moitié d'un œuf de beurre ; lorsque l'eau bouillira, vous y mettrez les choux-fleurs ; au bout d'un bon quart-d'heure, vous les retirez s'ils sont cuits, sinon vous les laisserez davantage ; il faut les ôter de dessus le feu quand ils sont un peu fermes : au moment du service, vous les égouttez, et vous les dressez sur le plat ou dans une casserole ; alors vous les renversez sur un plat, et vous les masquez d'une sauce au beurre blanche ou brune. (*Voyez* Sauce blanche.)

Choux-fleurs à la Damezac.

Vous ferez cuire des choux-fleurs un peu ferme ; vous les égoutterez ; tenez prête une sauce blanche un peu liée ; vous mettrez les choux-fleurs dedans, et vous les sauterez dans la sauce ; dressez-les sur le plat. (*Voyez* Sauce blanche.)

Choux-fleurs au fromage.

Lorsque les choux-fleurs seront cuits, vous les égoutterez, et vous les poserez sur un plat ; saupoudrez-les de fromage de gruyère ou de parmésan rapé ; après vous les dresserez sur le plat à servir ; vous faites une

sauce blanche un peu liée, dans laquelle vous mettrez
du fromage rapé ; vous masquez vos choux-fleurs avec,
et vous les couvrez de votre sauce le plus possible ;
alors vous semerez du fromage rapé sur les choux-
fleurs ; après mettez dessus de la mie de pain avec
un pinceau de plume que vous tremperez dans le
beurre tiède ; vous l'égouttez sur la mie ; vous emploierez moitié mie de pain, et moitié fromage rapé,
et vous panerez encore une fois vos choux-fleurs pour
que cela forme une croûte ; vous les poserez sur un
feu doux vingt minutes avant de servir ; mettez un
four de campagne par-dessus ; vous leur ferez prendre
une belle couleur : au moment du service, vous épongerez le beurre qui sera sur votre plat avec une mie
de pain tendre : nettoyez les bords du plat.

Choux-fleurs frits.

Vous laisserez cuire les choux-fleurs aux trois quarts ;
vous ferez une sauce blanche un peu liée ; vous sauterez les choux-fleurs dedans, et vous les mettrez refroidir : au moment de servir, vous tremperez les
choux-fleurs dans une pâte à frire, et vous les mettrez
dans une friture un peu chaude ; quand ils seront
blonds, retirez-les ; laissez-les égoutter sur un linge
blanc ; vous les dresserez après sur votre plat ; vous
pouvez aussi, quand ils seront cuits et bien égouttés,
les mettre dans une terrine, avec du sel, du poivre
et du vinaigre ; sautez-les dans cet assaisonnement ;
vous les mettrez dans la pâte à frire, et vous les
ferez frire ensuite.

Choux farcis.

Vous ferez blanchir deux choux moyens dans de
l'eau et du sel ; quand ils auront été vingt minutes

dans l'eau bouillante, vous les rafraîchirez, et vous les ferez égoutter; ôtez-en les cœurs; vous hacherez une demi-livre de veau; vous y joindrez une livre de gras de lard, du sel, du gros poivre, un peu des quatre épices, un peu d'aromates pilés; quand le tout sera bien haché, vous y ajouterez sept ou huit jaunes d'œufs que vous mêlerez bien avec votre farce; vous la mettrez dans l'intérieur de chaque chou; vous les ficellerez bien; vous arrangerez des bardes de lard dans le fond d'une casserole, quelques tranches de veau, un peu de jambon, trois carottes, quatre oignons, un peu de thym, une feuille de laurier, deux clous de girofle; vous mettrez les choux par-dessus, et vous les couvrirez de lard; mouillez-les avec du bouillon du derrière de la marmite; ajoutez un peu de sel et de poivre; vous les ferez mijoter une heure et demie; quand ils seront cuits, vous les égoutterez sur un linge blanc; vous en extrairez le jus en les pressant un peu; après cela vous les déficellerez, et vous leur donnerez une forme agréable : vous pouvez les dresser sur le plat : glacez-les, et mettez une sauce espagnole dessous : si vous n'avez pas de sauce, faites un roux léger, vous le mouillerez avec le fond de votre cuisson; vous le passerez au tamis de soie.

Choux à la crème.

Après avoir lavé des choux, vous les émincerez, et vous les ferez blanchir; vous mettrez une poignée de sel dans de l'eau : lorsque les choux fléchiront sous les doigts, vous les rafraîchirez, et vous les presserez comme la chicorée; vous mettrez un bon morceau de beurre dans une casserole. Après avoir donné quelques coups de couteau sur les choux, vous les joindrez avec le beurre; ajoutez-y du sel, du gros

poivre, un peu de muscade rapée; vous les passerez
bien; vous mettrez plein une cuillère à bouche de
farine que vous mêlerez avec les choux, et vous les
mouillerez avec de la crême : en cas qu'ils soient trop
liquides, vous les ferez réduire; vous les préparerez
de même, et vous les arroserez avec du bouillon;
vous emploierez le même assaisonnement.

Laitues à l'espagnole.

Vous ôterez les feuilles dures des laitues; vous les
lavez, et vous les faites blanchir à grande eau avec du
sel dedans; quand elles auront bouilli vingt minutes,
vous les rafraîchirez, et vous les presserez de manière
qu'il ne reste point d'eau; vous mettrez un peu de sel
et de gros poivre dans le cœur des laitues; vous les
ficellerez; vous arrangerez des bardes de lard dans le
fond d'une casserole avec quelques tranches de veau,
deux carottes coupées en tranches, trois oignons,
deux clous de girofle, une feuille de laurier; vous
mettrez les laitues par-dessus, et vous les couvrirez
de lard; mouillez-les avec du bouillon, un peu du
derrière de la marmite; vous les ferez mijoter pendant une heure. Lorsque les laitues seront cuites,
vous les égoutterez sur un linge blanc; vous les presserez dans le même linge pour en extraire le mouillement; ensuite vous les parerez, vous les glacerez, et
vous les dresserez en couronnes, un croûton glacé à
peu près de la grandeur des laitues; vous mettrez une
sauce espagnole dessous.

Laitues farcies.

Vous préparerez des laitues comme il est dit pour
les choux farcis; vous vous servirez du même procédé

pour les blanchir et les faire cuire; vous pouvez les dresser de même, et employer la même sauce.

Lentilles à la maître-d'hôtel.

Faites cuire des lentilles; vous les égouttez, et vous les mettez dans une casserole avec un bon morceau de beurre, du persil, de la ciboule bien hachée, du sel, du gros poivre; vous sautez le tout ensemble : servez-les bien chaudes.

Lentilles fricassées.

Vous faites un roux léger; vous y mettrez des fines herbes ou de l'oignon coupé en petits dés; vous les passerez dans le roux, et vous le mouillerez avec un peu de bouillon ou de l'eau : quand il sera délayé, vous mettrez les lentilles dedans avec du sel, du gros poivre : vous les servirez bien chaudes.

Haricots au jus.

Les haricots de Soissons sont les meilleurs; faites-les cuire, et vous les égoutterez; après vous ferez un roux léger que vous mouillerez avec du jus, un peu de sel, de gros poivre; vous sauterez vos haricots dans la sauce : servez-les bien chauds. Vous pouvez les fricasser de même que les lentilles.

Haricots blancs nouveaux.

Vous mettez bouillir de l'eau dans une marmite ou casserole, avec du sel, gros comme la moitié d'un œuf de beurre; lorsque l'eau bout, vous y mettez vos haricots; dès qu'ils sont cuits, vous les égouttez; vous jetez un bon morceau de beurre dans une casserole avec les haricots dedans; vous les sautez, et vous y mettez une cuillerée de velouté, un peu de sel, de gros poivre, un peu de muscade rapée : au moment du service, vous y ajouterez une liaison de deux jaunes d'œufs.

Haricots à la purée d'oignons.

Lorsque les haricots sont cuits, vous les égouttez, et vous les mettez dans une casserole avec gros comme deux œufs de beurre et plein huit cuillères à dégraisser de purée d'oignons ; vous les sautez sur le feu sans les faire bouillir ; vous les servez bien chauds : voyez s'ils sont d'un bon assaisonnement. (*Voyez* Purée d'oignons blanche ou brune.)

Petits Pois verts au petit beurre.

Vous prenez deux litrons de pois ; vous mettrez un quarteron de beurre dedans ; vous l'arroserez d'eau ; pétrissez-les ensemble avec vos mains ; vous les laisserez égoutter dans une passoire ; ensuite vous les mettrez dans une casserole ; placez-la sur un feu ardent ; vous sauterez les pois quand ils auront bien senti la chaleur ; vous les mouillerez à l'eau bouillante ; vous y ajouterez du sel, du gros poivre, la valeur de la moitié d'une noix de sucre, un bouquet de persil et de ciboules ; vous ferez réduire votre mouillement jusqu'à ce qu'il n'y en ait presque plus : au moment de servir, lorsque les pois bouillent, vous mettez dedans trois petits pains de beurre, ou gros comme deux œufs de beurre ; vous les sauterez sans les mettre sur le feu, jusqu'à ce qu'ils soient bien liés, et vous les dresserez en buisson : voyez s'ils sont d'un bon sel.

Petits Pois à l'anglaise.

Vous mettez de l'eau dans une grande casserole : trois quarts-d'heure avant de servir, quand l'eau bout, vous y ajouterez du sel et vos pois; vous les laisserez bouillir jusqu'au moment de servir; alors vous les égouttez dans une passoire; vous les mettrez sur le plat, avec six petits pains de beurre dessus, ou seulement un quarteron et demi de beurre, sans le mêler avec les pois.

Petits Pois à la bourgeoise.

Vous ferez un roux blanc léger; vous y mettrez les pois; quand ils seront bien revenus, vous les mouillerez à l'eau bouillante; ajoutez du sel, du poivre, quatre oignons, un bouquet de persil et ciboules, une romaine émincée; vous les laisserez réduire en cuisant : lorsque les pois seront cuits, et au moment de les servir, vous y joindrez une liaison de trois jaunes d'œufs : ne les laissez pas bouillir avec la liaison, de crainte qu'elle ne tourne; assurez-vous s'ils sont de bon sel.

Asperges.

C'est l'asperge de Rony que l'on préfère pour le goût et pour la grosseur; vous les effeuillez jusqu'au bouquet avec le tranchant près la pointe du couteau; vous en enlevez la superficie depuis le bouquet jusqu'au bout du blanc : ayez soin qu'elles soient toutes de la même longueur; vous les lierez en paquets : vingt minutes avant de servir, vous les mettrez dans une grande eau bouillante; ajoutez-y du sel; vous les tâterez si elles fléchissent, et vous les rafraîchirez pour qu'elles ne cuisent pas trop et qu'elles ne perdent pas leur vert : si vous les voulez à l'huile, vous les servirez froides en un seul paquet : il faut qu'elles soient régulièrement arrangées sur le plat :

si c'est une sauce blanche, vous la mettrez dans une saucière près des asperges. (*Voyez* Sauce au beurre.)

Asperges en petits Pois.

Vous prendrez de petites asperges qui commencent à paraître; vous les coupez toutes de la grosseur d'un pois.; vous avez une grande casserole où il y a de l'eau bouillante et du sel; faites blanchir les pointes d'asperges; lorsqu'elles ont jeté vingt bouillons, vous les mettez dans une passoire; vous les placez après dans l'eau froide : une demi-heure avant de servir, vous les laissez égoutter; mettez un morceau de beurre dans une casserole, avec les asperges dedans, du sel, du gros poivre; vous les faites revenir dans le beurre; versez dessus plein deux cuillères à dégraisser de velouté, ou bien plein deux cuillères à café de farine, du bouillon ou de l'eau, du sel, du gros poivre, un peu de muscade rapée, plein une cuillère à café de sucre en poudre : le mouillement ne doit pas être très-long; vous ferez bouillir les asperges; quand elles seront à courte sauce, vous y mettrez une liaison de trois jaunes d'œufs, et vous les dresserez sur le plat avec des croûtons à l'entour.

Haricots verts.

Après avoir épluché et lavé les haricots, vous mettez de l'eau et du sel dans un chaudron; vous la faites bouillir, et vous y jetez les haricots; dès qu'ils ont bouilli un quart-d'heure, vous les tâtez s'ils fléchissent sous le doigt : laissez-les égoutter dans une passoire, et mettez-les dans l'eau froide : au moment de servir, vous mettez un bon morceau de beurre dans une casserole; vous égouttez les haricots, et vous les mettez dedans, avec du sel, du gros poivre, du persil et de la ciboule hachés; vous les mettez sur un feu ardent, et vous les sautez : quand ils sont bien chauds, vous les servez sur le plat : ajoutez-y un jus de citron si vous voulez.

Haricots verts liés.

Vous faites blanchir les haricots verts; vous les laissez refroidir et égoutter, et vous y mettrez gros comme deux œufs de beurre dans une casserole, des fines herbes bien hachées, et vous les passerez; dès que le beurre sera un peu chaud, et que les herbes seront un peu frites, vous y mettrez plein deux cuillères à café de farine que vous mêlerez avec le beurre; versez dessus un verre de bouillon, un peu de sel, du gros poivre; quand la sauce bouillira, vous mettrez dedans les haricots, et vous les y sauterez : au moment de servir, vous y ajouterez une liaison de deux jaunes d'œufs. Voyez si les haricots sont d'un bon goût. Vous pouvez y mettre un jus de citron.

Haricots verts au beurre noir.

Lorsque les haricots seront blanchis, vous les sortirez de l'eau bouillante : laissez-les égoutter dans une passoire; ensuite vous les assaisonnerez de sel, de gros poivre; dressez-les sur le plat; vous verserez un beurre noir par-dessus : (Voyez Beurre noir.) vous pouvez, après les avoir bien égouttés, mettre un bon morceau de beurre dans une casserole, et le faire roussir : vous placez les haricots verts dedans, et vous les sautez sur un grand feu; vous les assaisonnez avant de les dresser sur le plat ; mettez-y un filet de vinaigre. Ces haricots seront bons, mais ils n'auront pas bonne mine.

Cardes-Poirées au fromage.

Vous coupez le blanc des cardes-poirées de la grandeur de quatre pouces ; vous remplirez d'eau une casserole ; vous y joindrez du sel, gros comme un œuf de beurre : dès que l'eau bouillira, vous y mettrez les cardes-poirées : laissez-les bouillir trois quarts-d'heure ; vous sentirez si elles fléchissent sous les doigts, elles sont cuites : vous les égoutterez ; vous ferez une sauce blanche un peu liée, dans laquelle vous mettrez un peu de fromage de gruyère et parmésan rapé ; mêlez les cardes-poirées dedans ; vous les sautez ; vous mettrez gratiner du fromage dans votre plat ; arrangez dessus un lit de cardes-poirées et un lit de fromage rapé, jusqu'à ce que votre plat soit comblé ; vous les masquerez avec du fromage rapé ; vous tremperez ensuite quelques plumes dans le beurre tiède, et vous l'égoutterez sur le fromage ; vous remasquerez les cardes avec de la mie de pain ; quand elles seront bien panées, vous égoutterez encore un peu de beurre dessus : une demi-heure avant de servir, vous poserez le plat sur de la cendre rouge, et un four de campagne bien chaud dessus, pour qu'elles prennent une belle couleur : vous épongerez le beurre qui sera sur les bords de votre plat avec une mie de pain tendre.

Aubergines.

Ayez quatre belles aubergines ; vous les couperez en deux de leur long ; vous ne les creuserez pas trop avant, afin qu'elles aient un peu de chair : vous raperez du lard deux fois gros comme un œuf, autant de beurre ; vous prendrez plein quatre cuillères à bouche d'huile que vous mettrez dans une casserole ;

ajoutez deux cuillères à bouche de champignons-bien hachés, une petite poignée d'échalotes et une de persil; vous passerez ces fines herbes avec le beurre, le lard et l'huile; quand vous aurez bien fait revenir le tout, vous y mettrez un peu de sel, de gros poivre, un peu d'épices, et vous les laisserez refroidir; après cela vous mettrez autant de farce cuite (ou à quenelles) que vous aurez de fines herbes; vous hacherez trois anchois, et vous les mêlerez avec la farce et les fines herbes; vous mettrez le tout dans vos huit moitiés d'aubergines; vous unirez bien le dessus de votre farce avec de l'œuf, et vous le panerez : une demi-heure avant de servir, vous les mettrez sur une tourtière, dans le four, ou sur un feu un peu chaud, et le four de campagne par-dessus. (*Voyez* Farce à quenelles.)

Macédoine à la béchamelle.

Vous préparez beaucoup de petites racines et des légumes, comme il est dit à la macédoine aux entrées, de carottes, navets, petits oignons, pois, asperges, haricots blancs, haricots verts, culs d'artichauts, aubergines, choux-fleurs, concombres, petites fèves, etc. en un mot, toutes sortes de racines et de légumes; vous les préparez par portions à peu près égales et à peu près uniformes. Lorsque les légumes sont cuits dans l'assaisonnement qui convient, vous les égoutterez jusqu'à ce qu'ils soient bien à sec; vous mettrez le tout dans une casserole; vous ferez une béchamelle un peu réduite et un peu liée; vous la verserez sur votre macédoine; vous la sauterez pour que la sauce se mêle avec les légumes : si vous n'avez pas de béchamelle, vous ferez réduire du velouté; vous y joindrez une liaison de trois jaunes

d'œufs; vous passerez le velouté à travers l'étamine ;
vous mettrez dessus les légumes gros comme un œuf
.de beurre : si vous n'employez pas de velouté, vous
clarifierez la cuisson de vos racines, et vous ferez
un roux blanc : mouillez avec la cuisson clarifiée ;
ajoutez dedans une feuille de laurier, des champignons ; vous ferez réduire votre sauce, afin qu'elle
soit un peu liée ; vous y mettrez une liaison de trois
jaunes d'œufs, et vous passerez la sauce à l'étamine
sur les légumes, en y ajoutant gros comme un œuf
de beurre : sautez les légumes dans la sauce pour
que la macédoine en soit bien arrosée : vous la
tiendrez chaude sans la faire bouillir.

Chartreuse.

Vous préparerez des racines, et vous les ferez cuire
comme celles dites pour entrées; vous les dresserez
de même, ou bien vous pouvez en changer le dessin :
en place de mettre de la viande dans l'intérieur, vous
vous servirez de laitues que vous aurez bien soin
d'égoutter et de bien presser pour en extraire le liquide. Lorsque votre moule sera plein, vous le tiendrez chaud au bain-marie ; vous prendrez le mouillement dans lequel vos racines ont cuit ; vous y ajouterez du bouillon de racines; quand il bouillira, vous
le passerez à travers une serviette bien fine pour qu'il
soit clair; vous le ferez réduire à demi-glace, et vous
le verserez sur la chartreuse que vous aurez mise sur
votre plat : en cas que votre demi-glace ne soit pas
assez longue, vous y joindriez un peu de glace bien
blonde de viande.

Marrons à l'espagnole.

Prenez cinquante marrons; (il ne faut pas qu'ils

soient de Lyon, parce qu'ils ne sont pas bons pour
la cuisine) vous les émonderez à l'eau chaude comme
des amandes ; ayez bien soin d'ôter toute la seconde
peau afin qu'ils n'aient pas d'âcreté : quand ils seront
bien émondés, vous les mettrez dans une casserole
avec un demi-quarteron de beurre, plein quatre cuillères à dégraisser d'espagnole, deux verres de consommé, une feuille de laurier, un peu de muscade
rapée ; vous ferez bouillir les marrons pendant une
demi-heure ; ensuite vous les retirerez de leur sauce
pour les mettre dans une autre casserole : laissez réduire la sauce, et passez-la à l'étamine par-dessus
les marrons ; vous les tiendrez chauds au bain-marie :
au moment de servir, vous les dressez sur le plat,
et la sauce dessous. Vous pouvez les mettre aussi à
différentes sauces. (*Voyez* Espagnole.)

Soufflé de Marrons.

Vous émonderez vos marrons seulement à l'eau ;
ensuite vous les ferez cuire dans de l'eau ; vous y
ajouterez l'odeur que vous voudrez ; quand ils seront
cuits, vous les égoutterez sur un linge blanc : essuyez-
les bien, et mettez-les dans un mortier ; vous les
pilerez beaucoup, et vous les passerez au tamis
à quenelles ; vous remettrez encore les marrons
dans le mortier : vous y mettrez moitié moins de
beurre que de marrons ; vous y ajoutez du sucre en
poudre : après avoir bien pilé le tout ensemble,
vous y mettez six jaunes d'œufs, ou plus selon la
quantité de votre soufflé ; vous les broyerez aussi
avec vos marrons : si votre pâte est assez liquide,
vous la retirerez du mortier pour la mettre dans une
casserole : une bonne demi-heure avant de servir,
vous fouetterez les blancs des six œufs ; quand ils

seront pris comme pour du biscuit, vous les mêlerez légèrement avec l'appareil ; versez-le dans une casserole d'argent, et faites cuire le soufflé comme il est dit aux autres soufflés : il ne faut le servir qu'au moment de le manger.

Omelette aux truffes.

Vous cassez des œufs ; vous les assaisonnez et les battez : vous mettrez un morceau de beurre dans une poêle sur un feu clair ; dès qu'il sera fondu, vous y joindrez les œufs ; vous remuerez l'omelette par secousses pour qu'elle ne s'attache pas ; ou bien, avec une fourchette ou cuillère, vous les souleverez jusqu'à ce que votre omelette soit prise ; vous eu ôterez avec une cuillère le gros de l'intérieur ; vous prendrez des truffes sautées dans une espagnole réduite ; vous les mettrez dans le vide que vous avez fait à l'omelette ; vous la ploierez de manière qu'elle ait la forme d'un chausson : vous la poserez sur le plat ; vous hacherez ensuite bien fin deux truffes ; vous les passerez dans un petit morceau de beurre ; vous y mettrez plein quatre cuillères à dégraisser d'espagnole, et vous verserez votre sauce bien chaude sur l'omelette : si vous ne voulez pas employer de sauce, vous prendrez plein une cuillère à café de farine que vous mêlez avec vos truffes quand elles sont passées, et vous les mouillerez avec du bouillon, du jus, un peu de sel, de gros poivre, très-peu des quatre épices. On peut, par ce même procédé, faire des omelettes aux champignons, à la purée de volaille ou de gibier, etc.

Omelette soufflée.

Vous cassez six œufs ; vous mettez les blancs et

les jaunes à part; ajoutez plein quatre cuillères à
bouche de sucre en poudre; vous hacherez bien fin
la moitié du zest d'une écorce de citron que vous
mettrez avec les jaunes; vous les mêlerez avec du
sucre et le citron : au moment de servir l'entremets,
vous fouetterez vos blancs d'œufs comme pour du
biscuit; vous mêlerez bien les jaunes avec les blancs;
vous mettez après cela un quarteron de beurre dans
la poêle, sur un feu pas trop ardent; dès que le
beurre est fondu, vous y joignez les œufs; vous
remuerez l'omelette pour que le fond vienne dessus :
quand vous verrez que l'omelette a bu le beurre,
vous la versez en chausson sur un plat beurré, et
vous le mettrez sur un lit de cendres rouges; vous
jeterez du sucre en poudre sur l'omelette : posez le
four de campagne très-chaud par-dessus; soignez-le,
de crainte que votre omelette ne prenne trop
couleur.

Œufs à la neige.

Vous casserez dix œufs; vous séparerez les blancs
et les jaunes; vous fouetterez les blancs comme pour
du biscuit; quand ils seront bien pris, vous y joindrez deux cuillerées de sucre en poudre, et un peu
de poudre de fleur-d'orange : versez une pinte de
lait dans une casserole, six onces de sucre, un peu
de fleur-d'orange ou autre odeur : quand votre lait
bouillira, vous prendrez plein une cuillère à bouche
de blanc; vous le mettrez dans votre lait; vous faites
pocher les blancs; laissez-les égoutter sur un tamis:
quand ils sont tous pochés, vous ôtez la moitié du
lait, ou seulement le quart; vous délayez les jaunes,
et vous les mettez dans le lait; vous le remuez avec
une cuillère de bois; dès que vous voyez qu'ils se

lient, vous retirez du feu ce mélange, et vous le passez à l'étamine dans une autre casserole; vous dressez après les œufs sur le plat, et vous les masquez avec votre sauce.

Œufs farcis.

Vous faites durcir dix œufs; vous les coupez par le milieu dans leur longueur ; vous ôterez les jaunes, et vous les mettrez dans un mortier pour les piler ; vous les passez ensuite au tamis à quenelles; laissez tremper une mie de pain dans du lait; vous la presserez bien pour en extraire le lait; vous la pilerez, et vous la passerez au tamis, ainsi que les œufs ; vous ferez piler autant de beurre dans le mortier que vous avez de jaunes pilés; vous mettrez portion égale de mie de beurre et de jaunes d'œufs ; vous broyerez le tout ensemble : quand votre farce sera bien pilée, vous y mettrez un peu de ciboule et de persil haché bien fin et lavé, du sel, du gros poivre, un peu de muscade rapée; vous pilez encore la farce; ajoutez-y deux ou trois jaunes d'œufs entiers; conservez la farce maniable, en y mettant de l'œuf à mesure : lorsqu'elle est finie, vous la mettez dans un vase; vous en arrangerez épais d'un doigt dans le fond du plat; vous farcirez vos moitiés d'œufs; vous tremperez la lame d'un couteau dans du blanc d'œuf pour unir le dessus; vous mettrez les œufs avec ordre sur la farce qui est sur le plat ; vous le poserez sur la cendre rouge, et un four de campagne par-dessus: lorsqu'ils ont belle couleur, vous les servez.

Œufs en croquettes.

Vous ferez durcir dix-huit œufs; vous couperez le blanc et le jaune en petits dés ; vous les mettrez dans une casserole ; faites une sauce à la crême , dans laquelle vous mettrez un peu de persil et de la ciboule bien hachée et lavée ; vous la verserez sur vos œufs ; il faut qu'ils soient un peu liés : vous les remuerez dans leur sauce ; laissez refroidir votre appareil ; vous en prendrez plein une cuillère à bouche , et vous la verserez sur un plafond : lorsque les œufs seront bien froids , vous leur donnerez la forme de croquettes ; vous la roulez dans la mie de pain ; trempez-la dans de l'œuf battu , et panez-la une seconde fois ; au moment du service , vous les mettrez dans une friture bien chaude ; quand elles ont une belle couleur, vous les égouttez sur un linge blanc ou dans une passoire , et vous les dressez sur le plat.

Œufs à la crême.

Vous ferez durcir douze œufs ; vous les couperez en tranches ; vous mettrez un bon morceau de beurre dans une casserole , plein une cuillère à bouche de farine , un peu de persil et ciboule bien hachée , du sel , du gros poivre , un peu de muscade rapée ; vous mêlez le tout ensemble ; ajoutez-y un verre de crême ; tournez la sauce sur le feu ; au premier bouillon , versez-la sur vos œufs ; sautez-les ; lorsqu'ils seront bien chauds , vous les servirez.

Œufs au gratin.

Vous préparerez des œufs comme ceux à la crême ; vous colerez des croûtons à l'entour du plat , et verserez vos œufs dedans ; vous panerez le dessus ; vous passerez quatre jaunes à travers une passoire ; vous les masquerez avec ; vous les mettrez sur de la cendre rouge , un four de campagne bien chaud par-

27

dessus; quand ils auront une belle couleur, vous les servirez.

Œufs à la tripe.

Vous ferez durcir douze œufs; coupez-les en tranches; mettez-les dans une casserole : vous jetez un bon morceau de beurre dans une casserole; vous coupez douze oignons en tranches; vous les passerez à blanc dans le beurre; quand ils seront fondus, vous y mettrez plein une cuillère à bouche de farine que vous mêlerez avec les oignons : mettez-y deux verres de crême, du sel, du poivre; faites mijoter vos oignons, et laissez-les se réduire; vous les versez par-dessus vos œufs; sautez-les, et servez bien chaud.

Œufs à la pauvre femme.

Vous ferez tiédir un peu de beurre sur votre plat; vous casserez dessus douze œufs, et vous les mettrez sur de la cendre chaude; vous couperez de la mie de pain en petits dés; vous la passez au beurre; quand elle est bien blonde, vous l'égouttez, et vous la semez sur vos œufs; mettez un four de campagne chaud par-dessus; lorsque les œufs sont cuits, vous versez une sauce espagnole réduite par-dessus.

Œufs à la provençale.

Mettez plein un verre d'huile dans une petite poêle; vous la mettez au feu; quand l'huile est bien chaude, cassez un œuf entier dans un petit vase; mettez-y du sel, du poivre, et versez-le dans l'huile; affaissez avec une cuillère votre blanc qui bouillonne; vous le retournez, et lorsqu'il a une belle couleur des deux côtés, vous l'égouttez sur un tamis de crin; douze suffisent pour un entremets:

il faut que les œufs soient frais; vous les dressez en couronnes; après les avoir parés, mettez un croûton glacé entre chaque œuf; employez une sauce espagnole réduite, dans laquelle vous mettrez le zest de la moitié d'un citron, et vous la versez dessous.

Œufs pochés au jus.

Mettez de l'eau aux trois quarts d'une moyenne casserole, avec du sel et un peu de vinaigre; quand elle bouillira, vous la placerez sur le bord du fourneau, en cassant l'œuf; prenez garde en ouvrant les coquilles d'endommager le jaune; vous verserez doucement l'œuf dans l'eau; vous en mettrez quatre; vous les laisserez prendre; tenez toujours l'eau bouillante : vous les retirez de l'eau avec une cuillère percée; vous posez le doigt dessus; s'il a un peu de consistance, vous le mettez à l'eau froide. Pochez-en douze ou quinze pour un entremets; vous les parerez, et vous les changerez d'eau : un instant avant de servir, vous les ferez chauffer; égouttez-les sur un linge blanc, et dressez-les sur un plat; mettez un peu de gros poivre sur chaque œuf et du jus dessous.

Œufs pochés à l'essence de canard.

Mettez douze canards à la broche; quand ils seront cuits verts, c'est à dire presque cuits, vous les retirerez de la broche; vous ciselez les filets jusqu'aux os; vous prenez le jus, et vous l'assaisonnez de sel et de gros poivre; vous ne le faites pas bouillir, et vous le versez sous quinze œufs pochés. (*Voyez* Œufs pochés.)

Œufs pochés à la chicorée.

Arrangez de la chicorée à la crême sur un plat, et des œufs pochés dessus; (*Voyez* Chicorée à la crême.) vous pouvez mettre sous les œufs pochés des choux à la crême, une purée d'oseille, une purée de champignons, une de cardes, des concombres à la crême, du céleri haché à la crême, une sauce aux tomates, aux pointes d'asperges, etc.

Œufs pochés à l'aspic.

Faites tiédir de l'aspic; vous en mettrez dans le fond d'un moule ou de plusieurs petits moules; laissez-le se congeler; *vous décorerez des œufs pochés avec des truffes; vous les mettrez sur la gelée;* remplissez ensuite les moules d'aspic fondu; mettez-les dessus la glace ou seulement au froid : au moment de servir, détachez l'aspic, et posez-le sur un plat. (*Voyez* Aspic et Œufs pochés.)

Œufs brouillés.

Pour faire un entremets, cassez quinze œufs, dont cinq auxquels vous ôterez les blancs; ensuite vous les passerez à travers une étamine dans une casserole, et vous y ajouterez un quarteron de beurre que vous couperez en petits morceaux, et plein une cuillère à dégraisser de velouté, du sel, du gros poivre, un peu de muscade rapée; *vous mettrez vos œufs sur le feu; vous la tournerez avec un fosset de buis, jusqu'à ce qu'ils soient pris;* vous les versez sur le plat; faites blanchir du verjus en grains, et placez-le à l'entour, ou bien mettez-y des croûtons passés au beurre. Vous pouvez aussi casser des œufs tout uniment dans une casserole, et y joindre du beurre ; posez-les sur le feu, et tournez-les avec une cuillère de bois ; quand ils seront pris, dressez-les sur le plat ; mettez-y des croûtons à l'entour si vous voulez.

Œufs brouillés à la pointe d'asperges.

Vous couperez des pointes d'asperges et vous les ferez blanchir ; vous les mettrez dans les œufs ; faites-les prendre ; vous les dresserez sur le plat, et vous arrangerez des pointes d'asperges à l'entour : vous pouvez y mettre des petits pois, des petits concombres, des choux-fleurs concassés ou autres légumes.

Œufs brouillés au jambon.

Vous préparerez les œufs brouillés comme les précédens ; coupez un quarteron de jambon en petits dés ; finissez d'apprêter les œufs comme de coutume, et mettez des croûtons à l'entour.

Manière de tailler le lard pour piquer.

Vous couperez en travers, c'est à dire dans le large, du lard une tranche de douze, quinze ou seize lignes, selon l'emploi que vous en voulez faire ; tâchez que la bande soit toujours de la même largeur ; vous y voyez deux sortes de lard : celui qui est très-gras et sans consistance ; l'autre, qui est celui près de la couenne, est séparé par une petite veine ; il est plus ferme et moins sujet à fondre à la cuisson ; il se casse moins aussi ; lorsque la superficie du lard est levée, et qu'il ne reste plus que le plus ferme, vous coupez les petits lardons avec un couteau très-mince ou tranche-lard : il faut que votre couteau entre jusques près de la couenne, perpendiculairement et toujours à la même distance. Dès que le morceau sera tout coupé comme il est dit, vous rendrez vos petites bandes uniformes, et vous mettrez le tranchant en biais ou sur l'angle de votre petite bande, et avec le talon du tranche-lard vous foulez en le tirant toujours à vous également, de sorte qu'en tranchant votre lardon il soit bien carré et bien égal partout : vous mettez votre première bande sur un couvercle, et en coupant les autres, prenez garde qu'ils soient de la même épaisseur et de la même largeur, en un mot qu'ils soient parfaitement uniformes.

Manière de piquer.

La viande doit être bien parée, sans peau ni nerfs. Si ce sont des viandes parées et entières, comme volailles, gibier, il faut les dépouiller ou les plumer, et les faire revenir légèrement, afin que la chair ne se casse pas. Supposez une noix de veau ; si vous la laissez couverte de sa tetine, vous parez le côté de la chair afin qu'elle soit bien unie ; faites entrer votre lardoire de manière que l'on voie les deux extrémités des lardons : qu'ils soient bien couverts, afin qu'ils marquent dessus votre viande : dès que le premier lardon est posé, il faut que tous les autres le soient de même ; observez entr'eux la même distance ; faites absolument de même en piquant le second rang, afin que vos lardons ne se trouvent pas racourcis ; mettez-les entre deux, de manière qu'ils croisent le premier rang, afin de ne pas s'en écarter avec la lardoire, en l'appuyant sur la chair ; vous formez une raie droite, et vous la suivez : votre second rang posé, vos lardons doivent être correctement croisés ; vous continuerez de suite les autres rangs jusqu'à la fin.

Chicorée conservée pour l'hiver.

Vers la fin de septembre, prenez cent têtes de chicorée ou plus ; vous en ôtez les côtes dures et vertes qui enveloppent le blanc ; ne laissez que ce qu'il y a de bon ; vous écourtez la tête, sans la couper trop près : ayez un grand chaudron aux trois quarts plein d'eau bouillante, dans laquelle vous mettrez deux grosses poignées de sel ; lorsque l'eau bout, vous y mettez votre chicorée bien lavée et égouttée ; ayez bien soin de l'enfoncer dans l'eau bouillante, afin qu'elle ne noircisse pas : après qu'elle aura bouilli pendant dix minutes, vous la retirerez, et vous la mettrez dans l'eau froide ; quand elle sera bien rafraîchie, retirez-la et pressez-la dans vos mains pour en extraire l'eau ; vous l'arrangerez dans des bocaux ou bien des pots ; vous ferez une saumure ; quand elle sera froide et claire, vous la verserez sur votre chicorée ; vous la couvrirez avec du beurre clarifié ; quand il sera congelé, vous fermerez votre pot avec du parchemin ou du papier : vous pouvez aussi, lorsque les chicorées sont parées, lavées et bien égouttées, en faire un lit dans un pot ou une tinette ; vous semez du sel par-dessus, ainsi de suite jusqu'à ce que votre tinette soit pleine ; vous les couvrirez avec un rond de bois qui entre dans la tinette et une pierre par-dessus. Dans l'hiver, vous en mettez dégorger dans de l'eau de fontaine pendant deux heures ; après vous la placez dans un chaudron avec de l'eau froide ; vous la ferez cuire ; vous la tâterez de tems en tems ; quand elle fléchira sous les doigts, elle sera cuite.

Haricots verts conservés pour l'hiver.

Epluchez des haricots verts ; vous les ferez blanchir à grande eau, et du sel dedans ; quand ils auront bouilli dix minutes, vous les rafraîchissez avec beaucoup d'eau ; lorsqu'ils sont froids, vous les égouttez ; vous les mettez dans des bocaux ou simplement des pots ; joignez-y une saumure que vous versez par-dessus ; vous clarifierez du beurre, et vous en mettrez un pouce d'epaisseur sur la salaison ; dès qu'il sera froid, vous couvrirez les pots avec du papier ou du parchemin ; vous pouvez aussi, quand vos haricots seront épluchés, en mettre dans des pots ou une tinette, un lit de haricots, un lit de sel, ainsi de suite jusqu'à ce que le vase soit plein ; vous mettrez un rond de bois qui entre dans l'intérieur du vase, et vous y mettrez une pierre par-dessus pour fouler vos haricots : quand vous voudrez en faire cuire, vous les mettrez dégorger pendant deux heures, et vous les ferez cuire à l'eau froide.

Cornichons confits.

Ayez des petits cornichons ; ils sont préférés : vous les brosserez sans les écorcher ; mettez-les dans des pots de grès, avec du poivre long, de la passe-pierre, de l'estragon, quelques clous de girofle, des petits oignons ; vous aurez du vinaigre, dans lequel vous ajoutez du sel ; vous le ferez bouillir, et vous le verserez ainsi dans le pot où sont les cornichons et votre assaisonnement ; le lendemain, faites-le encore bouillir, jusqu'à quatre fois ; alors vos cornichons seront verts et bien croquants ; vous les couvrirez, quand ils seront froids, avec un parchemin ou du papier.

Petits Pois conservés pour l'hiver.

Vous emplirez des bouteilles de petits pois; vous les boucherez bien avec de très-bons bouchons, et vous les ficellerez; vous mettrez les bouteilles dans un grand chaudron avec de l'eau froide; vous le poserez sur le feu; lorsque l'eau aura bouilli une demi-heure, vous retirerez le chaudron du feu; laissez refroidir l'eau, et retirez les bouteilles; vous en goudronnerez les bouchons et le bout du goulot : quand vous voudrez vous en servir, vous les ferez cuire à l'eau froide, et vous les emploierez de la même manière que les autres pois verts.

Artichauts conservés pour l'hiver.

Après avoir bien lavé des artichauts, vous les laissez égoutter; vous parez le cul, c'est à dire, vous en ôtez la queue et vous en coupez la superficie : ayez un grand chaudron aux trois quarts plein d'eau; vous y mettrez deux poignées de sel; dès que l'eau bouillira, vous y jeterez une douzaine d'artichauts; vous les laisserez bouillir; un quart-d'heure après vous les retirerez et vous les mettrez à l'eau froide; vous les laisserez égoutter pendant cinq ou six heures : arrangez-les dans un grand pot de grès ou pot à beurre; vous verserez une saumure par-dessus, assez pour qu'ils baignent dedans; vous y mettrez aussi une livre ou deux d'huile, selon comme votre plat est large d'ouverture : lorsque vous voudrez les faire cuire, vous les mettrez à l'eau froide sur le feu; faites-les bouillir jusqu'à ce qu'ils soient cuits; vous les rafraîchirez, et vous en ôterez le foin; vous verserez une sauce dedans, ou de toute autre manière. (*Voyez* Artichauts.)

Choix du Sucre.

Le sucre qu'on veut employer doit être choisi parmi le plus beau et le plus blanc ; ayez soin de le prendre dur, léger et d'une douceur agréable : on a bien moins de peine pour le clarifier lorsqu'il est de cette bonne qualité. La cassonnade coûte aussi cher que le sucre par le déchet qu'on y trouve : il faut la mouiller davantage pour bien la clarifier, en raison de ce que la crasse y est en plus grande abondance.

Eau blanche pour clarifier.

Cassez trois œufs dans une terrine ; battez-les bien ; mouillez-les petit à petit en continuant de les battre: vous y mettrez trois pintes d'eau, et vous vous servirez de cette eau pour clarifier le sucre.

Pour clarifier le Sucre.

Vous casserez votre sucre en morceaux ; selon la quantité, vous y mettrez de l'eau blanche ci-dessus ; vous le ferez bouillir ; avec une écumoire, vous enleverez l'écume quand il bouillira ; vous le mouillerez de tems en tems avec l'eau blanche, et vous aurez soin, quand il jetera un bouillon, d'enlever l'écume : après l'avoir mouillé trois ou quatre fois, vous verrez que votre écume sera bien blanche ; vous lui donnerez le degré de cuisson que vous jugerez à propos.

Cuisson du Sucre au lissé.

Lorsque vous avez clarifié du sucre, et que vous l'avez remis sur le feu pour le faire bouillir, vous connaissez qu'il est au lissé en trempant le bout du doigt dedans ; vous l'appliquez ensuite sur le pouce, et ouvrant aussitôt un peu les doigts ; il se fait de l'un à l'autre un petit filet qui se rompt d'abord, et qui reste en goutte sur le doigt : quand ce filet est presque imperceptible, ce n'est que le petit lissé, et quand il s'étend davantage avant que de se défaire, c'est le grand lissé.

Cuisson au perlé.

Lorsque le sucre a bouilli davantage que le précédent, vous réitérez le même essai ; et si en séparant vos deux doigts le filet qui se fait se maintient de l'un à l'autre, alors il est au perlé. Le grand perlé est lorsque le filet se continue de même, quoiqu'on ouvre davantage les doigts, en dilatant entièrement la main : le bouillon forme aussi des manières de perles rondes et élevées, à quoi l'on peut encore connaitre cette cuisson.

Cuisson au soufflé.

Vous laissez jeter quelques bouillons au sucre ; prenez une écumoire à la main, et secouez-la un peu, comme il est dit ci-dessus, en battant sur le bord de la poêle : soufflez aux trous, en allant et revenant d'un côté à l'autre, et s'il en sort des étincelles ou petites bouteilles, votre sucre est au point qu'on appelle au soufflé.

Cuisson à la plume.

Après quelques bouillons vous soufflez à travers une écumoire, ou lorsqu'en le secouant d'un revers de main il en part de plus grosses étincelles ou boules qui s'élèvent en haut, alors il est à la plume ; ensuite vous le laissez un peu de tems sur le feu ; vous le soufflez encore, et vous voyez ces bouteilles plus grosses et en plus grande quantité ; ensorte qu'il y en a plusieurs qui se tiennent ensemble, et qui font comme une filasse volante : c'est ce qu'on appelle à la grande plume.

Cuisson au cassé.

Pour connaître quand le sucre est cuit au cassé, il faut avoir un pot avec de l'eau fraîche dedans ; vous mouillez le bout du doigt dans cette eau, et vous le trempez adroitement dans le sucre ; vous le plongez aussitôt dans cette eau fraîche pour empêcher que vous ne vous brûliez : ayant ainsi le doigt dans l'eau, vous en détachez le sucre avec les deux autres, et s'il se casse en faisant un petit bruit, il est à la cuisson qu'on appelle au cassé.

Cuisson au grand cassé.

Si en l'état où est le sucre dans la cuisson précédente, vous le mettiez sous la dent, il s'y attacherait fortement ; mais quand il est au grand cassé, il se casse et craque nettement sans s'y attacher nullement. Or, il faut prendre garde de moment en moment quand il est parvenu à cette dernière cuisson, en pratiquant ce qu'on a dit pour savoir quand il est au cassé ; et ensuite mettez le sucre que vous aurez retiré, sous la dent, pour voir s'il s'y attache encore ; dès que vous serez sûr que non, et qu'au contraire il casse et se rompt nettement, ôtez-le aussitôt de dessus le feu ; autrement il brûlerait, et ne serait plus propre à rien de bon, parce qu'il sentirait toujours le brûlé. A l'égard des autres cuissons, on peut toujours les réduire en le décuisant avec de l'eau, pour s'en servir autant qu'on le jugera à propos. A l'égard de la cuisson au grand cassé, c'est ordinairement pour le sucre d'orge , et pour quelques autres ouvrages que l'on verra dans la suite.

Compote de Cerises.

Prenez une livre de belles cerises; coupez-leur la moitié de la queue, et passez-les à l'eau fraîche ; mettez-une demi-livre de sucre ou environ dans une poêle, avec de l'eau pour le fondre ; faites-le bouillir jusqu'à ce qu'il soit presque en sirop, et jetez vos cerises dedans, après les avoir fait égoutter sur un tamis ; faites-leur prendre à grand feu une douzaine de bouillons ou environ ; ôtez-les ensuite de dessus le feu ; écumez-les, et avec une cuillère ou du papier vous en tirerez l'écume ; vous les laisserez refroidir, et vous les servirez dans un compotier.

Compote d'Abricots.

Dans leur première nouveauté on les emploie sans les peler ; mais dans la suite vous les coupez et vous en ôtez le noyau ; passez-les à l'eau sur le feu, comme pour ceux que l'on veut confire : quand ils montent au-dessus, et qu'ils sont mollets, vous les tirez et les faites rafraîchir ; ensuite vous les laissez égoutter, puis vous les mettez au petit sucre clarifié, et vous leur laissez jeter trois ou quatre bouillons : ayez soin de les bien écumer, et si le sirop n'est point assez cuit, vous leur donnerez à part encore quatre ou cinq bouillons, et vous le verserez sur le fruit ; lorsque les abricots seront froids, vous les dresserez dans un compotier pour les servir.

Compote de prunes de Reine-Claude.

Vous piquez des prunes avec divers coups d'épingle, et vous les jetez à mesure dans de l'eau ; ensuite

vous les faites blanchir sur le feu dans d'autre eau :
quand elles sont montées au-dessus, vous les tirez
et les mettez promptement rafraichir. Vous les ferez
reverdir en les mettant sur un petit feu et les couvrant : prenez garde qu'elles ne bouillent, parce
qu'elles deviendraient en marmelade. Dès qu'elles
seront bien vertes, vous les rafraichirez de nouveau,
vous les égoutterez, et vous les mettrez au petit
sucre, que vous ferez chauffer et jeter deux bouillons seulement ; vous les laisserez ainsi jusqu'au lendemain, ou jusqu'au soir si vous en avez besoin :
alors vous les remettriez dans une poéle ; vous les
laisserez bouillir jusqu'à ce qu'elles aient bien pris
sucre ; vous voyez alors qu'elles n'écument plus et
qu'elles soient mollettes. Si vous n'en faites que pour
une fois, et que vous ayez trop de sirop, vous lui
donnerez à part encore quelques bouillons pour le
faire diminuer ; puis vous le verserez par-dessus les
prunes : vous en pouvez préparer davantage, que
vous garderez de la sorte assez de tems.

Compote de Reinettes blanches.

Vous aurez six belles pommes de reinette que vous
couperez en deux : après avoir levé la pelure, vous
les mettrez dans une terrine, où il y a de l'eau et un
jus de citron, afin qu'elles conservent leur blancheur.
Vous clarifierez une demi-livre de sucre ; dès que
l'écume est ôtée, vous y mettez les moitiés de
pommes ; ajoutez un jus de citron dans le sucre ;
ayez soin de retourner les pommes ; quand vous sentirez la fourchette entrer dedans, vous les retirerez
du sirop ; passez le sirop au tamis de soie, et faites-le
réduire ; vous le passez encore ; ensuite vous le versez
sur les pommes ; servez-les froides ou chaudes ; si

vous voulez les décorer, prenez la pelure d'une pomme de calville rouge, et faites un dessin sur les moitiés.

Compote de Pommes entières.

Prenez sept belles pommes de reinette; avec un vide-pommes, vous en ôterez le cœur et la pelure; vous les mettez dans de l'eau et un jus de citron; clarifiez une demi-livre de sucre; laissez votre sirop un peu long; jetez-y les pommes; faites-les cuire à petits bouillons; tâtez-les souvent; aussitôt que les dents de la fourchette entreront dedans, retirez-les et posez-les sur votre compotier; faites réduire le sirop, et versez-le sous les pommes.

Poires de Martin sec.

Ayez quinze poires de martin sec; creusez un peu la tête, et raccourcissez la queue, en la dégageant un peu de la poire; clarifiez une demi-livre de sucre; allongez le sirop; vous mettez les poires dedans; faites-les mijoter pendant une bonne heure; quand elles seront presque cuites, laissez-les jeter quelques gros bouillons; retirez-les ensuite de dessus le feu pour les dresser sur le compotier; lorsque le sirop sera assez réduit, vous le verserez sur les poires.

Compote de Bon-Chrétien.

Prenez cinq belles poires de bon-chrétien; coupez-les en deux; ôtez-en le cœur; jetez-les dans l'eau froide; vous les faites blanchir; vous les pelez et vous les mettez dans de l'eau et du citron pour les conserver blanches; après cela faites-les cuire dans le sirop; ajoutez un jus de citron; vous les dressez sur le compotier: faites réduire le sirop s'il est trop long. Le doyenné, le saint-germain et autres se préparent de même.

Compote de Rousselets.

Faites blanchir quinze poires de rousselet ; pour cela vous emploierez le même procédé qu'aux précédentes ; vous les pelez et vous coupez un peu la queue ; mettez-les dans un sirop un peu long : lorsqu'elles seront cuites, vous les arrangerez sur le compotier ; faites réduire le sirop s'il est nécessaire.

Compote de Catillards.

Ayez cinq poires de catillard ; coupez-les par moitié ; ôtez-en le cœur et la pelure ; vous les mettrez dans une petite marmite de cuivre étamée nouvellement ; ajoutez plein une cuillère à pot de sirop, et plein quatre autres d'eau ; faites-les mijoter pendant deux heures, davantage si elles n'étaient pas cuites ; lorsqu'elles sont bien à leur degré de cuisson nécessaire, vous les dressez sur un compotier ; faites réduire le sirop s'il est trop long, et versez-le sur vos poires ; elles seront rouges naturellement sans rien y mettre : quelques personnes y emploient moitié vin rouge, de l'eau et du sirop.

Compote de Poires grillées.

Si vous avez une compote de poires qui ait déjà servi, vous l'égouttez bien sur un linge blanc ; vous mettez plein cinq cuillères à bouche de sucre en poudre dans le fond d'une poêle ou d'un poêlon ; vous arrangez les poires par-dessus ; posez-les sur le feu : dès que le fond de la poêle aura pris une couleur un peu foncée, vous la retirez du feu, et vous mettez les poires sur un compotier, et du sirop dessous.

Compote de Pêches.

Prenez six pêches et une poêle remplie aux trois

quarts d'eau bouillante ; mettez-y les pêches ; laissez-leur jeter cinq ou six bouillons ; tâtez si la peau s'en va facilement ; vous les rafraîchissez alors, et vous en ôtez la peau ; fendez-les en deux ; enlevez le noyau ; faites du sirop dans la poêle ; mettez-y les moitiés de pêches ; faites-leur jeter quelques bouillons ; vous les retirez ensuite pour les mettre dans un compotier ; faites réduire le sirop s'il est trop clair, et versez-le dessous les pêches.

Compote de Coins.

Ayez six coins ; vous les coupez en deux, et vous en ôtez les cœurs ; faites-les blanchir comme les poires de bon-chrétien ; enlevez la pelure ; mettez ensuite du sirop clair dans une poêle, avec un jus de citron ; laissez achever de cuire les coins ; arrangez-les dans le compotier, et versez le sirop un peu épais dessous.

Marmelade d'Abricots.

Si vous employez quarante livres d'abricots, faites clarifier trente livres de sucre ; quand il sera à la grande nappe, vous y mettrez les abricots coupés en petits morceaux ; laissez cuire la marmelade jusqu'à ce qu'elle tombe liée ; en en mettant sur une écumoire, ou bien en en plaçant entre les doigts, elle doit être colante ; enlevez, si vous voulez, la peau des abricots pour que vos confitures soient plus nettes ; lorsque la marmelade aura jeté des bouillons dans le sucre pendant un quart-d'heure, vous la passerez dans un grand tamis de crin ; vous la remettrez dans votre poêle, et lui donnerez le degré de cuisson qui est expliqué ci-dessus : lorsque les confitures seront dans des pots, vous les laisserez refroidir ; vous couperez des ronds de papier de la grandeur de l'in-

térieur de vos pots ; vous les tremperez dans l'eau-
de-vie, et vous les appliquerez sur les confitures ;
puis vous les couvrirez d'un papier que vous ficellerez.
La prune de reine-claude se fait de même.

Confitures de Groseilles.

Vous égrainez des groseilles pour que le bois de
la rafle ne donne pas d'âcreté ; vous les mettrez
dans votre poêle avec un verre d'eau : quand elles
auront jeté quelques bouillons, et que vous vous
apercevrez qu'elles sont crevées, vous les mettrez
dans un tamis de crin ; vous passerez le jus une
seconde fois sur le marc, afin qu'il soit bien clair ;
vous le foulerez pour en extraire tout le liquide. Si
vous avez trente livres de fruits, vous ferez clarifier
trente livres de sucre ; (*Voyez* Sucre clarifié.) vous
le mettrez au cassé ; (*Voyez* aussi Sucre au cassé.)
vous verserez le jus sur le sucre ; faites-le bouillir
un quart-d'heure : après l'avoir bien écumé, vous
le versez dans des pots : vous pouvez aussi mettre
le jus de groseilles sur le feu, et y ajouter le sucre
en pierre ; vous laissez bien écumer les confitures ;
vous en mettez quelques gouttes sur une assiette ; en
la penchant, vous voyez si la confiture se congèle ;
vous pouvez employer seulement trois quarterons de
sucre par livre de fruits ; mais il faut faire cuire les
confitures davantage : si l'on se servait de cassonnade, il serait de rigueur de la clarifier.

Abricots à l'eau-de-vie.

Choisissez des abricots qui ne soient pas tout à fait
mûrs ; vous les mettez dans une poêle avec de l'eau
froide ; vous les posez ensuite sur le feu ; dès que
l'eau frémira, et que les abricots monteront dessus,

vous les retirerez soigneusement avec une écumoire, et vous les jeterez dans l'eau froide, à laquelle vous laisserez encore jeter un bouillon ; vous les ferez rafraichir ; ensuite vous les égoutterez sur un tamis. Sur douze livres de fruits, vous clarifierez trois livres de sucre ; quand il sera au perlé, vous y mettrez les abricots; vous leur ferez jeter cinq ou six bouillons; vous les retirerez du sirop; vous ôterez du feu les abricots; faites-les égoutter; quand ils seront froids, vous les mettrez, sans les endommager, dans un bocal. Si votre sucre n'est pas assez réduit, vous lui ferez jeter quelques bouillons; dès que vous verrez que le sirop perlera, vous le retirerez du feu, et vous en ôterez l'écume; vous y verserez neuf pintes de bonne eau-de-vie à 22 degrés; quand le sirop sera bien lié avec l'eau-de-vie, vous le verserez sur vos abricots; vous mettrez un bouchon de liège sur le bocal et un parchemin mouillé pour le couvrir; liez-le avec une ficelle.

Cerises à l'eau-de-vie.

Vous prenez des cerises belles, bien saines, et pas trop mûres; vous leur coupez la queue à moitié, et vous les mettez dans un bocal, avec quelques clous de girofle, un peu de bois de canelle; vous faites clarifier un quarteron de sucre pour une livre de cerises, et une pinte d'eau-de-vie. Lorsque le sucre est au cassé, vous versez de l'eau-de-vie à 22 degrés dedans; vous mêlez le sirop avec l'eau-de-vie : quand il est froid, vous le versez sur les cerises. Bouchez-les avec un rond de liège et un parchemin mouillé que vous ficelez bien.

Confitures de Cerises.

Vous ôterez les queues et le noyau de vos cerises;

vous mettrez une livre de sucre pour une livre de cerises; vous les mêlerez : quand le sucre sera à son degré de cuisson, vous aurez bien soin de les écumer; laissez-les un peu refroidir dans votre bassine avant de les mettre dans les pots.

Raisinet.

Vous égrainez du raisin, et vous mettez les grains dans un chaudron; faites-lui jeter quelques bouillons, en le remuant bien avec une spatule; lorsque les grains seront bien crevés, vous passerez le jus à travers un tamis de crin; vous le verserez de nouveau dans le chaudron : quand il bouillira, vous y mettrez les fruits épluchés et coupés en quartiers. Il faut donner une cuisson à chaque fruit, c'est à dire les mettre à part; dès qu'ils auront jeté quelques bouillons, vous les retirerez, et vous les laisserez égoutter : ayez soin que les fruits soient cuits ferme; écumez bien votre réduction; faites réduire le jus à un quart, c'est à dire que de la totalité il ne doit en rester qu'un quart; vous y mettrez vos fruits; vous les remuez bien avec une spatule sans quitter : lorsque vous verrez que le raisinet épaissira, mettez-en un peu sur une assiette; si vous voyez qu'il se congèle, retirez le chaudron de dessus le feu; laissez reposer un instant le raisinet, et vous l'arrangerez dans vos pots; vous les placerez dans un four tiède jusqu'au lendemain; vous tremperez un rond de papier dans de l'eau-de-vie, et vous les couvrirez d'un autre papier; vous mettrez de la ficelle à l'entour : vous placerez le raisinet dans un endroit sec.

Rôti. (1)

On ne peut pas donner d'heure fixe pour la cuisson, parce que cela dépend des pièces plus ou moins grosses.

Pièce d'Aloyau.

Vous mettez des atelets pour contenir votre viande du flanc aux os près du filet, et vous passez votre broche du fort au faible du filet : en cas qu'il tourne, vous mettrez un fort atelet sur le dessus de l'aloyau pour le contenir ; vous en attachez solidement les deux bouts à la broche ; pour relevé de potage on sert une sauce piquante dessous.

Epaule de Veau.

Vous passez la broche près du manche pour qu'elle aille faire un trou dans la palette sans y gâter le dessus. Cette pièce sert de relevé de potage ; on met une sauce espagnole travaillée dessous.

Poitrine de Veau.

Vous coupez les bouts des os de la poitrine, vous en ôtez les os rouges qui tiennent aux tendons ; vous mettez votre poitrine sur un fort atelet pour éviter un gros trou de broche ; vous assujettissez votre poitrine sur la broche en attachant les deux bouts de votre atelet sur votre broche ; mettez une barde de lard sur votre poitrine si vous voulez.

---

(1) Ces articles étant survenus peu avant la fin de l'impression, on n'a pu les insérer à leur ordre ; mais on les trouvera facilement au moyen de la table alphabétique où ils sont portés à leur lettre, et indiqués par le chiffre de chaque page.

Carré de Veau.

Vous parez votre carré de manière qu'il n'y ait pas d'os le long de votre filet ; vous y passerez des petits atelets depuis le bout de la côte jusqu'au gros du filet ; embrochez-le avec un gros atelet, et couchez-le sur la broche, afin que votre filet n'ait pas un trou de broche.

Longe de Veau.

Si c'est pour faire un gros relevé de potage ou autre grosse pièce, vous la coupez à la deuxième côtelette jusqu'au joint du jarret ; vous levez la noix et le casis, afin que votre pièce ait à peu près partout la même cuisson ; vous l'assujettissez avec des petits atelets qui prennent depuis le flanc jusqu'aux filets, et vous passez la broche de la côte au gros bout près du jarret.

Mouton entier à la broche.

On prend un petit mouton bien tendre, excepté l'os de l'épine du dos ; vous désossez épaules et côtes ; vous le remplissez de chair de gigot bien tendre que vous assaisonnez de sel et gros poivre ; vous lui rendez sa forme première ; passez la broche d'une extrémité à l'autre avec des atelets et de la ficelle ; vous assujettissez les chairs ; tâchez qu'il ait une couleur bien égale : on peut faire cette grosse pièce dans un four.

Rôt de Bif.

Vous coupez le mouton à deux côtelettes près de la selle ; vous tâchez que ce bout soit coupé bien carrément ; vous lui assujettissez les flancs avec des atelets; donnez une belle forme à la selle : vous ôtez les os du casis des deux gigots ; battez-les bien ; vous mettez votre rôt de bif sur la broche ; faites-le tenir avec des atelets et une ficelle que vous passez dans les côtes, que vous liez à la broche ; pour relevé, vous mettez un jus clair dessous.

Quartier de Mouton.

Vous le coupez à la deuxième côtelette près la selle, le plus carrément possible ; vous assujettissez les flancs avec des atelets ; ôtez l'os du casis : vous battez votre gigot ; passez-y la broche près du manche, jusqu'aux côtes, avec une aiguille à brider ; vous fixez votre bout de carré sur la broche : si vous le servez pour relevé, mettez un jus clair dessous.

Agneau.

Vous ôtez les os des côtes de l'agneau et ceux des épaules ; vous laissez seulement l'os de la raie du dos et des cuisses ; vous remplissez les flancs avec des gigots d'agneaux : dès qu'il est bien troussé, vous le piquez de lard fin depuis le cou jusqu'au bout des cuisses ; vous faites une petite séparation du commencement des cuisses aux reins ; embrochez-le des cuisses au cou ; vous l'assujettissez avec des atelets et de la ficelle ; on peut aussi le mettre cuire au four ; s'il n'est pas piqué, il faut le barder tout du long : si vous le servez pour relevé, mettez un jus clair dessous.

Rôt de bif.

Vous coupez la moitié de l'agneau à deux côtelettes près la selle et le plus carrément possible ; vous assujettissez les flancs avec de petits atelets : ayez attention que votre pièce ait une belle forme ; vous le piquez jusqu'au bout des deux cuisses ; vous laisserez une petite distance des cuisses aux reins ; couchez votre pièce sur la broche ; vous ferez plus de feu du côté des cuisses ; si vous ne piquez pas votre rôt de bif, vous le barderez ; si vous le servez pour relevé, vous mettrez un jus clair dessous.

Quartier d'Agneau de devant.

Vous barderez votre quartier d'agneau ; vous l'embrocherez avec un gros atelet, et vous le mettrez sur la broche ; couvrez-le de papier huilé : une demi-heure avant de le retirer de la broche, ôtez votre papier ; donnez-lui belle couleur.

Quartier d'Agneau de derrière.

Vous coupez votre quartier aux deux côtelettes près de la selle et le plus carrément possible ; vous mettez des petits atelets pour tenir les flancs ; bardez-les et passez la broche du bout du manche au bout du filet sans le piquer ; vous l'assujettissez avec une aiguille à brider et de la ficelle sur la broche : une heure suffit pour cuire votre quartier.

Quartier de Sanglier.

Levez la couenne du sanglier ; vous le mettez mariner pendant cinq ou six jours comme le chevreuil ; vous le mettez à la broche, et vous servez une sauce piquante dessous ou dans une saucière ; vous pouvez le servir pour relevé.

Quartier de Chevreuil.

Vous le piquez de lard ; vous le mettez dans une terrine ; versez une bouteille de vinaigre, du sel, du poivre fin, sept ou huit feuilles de laurier, du thym, des tranches d'oignons, du persil en branches, des ciboules entières; vous le laissez cinq ou six jours si vous pouvez; embrochez-le comme un quartier de mouton; vous versez une sauce piquante dessous ou bien dans une saucière; vous pouvez le servir pour relevé. (*Voyez* Sauce piquante.)

Cochon de lait.

Lorsque votre cochon est échaudé et troussé, vous l'embrochez par le derrière : faites que la broche lui sorte par la bouche; vous l'arrosez d'huile très-bonne, afin que la peau prenne le croquant qu'on desire : il faut qu'il soit très-cuit; vous lui mettrez dans le ventre un bouquet de sauge.

Levraut.

Dès qu'il est dépouillé, vous lui cassez les os des cuisses et vous le videz; vous lui applatissez l'estomac en lui frappant sur le dos près des épaules; faites-le revenir sur la braise; vous le frottez de son sang, le piquez ou le bardez; vous lui passez la broche du cu à la tête; vous hachez le foie à cru; passez-le dans du beurre; vous mettez une poivrade dedans; passez-la à l'étamine en la foulant avec votre cuillère de bois; versez cette sauce dans une saucière ou dessous votre levraut.

Lapereau.

Vous dépouillez et videz votre lapereau; cassez-lui les os des cuisses; faites-le revenir sur la braise; vous le piquez ou bien vous le bardez; placez-le à la broche comme le levraut.

Dindon.

Vous le videz, le flambez un peu ferme ; épluchez-le ; vous lui cassez le brichet pour lui rompre l'estomac ; vous le bardez, et vous l'embrochez ; attachez-lui les pattes sur la broche : en cas qu'il tourne, vous lui mettrez un atelet sur le dos que vous attacherez à chaque bout sur la broche. Il faut que cette viande soit bien cuite sans l'être trop : si vous le servez pour relevé, vous verserez une sauce Robert claire dessous, ou dans une saucière.

Dinde aux truffes.

Il faut s'y prendre quelques jours d'avance pour que votre dinde soit bonne ; vous la flambez légèrement ; épluchez-la bien ; vous la videz par la poche ; vous ôtez le brichet ; lavez et épluchez trois ou quatre livres de truffes, selon comme votre dinde est grosse ; vous hachez les épluchures bien fin, ou bien vous les pilez ; rapez ensuite deux livres de lard que vous mettez dans une casserole, une livre d'huile la meilleure, une livre de beurre fin clarifié, parce qu'autrement il donnerait un goût aigre aux truffes : il faudrait mieux alors ne pas en mettre ; vous y ajouterez vos épluchures de truffes hachées ou pilées, et vos truffes entières aussi, du sel, du gros poivre, des quatre épices, un peu de persil haché bien fin et de l'échalote bien hachée ; vous mettrez votre casserole sur le feu ; lorsque votre ragoût bouillira, vous le laisserez pendant dix minutes ; vous remuerez vos truffes de tems en tems ; vous les placerez au frais ; et quand elles seront congelées dans le corps gras, vous les mettrez dans votre dinde ; si le tems le permet, faites-la huit jours d'avance ; en la mettant à la broche, vous la briderez et vous la couvrirez d'une barde de lard ; vous huilerez du papier, et vous l'envelopperez ; assujettissez votre dinde sur la broche, de manière qu'elle ne tourne pas, parce que vos truffes tomberaient dans la lèchefrite : une demi-heure avant de la retirer de la broche, vous ôterez le papier, et vous lui ferez prendre une belle couleur : si vous la servez pour relevé, vous hachez deux ou trois truffes que vous passerez dans un peu de beurre, et vous mettrez plein cinq cuillères à dégraisser d'espagnole et deux de consommé, un peu des quatre épices et de gros poivre ; quand votre sauce sera un peu réduite et dégraissée, vous la verserez dans une saucière : pour rôt on la sert sans sauce.

Oie.

Plumez et videz votre oie ; vous la flambez un peu ; épluchez-la et bridez-la ; vous ne la barderez point, l'oie doit être assez grasse ; vous lui passez la broche du cou au croupion. En cas qu'elle tourne, appliquez-lui un atelet sur le dos ; vous en attacherez les deux bouts sur la broche le plus serré possible. Il faut que l'oie soit cuite un peu verte, c'est à dire que le jus en soit rouge.

Poularde.

Videz votre poularde ; vous la flambez un peu ferme ; vous l'épluchez, la bridez ; bardez-la ensuite ; vous l'embrochez, et vous attachez les pattes à la broche : trois quarts-d'heure suffisent pour la cuire ; il ne faut pas qu'elle soit cuite verte, c'est à dire que la chair soit rouge.

Poularde aux truffes.

Vous flamberez légèrement votre poularde ; vous

la viderez par l'estomac; épluchez-la, et vous ôterez
le brichet : vous préparerez vos truffes comme celles
de la dinde aux truffes; (*Voyez* Dinde aux truffes.)
arrangez votre poularde de même ; il n'y aurait pas
de mal de la faire quelques jours d'avance ; cela ferait
que les chairs de votre volaille prendraient mieux le
goût de truffes.

Canneton.

Plumez, videz et flambez le canneton un peu ferme;
épluchez-le; ne le bardez pas; vous le troussez;
embrochez-le comme les grosses volailles : il ne faut
pas le laisser trop cuire, parce qu'il perdrait de sa
qualité; le sauvage se prépare de même.

Poule de bruyère.

Vous plumez, videz et flambez votre poule; vous
l'épluchez; faites-la revenir; piquez-la de lard fin,
et vous la mettez à la broche comme une poularde;
laissez-lui la tête si vous voulez.

Faisan.

Vous plumez, videz et flambez un peu ferme le
faisan; vous l'épluchez; bridez-le; vous le piquez de
lard fin, ou bien bardez-le; vous l'embrochez comme
une poularde, et vous le faites cuire de même; si
vous lui laissez la tête, il faut l'envelopper de
papier.

Sarcelle.

Vous la plumez; videz-la; et flambez-la un peu
ferme; vous l'épluchez et la bridez; troussez-lui les
pattes, et faites-la cuire comme le canard.

Perdreaux rouges ou gris.

Vous les plumez, videz et flambez un peu ferme;

épluchez-les et bridez-les ; vous les piquez, ou, bien
bardez ; mettez-les à la broche comme la volaille ;
vous attachez les pattes sur la broche : si vous laissez la tête aux perdreaux rouges, enveloppez-la de
papier.

Bécasses.

Vous plumez vos bécasses ; flambez-les sans les
vider ; vous troussez les pattes ; vous leur passez le
bec d'outre en outre, comme si c'était une brochette ;
vous les bardez et vous leur passez un atelet du flanc
au flanc, assujettissez-les sur la broche ; faites griller
ensuite une tranche de mie de pain que vous mettez
dessous ; quand elles sont à la broche, vous les servez
avec le pain : la bécassine et le beccau se préparent
et se font cuire de même.

Grives.

Vous les plumez, les flambez ; vous ôtez le gésier ;
vous les bardez ; vous leur passez ensuite un atelet d'outre en outre par le flanc, et vous les mettez à la broche.

Cailles.

Plumez, videz et flambez vos cailles ; vous les
bridez, et vous les bardez avec une feuille de vigne
et une barde ; mettez-les sur un atelet comme les
grives, et vous les placez à la broche.

Mauviettes.

Plumez, flambez, troussez les pattes des mauviettes ;
vous les barderez, et vous les mettrez sur un atelet ;
faites griller un morceau de pain que vous mettez
dessous quand elles sont à la broche.

Menu de vingt Couverts, un dormant.

Deux Potages.

Au naturel.   Au riz, purée de racines.

Deux Relevés.

Pièce de Bœuf garnie.   Brochet à l'indienne.

Dix Entrées.

Ris de Veau sautés.   Côtelettes de Veau piquées
Filets de volaille à la St-Garat.   glacées, sauce aux tomates.
Sauté de filets de Perdreaux   Sauté de Côtelettes d'Agneau.
  rouges.   Poulets à la Chevalier.
Quenelles au consommé.   Sauté de filets de Merlans.
Petites bouches.   Carpe farcie, sauce italienne.

Deux Plats de Rôti.

Une Poularde du Mans.   Cinq Bécassines.

Deux Flans.

Un gros Biscuit.   Un Buisson de petits gâteaux.

Huit Entremets.

Gelée d'Oranges.   Chicorée à la crème.
Gelée de Marasquin.   Cardons à l'espagnole.
Génoise.   Choux-fleurs sauce brune.
Pets de Nonnes.   Oignons glacés.

Vingt-quatre Assiettes de Dessert.

Menu de quarante Couverts ; un dormant.

Quatre Potages.

Au vermicelle à la purée de racines.

A la Kusel.

Aux Marrons.

Croûtes au pot gratinées.

Quatre Relevés.

Pièce de Bœuf en surprise.

Saumon à la génoise.

Jambon à la broche.

Dinde aux truffes.

Vingt-quatre Entrées.

Poularde en petit deuil.

Sauté de filets de Perdreaux fumés.

Quenelles de volaille au consommé.

Aspic de poisson.

Petits Pâtés au Salpicon.

Mauviettes en croustades.

Atelets de Palais de Bœuf.

Sauté de filets de Brochets.

Pieds d'Agneau à la poulette.

Pigeons à la Gautier, sauce hollandaise.

Blanquette aux truffes.

Pâté chaud à la Financière.

Cailles au gratin.

Ris de Veau piqués glacés, sauce à glace.

Filets de Lapereaux en gimblettes.

Filets de Soles à la mayonnaise.

Vol-au-vent de Turbot à la crème.

Perdreaux à la périgueuse.

Filets de Perdreaux rouges à l'écarlate, à la gelée.

Croquettes.

Filets d'Agneau piqués glacés, sauce espagnole.

Ailerons de Dindon au soleil.

Chartreuse de tendons de Veau.

Petites bouches.

Quatre grosses Pièces d'Entremets.

Gâteau monté.

Carpe au bleu.

Un Rocher.

Un buisson d'Ecrevisses.

Huit Plats de Rôti.

Deux Poulets de Caux.

Longe de Veau de Pontoise.

Levraut.

Trois Bécasses.

Six Pigeons.

Quartier de Pressalé.

Deux Lapereaux.

Un Faisan.

Seize Entremets.

Crème à la vanille renversée.

Gelée de marasquin.

Petits Pains à la Duchesse.

Manons aux pistaches.

Epinards à l'anglaise.

Asperges sauce à la portugaise.

Petites Fèves liées.

Haricots verts aux fines herbes.

Petits Pots au café vierge.

Gelée de citron renversée.

Croque-en-bouche.

Petite Pâtisserie blanche.

Petits Pois au petit beurre.

Choux-fleurs sauce brune.

Concombres à la crème.

Œufs pochés aux truffes à l'aspic

Menu de soixante Couverts.

Huit Potages.

A la Reine.
Au Hameau.
Aux petites Racines.
Au Lait lié.

Bisque.
Nouilles.
Vermicelle à la purée de navets.
Aux Laitues.

Huit Relevés.

Longe de Veau de Pontoise.
Carpe à la Chambore.
Oie aux racines.
Brochet à l'indienne.

Quartier de Cochon au four.
Turbot sauce à la portugaise.
Pièce d'aloyau.
Truite à la génoise.

Quarante-huit Entrées.

Dalle de Saumon à la génoise.
Poularde à la Saint-Garat.
Filets de Lapereau en cartouches.
Petites noix de Veau glacées.
Côtelettes de Cailles.
Croquettes de palais de Bœuf.
Tendons d'Agneau au soleil.
Ris de Veau à la pointe d'asperges.
Sauté de filets de Carpe aux champignons.
Esturgeon sauce au vin de Madère.
Petit Vol-au-vent garni.
Aspic d'Amourettes.
Horly de Poulet sauce aspic.
Langues d'Agneau en papillotes
Pain de volaille garni.
Sauté de filets de Poularde au suprème.
Noix de Veau aux concombres.
Petits Pâtés de rognons de Volaille à la béchamelle.
Fricassée de Poulet froide à la gelée.
Pâté chaud de garnitures.
Pigeons Gautier au soleil.
Anguille à la broche.
Purée à la turque.
Filets de Sarcelle sautés.
Filets de Brochet aux tomates.

Poulet à l'aspic chaud.
Perdreaux rouges à la Mauglar.
Cervelles d'Agneaux au vin de Champagne.
Côtelettes de Mauviettes.
Boudin de Faisan au fumé de gibier.
Ailerons de Dindon en haricot vierge.
Quenelles de Gibier au fumé réduit.
Croquettes de Morue fraîche.
Filets de Merlans frits sauce italienne.
Croûtons à la purée de gibier.
Pâté chaud de Lapereau aux champignons.
Bigarrure sauce à glace.
Boudin de Poularde pané grillé.
Foies gras aux truffes.
Côtelettes de Veau à la Drue.
Sauté de filets de Perdreaux rouges.
Salmi de Bécassines.
Rouges-Gorges en croustades.
Vol-au-vent de macédoine.
Casserolée au riz de cuisses de Lapereau.
Cabillaud à la crême.
Aiguillettes de Canards à la bigarade.
Grives en caisses.

Huit grosses Pièces de Relevé.

Dinde aux truffes.
Galantine décorée.
Timbale de macaroni.
Baba.

Jambon.
Rôt de bif d'Agneau.
Flan au chocolat.
Pouplin.

Seize Plats de Rôti.

Poularde du Mans.
Ortolans.
Canard de Rouen.
Eperlans.
Bécassines.
Mauviettes.
Faisans piqués.
Cailles.

Deux Poulets piqués.
Deux Rouges-Gorges.
Trois Sarcelles.
Soles.
Grives.
Trois Pigeons.
Trois Perdreaux rouges piqués.
Merlans.

Trente-deux Entremets.

Gelée d'orange renversée.
Gelée de marasquin renversée.
Crème aux pistaches renversée.
Crème au café vierge renversée.
Croque-en-bouche au café.
Petites Pâtisseries blanches
  montées.
Pucelages garnis.
Cartouches à la frangipane.
Chartreuse de fruits.
Miroton de Poires.
Cardons au velouté.
Choux-fleurs sauce au beurre.
Petits Pois au petit beurre.
Epinards au consommé.
Concombres en quartier.
Croûtes aux champignons.

Gelée au vin muscat renversée.
Gelée de citron renversée.
Crème aux avelines renversée.
Crème grillée renversée.
Nougat.
Petits Choux grillés.
Nœuds d'amour blancs.
Petits Gâteaux turcs.
Pommes au riz décorées.
Charlotte.
Truffes au vin de Champagne.
Céleri à l'espagnole.
Haricots verts liés.
Chicorée à la crème.
Artichauts à la barigoule.
Ecrevisses à la crème.

FIN.

TABLE ALPHABÉTIQUE

des Matières contenues dans ce Volume.

Fin de la Table.

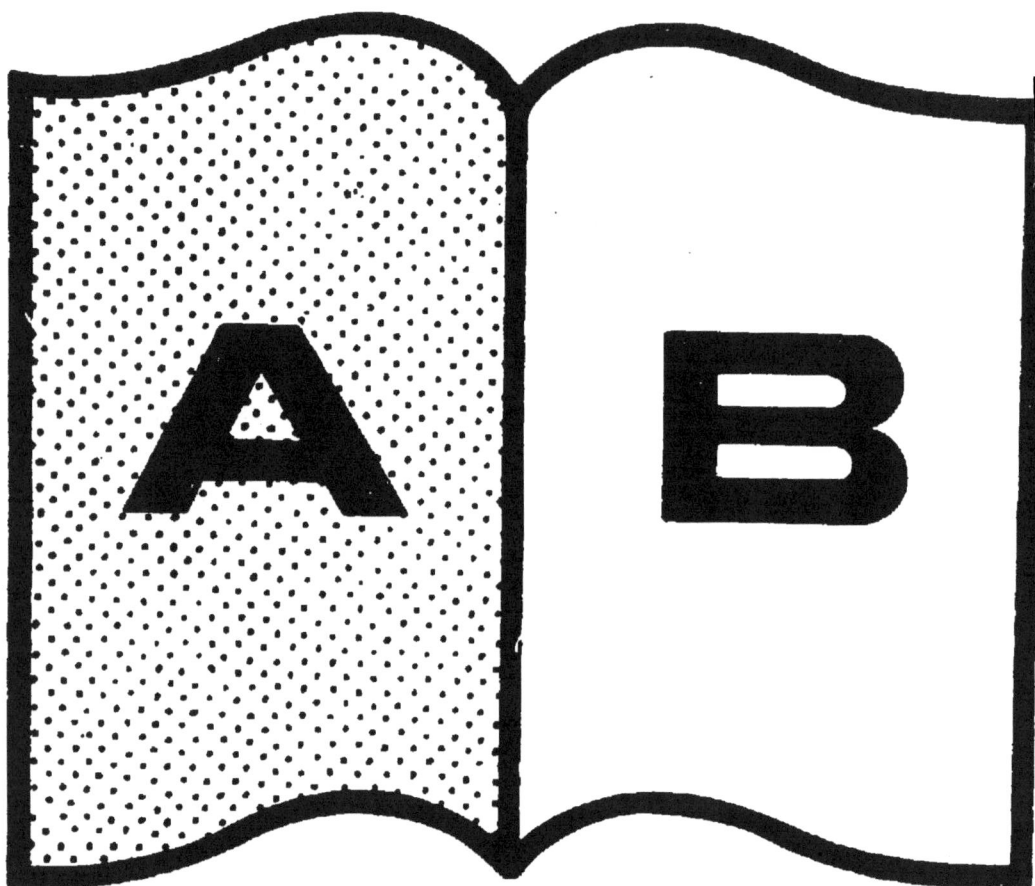

Contraste insuffisant

NF Z 43-120-14

www.ingramcontent.com/pod-product-compliance
Lightning Source LLC
Chambersburg PA
CBHW031627210326
41599CB00021B/3326